走进未知世界丛书

人类希望之光

——激光

董　克　编

上海交通大學出版社

图书在版编目(CIP)数据

人类希望之光:激光/董克编. —上海:上海交通大学出版社,2013 重印

(走进未知世界丛书)

ISBN 978-7-313-03743-5

Ⅰ.人... Ⅱ.董... Ⅲ.激光—普及读物 Ⅳ.TN24—49

中国版本图书馆 CIP 数据核字(2004)第 047979 号

人类希望之光

——激光

董 克 编

上海交通大学出版社出版发行

(上海市番禺路 951 号 邮政编码 200030)

电话:64071208 出版人:韩建民

凤凰数码印务有限公司 印刷 全国新华书店经销

开本:787mm×960mm 1/16 印张:15.5 字数:212 千字

2012 年 7 月第 1 版 2013 年 4 月第 2 次印刷

印数:4 051~5 080

ISBN 978-7-313-03743-5/TN·103 定价:25.00 元

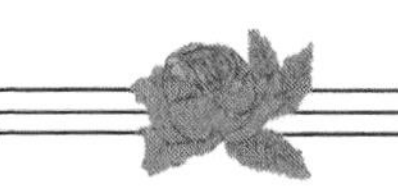

【前 言】

我们今天生活的世界是由已知和未知两个领域组成。我们已知的越多,未知的领域就越大。广大的未知领域构成了我们渴望探知的未知世界,未知世界有种魅力,它总是吸引着我们在未知领域发现真理中有所突破,而不是墨守成规。牛顿的万有引力定律、达尔文的进化论正是在这种魅力吸引下探索出来的。

科学是一项伟大的冒险活动,它充满了刺激与振奋。它使人类的求知欲和好奇心得到了满足,并且激发人们的想像力,去欣赏和理解科学技术所带来的种种美妙与神奇。

《走进未知世界》丛书,就是向中国广大青少年提供一条通往未知世界的途径,引导他们大胆走进未知世界,并能在人类未知领域有新的更重大的发现。同时引导他们树立对真理、对科学的求真精神和对天文、物理、原子、生命等未知领域的刻苦追求精神,培养起创新意识和创新能力。

这套丛书从自然科学的角度,向广大青少年展示一个全新的视野——宇宙的奥秘、海洋的神奇、环境的变化、生命的奇幻、物质世界的多彩、微观领域的裂变……弘扬科教兴国的精神。

该丛书以精品意识为导向,面向广大青少年读者精心创作;注重知识性、趣味性和实用性的统一,图文并茂;写作中始终贯彻丛书的主题思想,注意引导读者发现未知世界,培养创新能力;语言通俗易懂,雅俗共赏。

在编写丛书的过程中,所有参编者遵照"应用价值、文化价值、精神价值"相结合的原则精心写作,努力把最能体现人类创造力与想像力的科学成果介绍给广大读者。WTO把中国深深地卷入到了全球化

浪潮中，作为链接科学技术纽带的——《走进未知世界》丛书把我们和科学紧紧地连在了一起，它为广大读者打造了一个再次提升自己的知识平台。如果本书的出版发行确能使读者有所收获，那就是对我们所有编写者莫大的鼓励。

给广大读者出版最好的书，这是所有出版者最大的心愿。《走进未知世界》丛书得以顺利出版，除了我们所有编写者共同努力外，也显示了上海交通大学出版社决策者的创新意识和与时俱进的精神，渗透了本书责任编辑的辛勤汗水。

由于我们的水平有限，书中可能存在不足之处，敬请广大读者批评指正。

编者

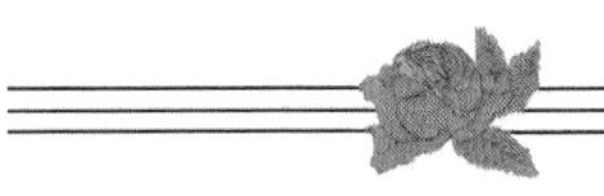

【目　录】

【目　录】

激光的发展历程

受激辐射理论

1916年，为解释普朗克黑体辐射公式这一当时的难题，物理学家爱因斯坦发表了一篇题为《辐射的量子理论》的论文，他在文章中提出一种崭新的观点，即受激发射的思想。论文写道：

……我们引入下述量子理论假设。在频率为 ν 的辐射密度 ρ 的作用下，一个分子可以吸收辐射能量 $\varepsilon_m - \varepsilon_n$ 并按几率定律

$$dW = B_n^m \rho dt \tag{1.1}$$

从态 Z_n 跃迁到态 Z_m。我们同样假定，在辐射作用下，与辐射能释放相联系的跃迁 $Z_m - Z_n$ 是可能的。这一过程满足如下几率定律：

$$dW = B_m^n \rho dt \tag{1.2}$$

这两种过程我们称之为“辐照引起的状态改变”。

在上述第二个假设，即方程1.2中，爱因斯坦就提出了我们今天称之为受激发射的概念，只是当时他并未使用这一名词。不久，凡·弗立克(J. Van Vleck)把这一过程称为“感应发射”。

爱因斯坦预言的受激发射现象，是微波量子放大器和激光器运转的主要物理基础，然而他本人从未想到用来构造这样的器件。直到他去世前不久，才发明了第一台受激放大器件即氨分子量子放大器。

负色散的研究

爱因斯坦受激发射理论发表后好几年内，它只在理论物理学家建立光的散射、折射、色散和吸收的量子理论时派上了用场。对色散问题的研究，使一些科学家认识到有可能出现负吸收。但囿于人们对非平衡态认识的局限性，也由于对相干辐射源的需要远不如20世纪50年代那么迫切，几乎没有人想到负吸收可以用在相平放大电磁波的工作器件上。

经典色散理论主要由特鲁德(P. Drudo)、弗格特(W. Voigt)等建立,并由洛仑兹(H. A. Lorentz)阐明。按照这一理论,原子被看成是一系列阻尼振子的集合,它们的固有频率与光谱的吸收频率相等。在外来电磁波作用下,介质产生极化。在引入复数极比率后,可求得复数折射率的实部和虚部,分别描述光在介质传播时的色散和吸收。从经典色散理论得出的结果虽然部分地与实验相吻合,但这一理论与玻尔的稳态原子模型是完全矛盾的。为了利用量子理论说明色散和吸收,一些著名物理学家,如德拜、索末菲、喇登堡等做了许多工作,尤其是德国光谱学家喇登堡作出了重要贡献。

20 世纪 20～30 年代,喇登堡一直致力于用玻尔模型和爱因斯坦受激发射理论来说明光的色散,得到了一个折射率 n 随波长 λ 变化的量子理论公式:

$$n-1=\frac{e^2}{4\pi mc^2}\frac{\lambda_{21}^3}{\lambda-\lambda_{21}}F$$

$$F=N_1 f_{21}\frac{1-N_2}{N_1}\frac{g_1}{g_2}$$

式中:e 和 m 表示电子的电荷与质量;N_2 与 N_1 分别是高能级 2 与低能级 1 的原子数;g_1 与 g_2 表示相应能级的统计权重;λ_{21}是 2→1 跃迁的辐射波长;f_{21}是一系数,称为负色散项,表示由于高能级 2 有一定的原子数而作的修正;F 叫做色散系数。

喇登堡和其合作者做了一系列实验,研究氖气的色散,观测色散随放电电流密度变化的情况。实验中,放电电流可在 0.1～700mA 之间变化。实验结果表明,放电电流在 100mA 以下时,色散系数 F 会随着电流的增加而增加,这说明负色散项中的$\frac{N_2 g_1}{N_1 g_2}$可忽略不计。但当电流超过 100mA 时,该系数开始下降,这表示高能级的 N_2 值不能忽略。

如果喇登堡继续增加氖的放电电流,可能会发现 F 不断减少并出现 $F<0$,即$\frac{N_2 g_1}{N_1 g_2}>1$,或$\frac{N_2}{g_2}>\frac{N_1}{g_1}$。这意味着在 20 世纪 30 年代就可能研制出第一台氖激光器。但正如激光器的奠基者之一肖洛指出的:人们不再继续喇登堡关于反常色散的实验,是因为他们对平衡态如此坚

信不疑，以至认为不可能偏离太远而形成负吸收。

磁共振中集居数反转的实现

在20世纪30～50年代初长达20多年的时间里，受激辐射的概念几乎被人们遗忘。然而这一时期在科学和技术上取得的很多成就对量子放大器的发明有很大影响，其中最重要的是磁共振和光泵，尽管发明这两项技术的科学家本意并非研究受激辐射器件，但他们发展的一些概念和方法对量子电子学是基本的。

第二次世界大战期间，由于发展雷达的需要，微波技术有很大进展。例如，发明了能够发射高功率微波信号的磁控管、用以探测雷达回波的灵敏的晶体探测器、用于弱信号探测的电子线路等，这些发明对磁共振技术的建立有很大帮助。

磁共振是利用物质磁矩在外磁场中分裂的塞曼支能级之间的跃迁来研究物质结构的一种方法。磁矩由原子核引起称为核磁共振。另一种是电子顺磁共振，它利用的是电子轨道和自旋磁矩在外磁场中的不同取向。核磁共振现象由美国科学家珀赛尔在哈佛大学和瑞士科学家布洛赫在斯坦福大学于1946年分别发现，而电子顺磁共振现象则由苏联科学家萨沃斯基发现。

用磁共振方法做实验时，常将样品置于两个磁场中，其中一个是静磁场，其作用是使能级分裂；另一个是交变磁场，其方向与静磁场垂直。当交变磁场的频率满足一定的关系时，样品从交变磁场中吸收能量，粒子从较低能级跃迁到较高能级。

1946年，布洛赫和其合作者在用磁共振方法测量水的弛豫时间时，发现了一个崭新的有趣现象——这一现象对量子放大器的实现具有十分重要的意义。当将静磁场和共振场同时加工水样品时，在示波器上观察到正信号。在突然将磁场降低到显著偏离共振值时，正信号逐渐变小并且消失。出乎意料的是他们在示波器又观察到，在正信号消失之后出现了负信号，而且负信号不断增长，并在几秒钟后增加到最

大值。布洛赫把这一异乎寻常的信号逆转现象，归之于由于外磁场改变而引起质子自旋的重新取向。这一解释虽然是正确的，但他没有将这一现象引申到自旋能级集居数的反转，他的注意力集中在质子弛豫时间的精确测定及其意义上。直到1958年才有人重新研究，并将其应用于二能级固体微波激射器。

1948年，核磁共振的另一发现者珀塞尔有意识地研究了磁场中各子能级的集居数。1951年他和其合作者在实验中实现了粒子数反转，观察到了负吸收，并首次提出了负温度的概念。

1949年，法国物理学家卡斯特勒发展了光泵方法，为此他获得了1971年诺贝尔物理奖。所谓光泵，就是利用光辐照来改变能级粒子数集居的一种方法。卡斯特勒的本意是想利用“原子与辐射进行交换时，角动量必须守恒”这一原理来建立一种用光学方法探测磁共振的灵敏手段，他并未注意到用这种方法可以产生集居数反转，更未想到可通过这一途径进行光放大。10年后，光泵方法开始应用于激光器中。目前，光泵技术有了很大发展，已成为固体激光器的主要抽运手段。

微波激射放大器的发明

微波激射放大器的发明与雷达的深入研究和广泛应用密切相关。在第二次世界大战中，雷达得到了广泛应用，受到交战(或相关)各国的重视。因而，与雷达研制密切相关的微波技术和微波器件均得到了迅速发展，磁共振方法得到研究，这为微波激射放大器的发明奠定了坚实的基础。

1952年，韦伯在参加由著名光谱学家赫兹堡主持的受激辐射讨论会时受到启示，产生了利用受激辐射诱发原子或分子，从而放大电磁波的思想。他提出了微波激射器的原理。韦伯的工作当时并未受到重视，不过汤斯曾向他索取过论述该工作原理的论文。

微波激射器的更完整描述和实验上的实现是由著名的美国物理学家汤斯和其合作者完成的。汤斯是美国南卡罗林纳人，1939年在加州

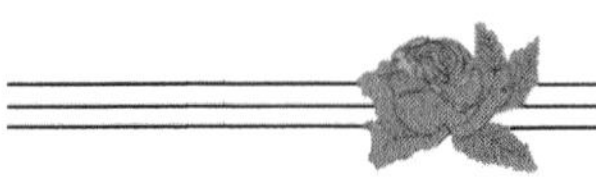

理工学院获博士学位后进入贝尔实验室，第二次世界大战期间被分派从事用于投弹定位的雷达的研制工作。他对此并不感兴趣，他酷爱理论物理研究。当时，美国空军希望提高雷达的工作频率以改善轰炸的定位精度，要求贝尔实验室研制一台频率为24 000MHz 的雷达。实验室将这一任务交给了汤斯。汤斯当时指出，这一频率对于雷达是不适宜的，因为水蒸气对辐射会产生强烈的吸收。但空军还是坚持要他做下去。仪器做出来后，结果不出汤斯所料，在军事上毫无价值。不过汤斯非常聪明，他很快意识到这台在军事上一无用处的设备却可以成为研究微波和分子相互作用的有用手段，它的频率和分辨率是当时实验室从未具有的。汤斯用这台设备做了许多前人从未做过的微波波谱工作，并且很快成为这一领域的权威。

这时珀塞尔等在哈佛大学已经实现了粒子数反转，只是信号太弱，还无法加以应用。"并不是人们认为不能实现粒子数反转，而是没有办法放大，无法利用这一效应"。汤斯回忆说。他与别的物理学家一样，正在苦思这个问题。他设想如果将介质置于谐振腔内，利用振荡和反馈，就可以放大。汤斯熟悉无线电工程，所以别人没有想到的他先想到了。关于他是如何构思出第一台微波激射器的，汤斯回忆他于 1951 年春天在华盛顿参加一个毫米波会议时的情景：

"凑巧，我在旅馆中与我的朋友和同事肖洛同住一房间。清晨我很早醒来，为了不致打扰他的睡眠，我出去了，并在附近公园的一个长凳上坐下来，思索(制作毫米波发生器)失败的主要原因。很清楚，需要解决的是找到一种制作统一线度很小的精密谐振腔的方法，这种谐振腔中应具有可以与电磁场耦合的某种能量。可是这是类似于分子的东西，人们要制作这样小的谐振腔并对其提供能量将会遇到技术困难。这意味着要实现这样的结构必须找到一种能够利用分子的途径！或许是清晨新鲜的空气使我茅塞顿开，感到这是可以实现的。几分钟内我拟好了大致方案，并对下列过程进行了计算：将分子束系统中高能态分子从低能态分开，并使其馈入腔内，在腔内存在着电磁辐射以激励分子产生受激发射，于是提供了反馈而保持持续振荡。"

汤斯在会上没有透露任何想法，立即返回哥伦比亚，着手他的研

究。他领导的研究小组成员包括博士后齐格和博士生戈登，后来齐格离开了这个小组，位置由中国学者王天眷接替。日本学者霜田光一参加了工作。汤斯小组选择氨分子气体作为激活介质。氨分子是由三个氢原子和一个氮原子组成的一个三角锥体，其中三个氢原子位于底平面，氮原子则位于顶点。这些原子在各自的平衡位置附近振动，同时分子还绕两个分别位于或垂直于氢平面的轴线转动，由此构成了氨分子的一系列振动和转动能级。此外，位于顶点的氮原子还会越过氢平面来到平面底下，称为反演。反演的结果使氨分子的振转能级分裂为二个能级。对于具有角动量轴向分量为三个单位的转动态，这二个能级之间的跃迁频率为23 870MHz。汤斯决定利用这一对能级间的跃迁实现受激辐射。由于处于这二个能级分子的电矩不同，因此在非均匀电场中将沿不同路径运动。他们设想利用一个强静电场来获得激发态氨分子，并使其聚焦后进入谐振腔，而谐振腔则调谐到对于24 000MHz共振。经过两年的努力，花费了约30 000美元的经费，1953 年的一天，戈登兴匆匆冲进汤斯正在出席的一个波谱学会议会场，大叫："它运转啦！"这就是第一台微波激射器。汤斯和大家商议，给这种新器件取了一个名字，叫做"微波激射放大器"。英文名为"Microwave Amplification by Stimulated Emission of Radiation"，简称 MASER(脉塞)。

在汤斯小组进行工作的同时，苏联科学家普洛霍洛夫和巴索夫也进行了类似的研究，探索利用微波波谱方法建立频率和时间的标准。他们认定，只要人为地改变能级的集居数就可以大大增加波谱仪的灵敏度，并且预言，利用受激辐射有可能实现这一目标。他们也用非均匀电场使不同能态的分子分离，不过他们的装置比汤斯小组的晚了几个月才运转。

微波量子放大器的进一步发展，与美国学者布隆姆贝根的工作很有关系。他原是荷兰人，第二次世界大战后到美国，曾参加珀塞尔小组的核磁共振研究。1956 年，他提出利用顺磁材料中的塞曼能级做成可调谐的微波激射器。特别值得提出的是，他和前述两位苏联科学家提出了利用三能级系统的思想，这种思想为后来微波激射器和激光器的发展指明了方向。

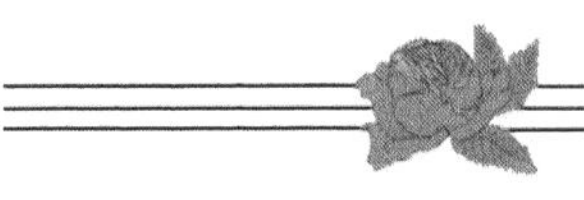

不久,贾万提出用非线性双光子过程进行微波放大。斯柯雄尔等人在 1957 年实现了固体顺磁微波激射器,布隆姆贝根等人在 1958 年也做成了红宝石微波激射器。

至此,激光的出现已是指日可待了。人们经过各方面的努力为激光的诞生做好了各种准备。1958 年,许多物理学家活跃在分子束微波波谱学和微波激射器的领域里,他们自然会想到,既然微波可以实现量子放大,可见光的放大也应能实现。

激光的设想

在微波量子放大器发明后,汤斯开始考虑下一阶段他应该做什么。他认为微波波谱学尽管对化学家还有很多工作可做,但对物理学家来说几乎接近完成,该做的差不多都做了。汤斯对射电天文学一直很感兴趣,他甚至想过这时是否应该放弃微波波谱学而转向这一领域。15 个月后,他确定应该继续从事的领域还是量子电子学,并且决定与他的朋友肖洛进一步合作。

肖洛于 1921 年生于美国纽约,在加拿大多伦多大学获博士学位。第二次世界大战后,肖洛听从物理学家拉比的建议,到汤斯手下做博士后,研究微波波谱在有机化学方面的应用。肖洛与汤斯原本不认识,但很快他们成了好朋友。后来肖洛还与汤斯的妹妹结了婚。1951 年汤斯到贝尔实验室工作,研究固体中的超导问题。1955 年,他们合作写了一本微波波谱学著作。当时,肖洛是贝尔实验室的研究员,汤斯则是那里的顾问。

1957 年 10 月,汤斯作为顾问到贝尔实验室访问,在与肖洛共进午餐时,透露了他正在思考越过远红外波段制作近红外甚至可见光范围的光学激射器的可能性,因为在这一波段范围,不像远红外,光谱的谱线和特征是相当清楚的。正好肖洛当时也在思考是否可以获得更短波长的辐射,于是他们决定合作。汤斯把他记有关于光学激射器的构思和计算笔记本的复本送给肖洛。当时汤斯已经设想了一个光学激射器

的雏型:谐振腔是一个由四面反射镜构成的玻璃盒,内充以铊作为激活介质,并且打算用铊灯的紫外光去激发基态(6*p*)铊原子到高能态(6*d*或8*s*)。他还对这一方案作了若干计算。不过肖洛很快论证了用铊原子是不适宜的,问题是它的下能级空竭速率要比抽运到上能级慢得多。肖洛认识到,为了激发足够数量的原子或分子进入高能级,必须寻找其他合适振子强度的材料。他查阅了载有有关数据的表格,由于当时碱金属元素的数据相当齐全,最后肖洛选择了其中的钾元素。据肖洛回忆,这种选择并非完全出自技术上的考虑:在他的实验室内惟一的光学仪器是一台海尔格公司的可见光摄谱仪,而钾的第一、二条谱线正好位于可见范围。不过后来发现,由于其他原因,钾并不适宜作为激光介质。

汤斯和肖洛接着考虑光学波段的谐振腔问题。他们一开始就考虑使用尺寸比光波波长大很多的谐振腔。为了实现模式的选择,肖洛设想了多种方案,其中包括利用衍射光栅作为谐振腔腔壁。肖洛最后选择的方案是:除了留下两小块端面外,将谐振腔其余部分都去掉,并且留下的两块中的一块是可以透光的。这就是光学中的法布里-泊罗谐振腔。

1958年春天,肖洛和汤斯决定将他们的研究成果公开发表。在发表之前,他们向贝尔实验室的专利办公室送交了一份复印件,请求他们审查一下是否值得申请专利。但遭到专利办公室的拒绝,理由是"光波对于通信从未有过任何重大影响,因此该项发明对贝尔系统的利益几乎没有意义"。具有讽刺意义的是,在激光器特别是低损耗光纤出现以后,光通信却成了贝尔实验室最重要的研究内容之一。不过在汤斯的坚持下,该项专利还是进行了申请,并于1960年3月获得批准。

肖洛和汤斯的论文在1958年12月《物理学评论》杂志上发表,题目是"红外和光学激射器"。文中具体报道了肖洛用钾做的初步实验。他们提出还可利用铯作工作介质,靠氦谱线进行激发。他们也考虑到了固体器件,然而并不十分乐观,因为固态谱线一般较宽,选模会更困难。他们表示:"可能还有更美妙的解答。也许可以抽运到亚稳态以上的一个态,然后原子会降到亚稳态并且积累起来,直到足以产生激射作用。"尽管第一台运转的激光器并不是论文中预言的工作物质,但这是

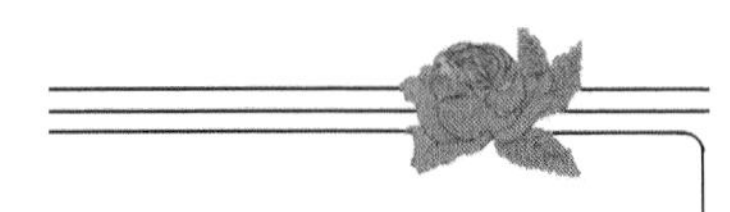

一篇公认的激光领域的划时代文献。

激光器的诞生

在肖洛和汤斯的理论指引下，包括肖洛和汤斯在内的许多科学家开始研究如何实现光学激射器。但由于各方面的原因，肖洛和汤斯都未能率先实现光学激射器即激光器。

第一台运转的激光器是以红宝石作为激活介质的固体激光器，它由年轻的美国科学家梅曼于1960年7月在休斯实验室研制成功。梅曼是美国休斯研究实验室量子电子部的负责人。1960年，梅曼才33岁，他于1955年在斯坦福大学获博士学位，研究的正是微波波谱学。在休斯实验室的头五年，他研究微波激射器的工作，制作了第一台用液氮冷却的红宝石微波激射器，后来又发展为干冰冷却。1959年秋，梅曼开始研制激光器。由于肖洛和汤斯论文的影响，当时大部分科学家集中于气体介质，特别是用光学方法去激发碱金属蒸气，因此梅曼的发明多少使他们感到意外。梅曼由于在红宝石微波激射器方面的工作，使他预感到红宝石可能会是一种良好的激光材料。例如，红宝石有比较简单的能级结构，较好的机械强度，做成器件后体积很紧凑及运转时不需要低温冷却等。但据有关文献报道，其量子荧光效率只有1%。梅曼起初也相信这一说法，他想进行一些测量来找出红宝石量子效率低的原因，以便作为线索去寻找一些其他材料。使这些材料既具有红宝石的优良性质，又有比较高的量子效率。但测量结果表明红宝石的量子效率较高，可达75%，于是梅曼决定利用红宝石来构成激光器。经过计算，他认识到最重要的是要有高色温(5 000K)的泵浦源。起初他设想用汞灯在椭圆柱聚光腔中进行泵实现连续运转，后来发现这种方案比较勉强。他决定利用氙闪光灯来实现脉冲运转。查询了有关商品的技术数据后，他选择了通用电气公司的用于航空摄影的GEFT506闪光灯。这种灯具有螺旋状结构，因此不适合于椭圆柱聚光腔的焦点泵浦方案。梅曼想出了一个巧妙的办法：将红宝石棒插入螺旋圈内部，

并在螺旋灯外部以聚光腔收集射向外部的射线，这样就能使红宝石棒获得足够照明。当时多层介质膜还不很成熟，于是他在红宝石两端蒸镀了银膜。为了提供输出耦合，梅曼利用了研制激射器的经验，在红宝石中央开一小孔，并且通过实验，求出了孔的最佳孔径。

经过九个月的努力，花了近50 000美元，梅曼研制出了世界上第一台激光器。梅曼将其研究成果写成论文，投寄给《物理学评论快报》，不料竟遭拒绝！该刊主编没有搞清楚激光器和微波激射器的区别，误认这是一篇微波激射器方面的文章，而微波激射器发展至今，它的任何进展都不值得很快发表。梅曼只好在《纽约时报》上宣布了这一消息。稍后，梅曼的研究成果在英国《自然》杂志上以简短形式发表。第二年，《物理学评论》杂志才发表了他的详细论文。

四能级激光器

梅曼发明红宝石激光器后才几个月，用掺有三价铀的氟化钙作激活介质的激光器也诞生了。这种激光器按照四能级系统原理工作，这个原理在梅曼的论文中已有详细讨论。它的优点是阈值较低，容易形成振荡。发明者是IBM公司的两位年轻科学家，一位叫索洛金，是布隆姆贝根的研究生；另一位叫史蒂文森，是汤斯的研究生。两人获得博士学位后进入IBM公司从事固体的微波共振研究。肖洛和汤斯的论文发表后，他们决心转向光学激射器的研制，希望找到一种更理想的固体材料，用普通的灯进行抽运。他们先是想把固体的工作介质做成长方形块，表面抛光。光线在固体块中来回往返，最后从切去的一个角输出。只要介质的折射率稍大，光线就可以经全反射几乎无损耗地在里面多次往返，他们选择氟化钙作为基质材料，因为这种材料的折射率正好符合要求。激活离子则考虑稀土元素，因为这类元素具有 $4f$ 壳层。他们在文献中查找资料，最后从前苏联人费阿菲洛夫的论文中找到了两种材料可以掺进氟化钙。一种是与稀土族非常相近的三价铀，在2.5μm处产生荧光；另一种是二价钐。这两种结构都属于四能级系统，

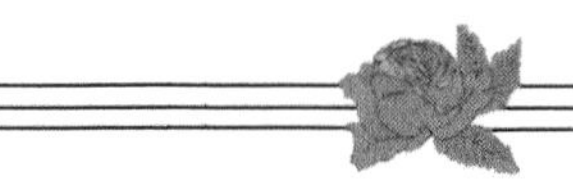

不过要工作在低温状态。他们请两家公司生长了这两种不同的掺杂的晶体，再加工成长方形。正在这时，梅曼的红宝石激光器宣告成功，他们受到启发，立即将自己的晶体也改为圆柱形，在表面镀银，很快就试验成功了 $CaF_2:U_{3+}$ 激光器，接着又做成了 $CaF_2:Sm_{2+}$ 激光器。

索洛金和史蒂文森演示的第二台和第三台激光器实用价值不大，但他们利用四能级系统为后来的工作开辟了道路。

氦氖激光器的诞生

氟化钙固体激光器刚诞生，另一种以气体为激活介质的激光器——氦氖气体激光器也紧接着诞生了，它由美国贝尔实验室的伊朗籍科学家贾万及其助手研制成功。这种激光器的泵浦机制和激活介质与固体激光器完全不同。贾万的工作开辟了气体激光器研究的新领域，其贡献不在梅曼之下。

贾万曾在哥伦比亚大学由汤斯指导攻读博士学位，研究微波波谱学。1954 年获得学位后留校任教。在此期间，汤斯曾建议贾万研究亚毫米波的产生问题，因为他们的实验室有这方面的谐振腔。但贾万希望将波长做得更短些，他有把握在这个范围内获得增益，但他不知道怎样制作激光器的谐振腔。这时恰好有一个机会与肖洛相遇。肖洛透露了他正与汤斯合作研究光学激射器的情况。于是贾万知道了用法布里-泊罗干涉仪可以产生反馈。当天下午他匆匆赶回哥伦比亚作了一些计算。当肖洛和汤斯的著名论文发表时，贾万已经在如何构成气体激光器方面有了很多想法。他认为气体中用放电方法实现集居数反转要比肖洛和汤斯论文中建议的光泵方法更为合适。不久，贾万离开哥伦比亚大学进入贝尔实验室工作，继续从事用气体放电来激发原子的研究工作。

利用气体放电实现集居数反转这一思想，最早由前苏联物理学家法布里提出，但贾万和另一位贝尔实验室的科学家桑德尔斯作了更深入细致的描述。他们的论文发表在《物理学评论快报》1959 年的同一

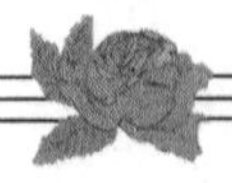

期上。桑德尔斯在论文中指出，利用闪光灯来获得足够数量的激发原子是困难的。他建议用电子碰撞进行激发，这种过程很容易在气体和蒸气中用放电方法产生。如果激活介质中存在着长寿命的激发态和短寿命的低能态，就能够产生集居数反转。他还注意到，气体放电中存在着多种过程，这些过程可以影响各个能级集居数的相对分布。适当地选择放电条件，可以使上能级保持较高的集居数反转。

贾万在论文中也考虑了这些问题，并且更深入更具体，他在分析了各种碰撞情况后，提出可以由两种原子的混合气体来实现集居数反转。贾万选择的工作气体是氦氖气体混合物。氖原子有很多谱线，贾万经过计算后选取 1.15μm 作为振荡波长，因为这条谱线有较高的增益且能被光电倍增管接收。由于当时缺乏可见光激光器，贾万不能很方便地调整两块平面镜的取向。他的步骤是先确认放电管中已经有了增益，然后再来摸索如何把腔镜调成准直。为了获得增益，他工作了 8 个月之久。1960 年月 12 月 12 日，世界上第一台气体激光器——氦氖激光器终于成功运转。过了约两年，较 1.15μm 氦氖激光器用处大得多，后来广泛使用的0.632 8μm激光器研制成功。

激光的基本原理

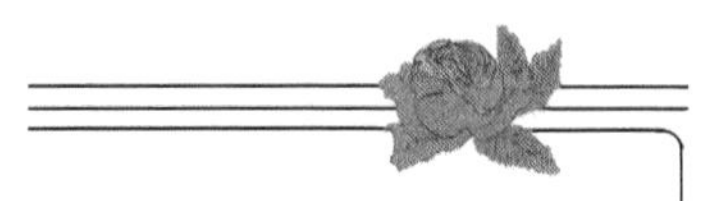

激光产生的简单原理

为什么说激光是人类发明所给出的一个真正产物？要清楚这一点，我们还得从光源的发光机理说起。

1. 原子的能级

任何光源，如白炽灯、荧光灯、太阳等，都是由分子和原子组成的。而原子则由原子核和若干核外电子构成。核带正电荷，电子带负电荷。按照玻尔原子理论，电子绕核运动，就如行星绕太阳运动。核对电子的库仑吸引力，提供了电子绕核运动所需的向心力，使得核与核外电子处于一个相对稳定的状态。

以氢原子为例，它由一个原子核（仅由一个质子构成）和一个绕核旋转的电子组成。电子绕核旋转的轨道不是任意的，可绕一系列可能轨道中的某一个轨道运动，各个可能轨道是相互分开的，各有不同的半径。电子要么在这一轨道上运动，要么在另一轨道上运动，在两轨道间是不能停留的。但电子可从一个轨道跳跃到另一个轨道。

电子处于任意一个可能轨道时，原子具有一个确定的能量（叫做原子的内能）；电子处于不同轨道时，原子具有不同的能量。由于电子具有一系列分立的可能轨道，电子可能具有的能量也是不连续的。这

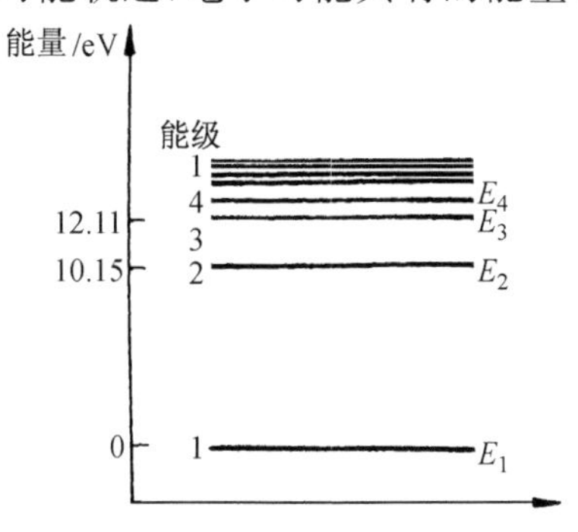

图 2.1　氢原子的能级图

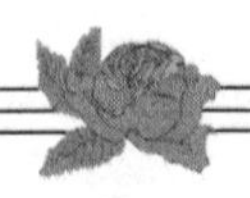

一系列不连续的可能的能量值，就叫做原子的能级。图 2.1 是氢原子的能级，图中 E_1 是氢原子的最低能级，称为基态，对应于氢原子内的电子绕距核最近的轨道运动，此时的氢原子具有的能量最小。其他的能级 E_2、E_3、E_4 等，统称为高能级。具有这些能量的原子，也称处于激发态。

与氢原子类似，其他原子(分子和离子)也具有分立的能级，也有基态和激发态，只是其他原子因拥有数目较多的电子，分析要复杂得多，这里不作介绍了。

2. 粒子数目按能级的分布

我们把原子、分子和离子，统称为粒子。一个包含有大量粒子的系统(如 1mol 理想气体，含有 6.02×10^{23} 个分子)中的任一粒子，处于什么能级，具有随机性，即我们不能确定某一个粒子是处于高能级或低能级。这是由于粒子间的碰撞或粒子与辐射间的相互作用，有些粒子会吸收能量而从低能级跃迁到高能级。但粒子在高能级不会久留很快会放出能量而返回低能级。当系统处于热平衡时，大量粒子按能级的分布遵循一个确定的统计分布规律，这就是玻耳兹曼分布律：

$$n = n_0 e^{-\frac{E}{kT}} \tag{2.1}$$

式中：n 表示处于能级 E 的单位体积中的粒子数；n_0 为单位体积中的总粒子数；$k=1.38\times10^{-23}$ J/K，叫做玻耳兹曼常数；T 为热平衡时的绝对温度；$e=2.718$。

上述玻耳兹曼分布律阐明了粒子在能级上的正常分布，即热平衡时，处于某一能级的粒子数与该能级的能量值密切相关：E 越大，该激发态上的粒子数就越少，而且按指数减少。图 2.2 形象地说明了这种关系。

3. 自发辐射和受激辐射

就像处于高处的水总往低处流，处于激发态的原子(还有分子离子等微观粒子。以下同)也是不稳定的，总会回到基态或低能级去。原子在激发态能停留的时间非常短，通常约为 8～10s 的数量级。在这期间内，原子会在没有任何外界作用的情况下，自发地放出内能而回到基态或低能级。这种现象，叫做原子的自发跃迁。如果放出的内能以热运

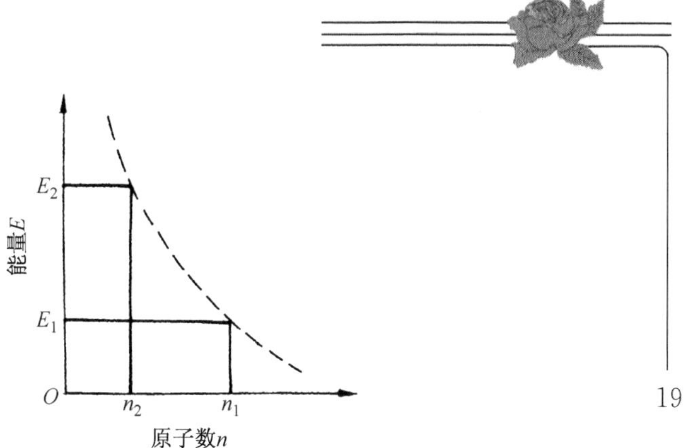

图 2.2 原子数目按能级分布

动的形势出现，就称这种自发跃迁为无辐射跃迁。若放出的内能以辐射即电磁波的形式出现，则称这种跃迁为自发辐射跃迁。如图 2.3 所示。

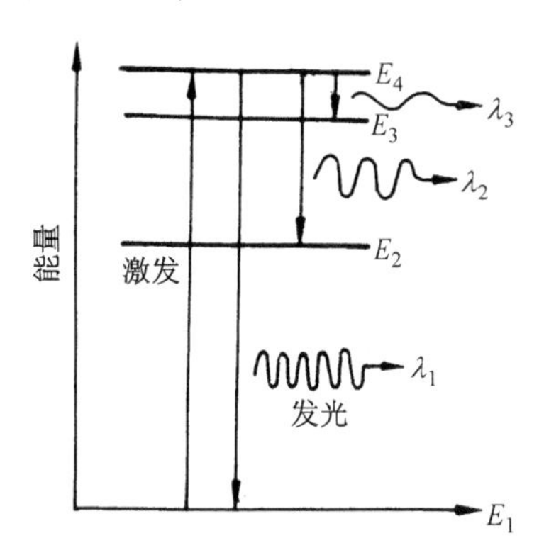

图 2.3 自发辐射和跃迁

原子自发辐射时放出的光子频率，由发生跃迁的两能级间的能量差值决定：

$$h\nu_{21} = E_2 - E_1 \tag{2.2}$$

式中：h 是普朗克常数；ν_{21} 为放出的光子频率；E_1、E_2 为原子在始末两能级的能量。按照式(2.2)原子在不同能级间跃迁时，会发出不同频率或波长的光。由于同种原子的能级结构是一定的，故某种原子中的不同原子辐射的频率可能各不相同，但却是一定的。这就是普通光源，如

白炽灯，能发出多种不同频率的光的原因。

除了可产生自发跃迁，原子还可产生受激跃迁。这种跃迁包括：从低能级向高能级跃迁和从高能级向低能级跃迁。前者是指处于低能级 E_1 的原子，吸收外来辐射 $h\nu_{21}$ 后，跃迁到能量为 $E_2=E_1+h\nu_{21}$ 的高能级或激发态，称之为受激吸收；后者是指处于激发态 E_2 的原子，受到频率恰好为 ν_{21} 的感应后，会放出一个与外来感应光子能量 $h\nu_{21}$ 相同的光子，原子因而跃迁到能量为 $E_1=E_2-h\nu_{21}$ 的低能级或基态，称之为受激辐射。图 2.4 简要地描述了受激吸收和受激辐射。

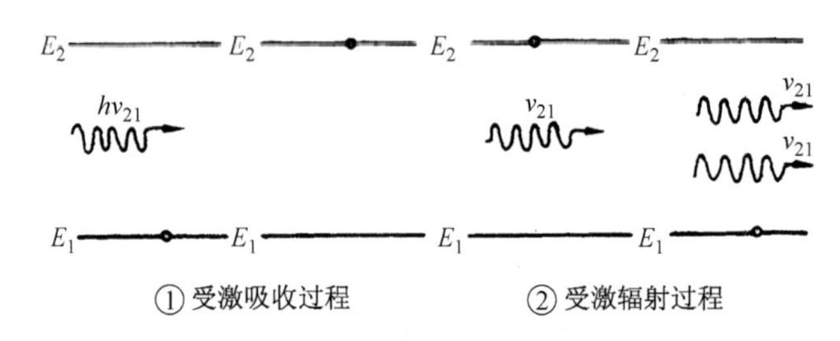

图 2.4　受激吸收和受激辐射

受激辐射中发出的光，与外来感应的光具有相同的物理特征，两者具有相同的频率、相位、传播方向、偏振方向。外来感应的一个光子因此而变为两个相同的光子，光因受激辐射而得到放大。

4. 粒子数的反转分布与激活介质

在一个由大量原子分子组成的物体即宏观物体中，上述受激吸收过程和受激辐射过程同时存在。但发生的受激辐射远小于受激吸收，原因是如式(2.1)所指出的，物体中绝大多数原子都处于基态，处于激发态的原子只占极少数。在这样的物体中，外来辐射是不可能得到放大的，因为绝大部分外来辐射或光子被处于基态的绝大多数原子吸收了，只剩下极少数外来辐射去感应处于激发态的极少数原子。因此，要想使受激辐射占优势，就必须使处于高能级的粒子数超过处于低能级的粒子数。粒子按能级的这种分布，叫做粒子数的反转分布。

按照式(2.1)系统不受外界作用并处于热平衡时，其中处于高能级 E_2 的粒子数 n_2 与处于低能级 E_1 的粒子数 n_1 之比为：$\frac{n_2}{n_1}=\mathrm{e}^{-(E_2-E_1)kT}$，

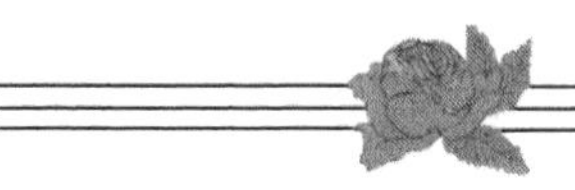

高能级的粒子数总是大于低能级的粒子数。显然，为使系统中的粒子发生反转分布，必须用某种外部力量去激励系统。现在科研人员已掌握了多种使粒子分布发生反转的激励方法，能对不同种类和不同性质的粒子系统（也称工作物质）采用不同的激励方法，如光激励、电激励、化学激励、核激励等。

研究表明，并非任何一种物质在外界激励下就能产生粒子数反转分布。只有其构成粒子的能级结构，满足一定的条件才有可能。我们称能在某两能级间形成粒子数反转分布的粒子所构成的物质为激活介质。激光器就是用激活介质中的原子或分子来产生激光的。激活介质可以是气体、液体和固体，相应的激光器分别叫做气体激光器、液体激光器和固体激光器。

一个只具有二能级的原子系统不可能实现粒子数的反转分布。这种物质中的原子，在热平衡时，处于低能级的原子比高能级的要多。外界激励施加伊始，受激吸收过程比受激辐射过程占优势。随着激励的继续，高能级的原子逐渐增多，但最终只能达成一种动态平衡，而不可能达到高能级原子比低能级原子多的状态。

而一个满足一定条件的三能级或更多能级的原子系统，就有可能实现粒子数反转分布。以三能级系统为例，作一个简单的分析。设有一个各能级间的跃迁都可进行的三能级原子系统，如图 2.5 所示。热平衡时，原子按能级的分布满足波耳兹曼分布律，处于 E_1 能级的粒子最多，而 E_2 能级的粒子则比 E_3 能级的要多，如图 2.6 或图 2.7 所示。若外来辐射的频率值为 $\nu_{31}=\dfrac{E_3-E_1}{h}$，则有部分处于 E_1 的原子因吸收外来辐射而跃迁到 E_3 能级，同时，也存在少数原子从 E_3 能级跃迁到 E_1 能级。外来辐射足够强时，能使 E_1 能级上的原子数 n_1 与 E_3 能级上的 n_3 达到动态平衡，即 $n_1 \sim n_3$。这时 E_3 能级上的原子数增加了 Δn，而 E_1 能级上的原子数则减少了 Δn。若 E_3 能级与 E_2 能级比较接近，则 E_3 能级上的原子数就有可能超过 E_2 能级上原子数，因而在 E_3 能级与 E_2 能级间形成原子数反转分布，如图 2.6 所示。若 E_2 能级与 E_1 能级比较接近，则 E_2 能级上的原子数就有可能超过 E_1 能级的。于

是，在 E_2 能级与 E_1 能级间形成原子数反转分布，如图 2.7 所示。1960 年诞生的世界上第一台激光器以红宝石为激活介质，按上述第二种情况即在较低的两个能级上形成粒子数反转分布。

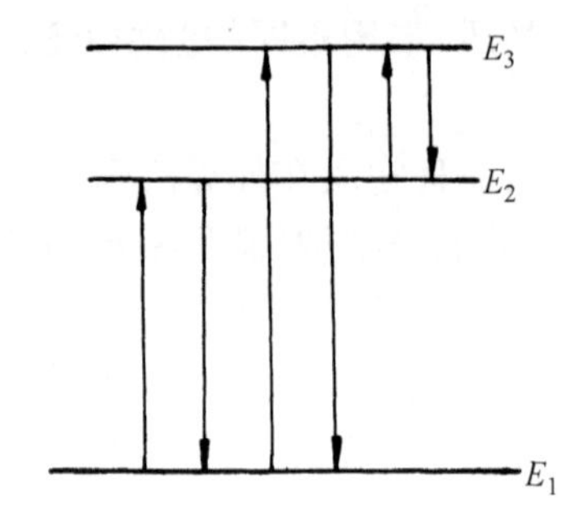

图 2.5　三能级体系

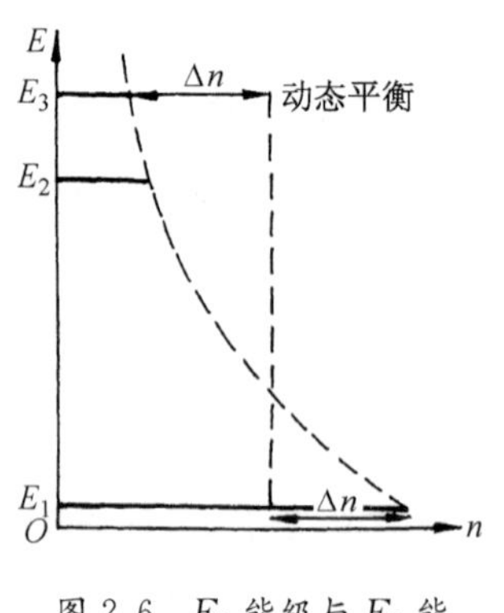

图 2.6　E_3 能级与 E_2 能级间的粒子数反转

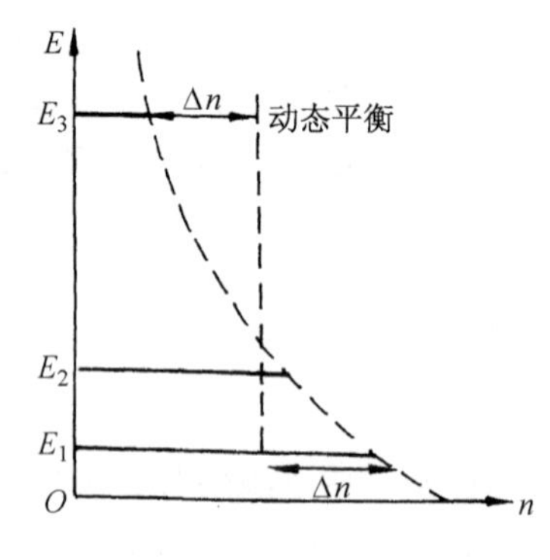

图 2.7　E_2 与 E_1 能级间的粒子数反转

5. 光学谐振腔

仅有实现了粒子数反转分布的激活介质是不能产生激光的。如图 2.8 所示，设想激活介质中的某个原子，在粒子数反转的两能级间发生了自发辐射(前已述及，原子在高能级的时间非常短，这个自发辐射总会产生)。这个自发辐射会由近及远地，不断感应激活介质中处于激发态的原子，使它们产生受激辐射。各个受激辐射同样会感应出许多新

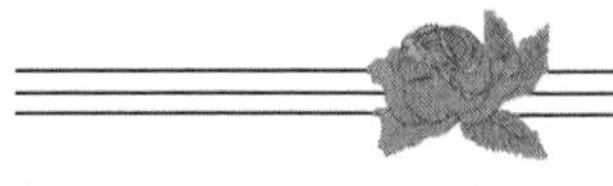

的受激辐射。于是，原始的自发辐射被放大。但由于介质总有一定大小，原始的自发辐射及其众多的感应辐射，总会达到介质边界，并穿越边界，一去不复返。其他的自发辐射及其感应辐射，也是如此。所以，不能形成强的受激辐射。在这种情况下，介质中的自发辐射仍比受激辐射强，整个介质发出的光还是普通光。

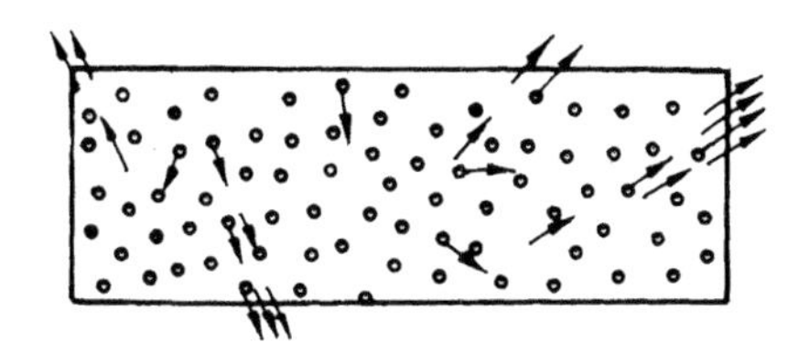

图 2.8　无谐振腔难以形成激光

但若在激活介质两端放置两个反射镜，情况就大不一样了。这时，沿两镜间轴向传播的原始自发辐射和感应辐射，在穿越边界后，受到镜的反射，又会回到介质内部，并感应处于激发态的原子，使光得到进一步放大。如此往复，只要镜面的反射率足够高，则沿轴向传播的光会得到不断放大，最终形成强大的受激辐射即激光。光在两镜间的来回往复运动，叫做光的振荡。

激活介质两端的两镜，相互平行且与激活介质轴线垂直地对称放置，可以是平面镜，也可是球面镜，就构成了激光器的谐振腔。图 2.9 所示的是平面镜，其中一块反射率接近 100%，另一块稍低，约为 98%，最终形成的激光就从这一块透射而出。

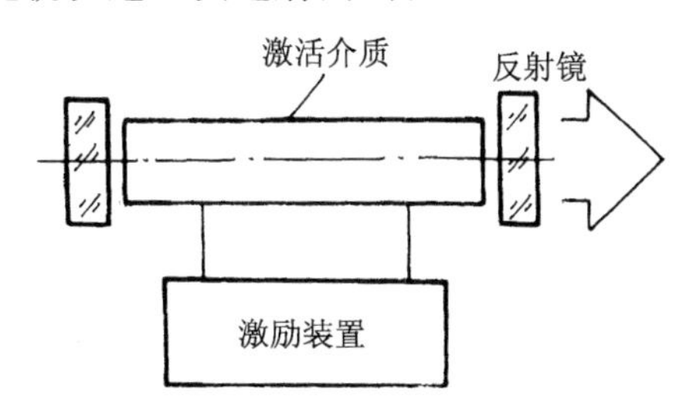

图 2.9　激光器示意图

图 2 .10 表明了激光的形成过程。在此过程中，只有那些沿与两

镜垂直的轴向行进的光才能在两镜间形成振荡。而那些不沿轴向行进的光,则很快通过谐振腔的侧面逃离谐振腔。这使得输出的激光比普通光具有好得多的方向性。

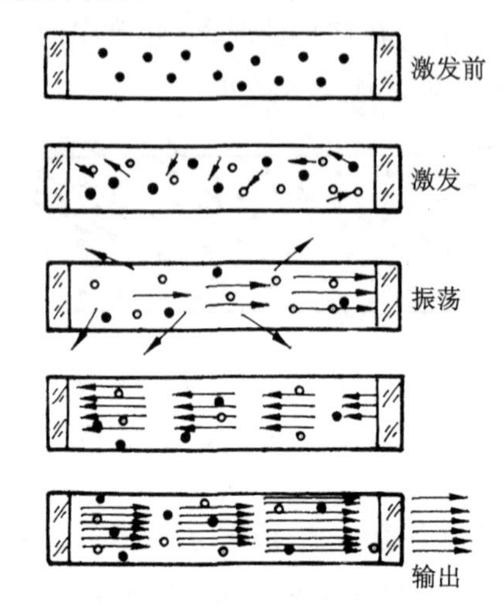

图 2.10　激光的形成

谐振腔还对振荡的光的频率起限制作用。按照谐振腔理论,谐振腔的共振频率 $\nu=\frac{mc}{2nL}$。式中:m 为正整数;c 为光速;n 为折射率;L 为腔长,即反射镜间的轴向距离。只有与谐振腔的共振频率相匹配的光,才能在腔内形成振荡,从而限制了腔内光振荡的模式,使得输出激光的单色性比任何其他光源的都好。

激光的性质

1. 电磁波的种类及其属性

光是什么?光是同广播、电视电波一样的电磁波。在这一点上无论太阳光、灯光、激光都如此。但是,激光最重要特性——方向性、干涉性,却是自然光所不具备的。总而言之,激光与电波一样,具有相干性

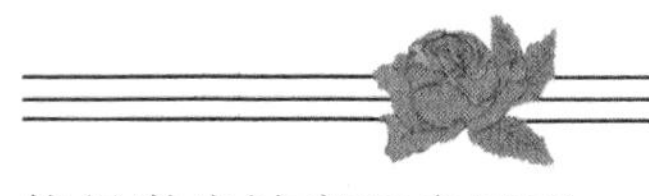

电磁波的一切通性。但正是激光的显著特性，使得激光被广泛应用于科学研究、产品技术开发等领域。本章我们将讲述激光的性质。

（1）长波长的电磁波——电波

电磁波的种类可按其波长、频率来划分，如图 2.11 所示。从图中看出，电波是频率较低的一种电磁波，而光的频率较高，是一种波长较短的电磁波。电波是一种频率不超过 3THz，即波长超过 0.1mm 的电磁波，或者说是一种符合电波法则的电磁波。众所周知，电波广泛用于广播、电视、移动电话、卫星转播、电磁灶等众多领域，成为我们生活中不可缺少的东西。通常，电波是由晶体管等元器件制作的电子线路中产生的，因此频率纯度很高，通过对电子线路进行调制，便可用来传递各种信息。

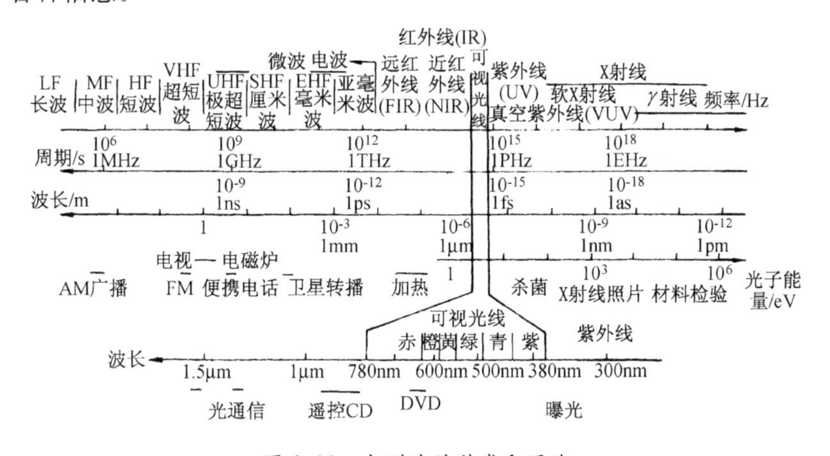

图 2.11 电磁波的种类和用途

电波中靠近中波区的短波电台的频带，虽然处于最低频率区，然而，即使很小的电能就可通过电离层的反射传播至全世界。但是，像 FM 波段上的电台、电视等电波，频率相对较高，穿透了电离层却传不到很远的地方。估计可到达的距离范围，接近光的传播范围。

（2）短波长的电磁波——光

狭义地说，光是波长 400～700nm 范围的可见光，但是，它又包含了红外线、紫外线，因此没有严格的界定条件。广义地说，光是波长比电波短，频率比电波高的电磁波的总称。最近，X 射线也被列入光的范

畴，使其范围变得越来越广。

所谓可见光，正如其名，是指人眼看得见的电磁波。人眼可以感受到较长波长的光，例如虹的七种颜色——“赤橙黄绿青蓝紫”，可以说，人眼是最佳的感光因子。这些可见光中，人眼最易感受的是 555nm (540THz)的黄绿色，该波长常用作辉度基准(单位是 cd)。波长小于 380nm 或大于 780nm 的光，无论光量多强，人眼几乎不可能看到。例如，CD 唱机采用的波长 780nm 的半导体激光称为“可视半导体激光”，它是目前开发的波长最短的半导体激光，聚焦后可见到微弱的红光。

红外线(infrared，IR)是比可见红光的波长长，比电波波长短的光的总称，按照可见光的排列顺序，分别称为近红外线(near infrared，NIR)、红外线、远红外线(far infared，FIR)，近红外线是人眼不可见光中最常用的光，其性质与可见光几乎无大区别。它借助于半导体可有效地发光、感光，所以，广泛用于家电制品的遥控、光通信等领域。波长稍长的红外线，热作用最高。若利用黑体辐射，从远红外到红外区的光呈现出峰值效应，这种光对物质具有很强的穿透力。因此，多用来做烹调器、取暖器等。

说到能量，常温时的热能约为 25meV，对应的光波长约为 50m。因此，几乎所有的物质都发射红外线，即使不用照明工具也可观测到。另外，远红外线到电波范围，包含许多分子的回转运动、振动所对应的频率，这对材料分析非常有用。

紫外线(ultraviolet，UV)比可见光中的紫光波长更短，是不可见光。随着光的波长变短，光子的能量增大，原子激励下的化学作用增强。火烧云就是由于紫外线的化学作用形成的。若波长更短，该紫外线甚至被大气吸收，因此，也就不能从太阳到达地球。将这一区域的光称为真空紫外光(vacuum ultraviolet，VUV)。

(3) 更短波长的电磁波——放射线

波长进入 X 射线区，则电磁波的粒子性比波动性更显著，其方向性及穿透物体的能力增强，例如 X 光照相就是对物体进行透视。由于光子的能量非常大，在与原子、分子的碰撞中，造成原子内的电子挣脱，或是分子键破断。这很容易损伤生物体分子，使用时必须加以注意。

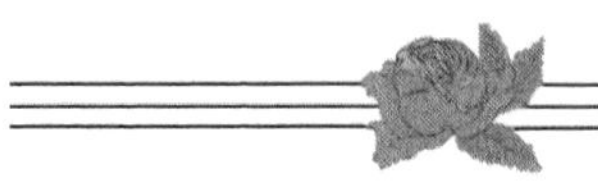

波长最短区的电磁波称为 ā 射线，常作为一种放射线使用。它与高能粒子具有相同的性质，可在宇宙线、加速器作用下的粒子碰撞、核反应中发生。

光是电磁波，具有双重性——波动性和粒子性。其实，激光的特征也是光本身固有的性质，有些特征可用波动性解释，有些可用粒子性解释。总之，将光的波动性和粒子性辩证地统一起来，就能令人满意地解释激光的各种光学特征。可以说激光是一种高品质的光。

2. 谱线及相干性

(1) 单色光和谱线

太阳光经棱镜分光后可观察到七种颜色。也就是说，我们看到的是太阳光的光谱线。图 2.11 是从波长、频率的角度来理解电磁波的，但是一束光线中包含许多个波长，将其区分观测就是光谱。用棱镜或衍射光栅进行分光，就可以使光按照单一波长、频率向各个方向发射。由此，我们就可以观测到这束光的谱线。相反，利用分光的逆过程，可将单一波长的光汇聚起来，恢复成原来的光。

下面，我们再从与时间波列的关系分析分光后观测到的谱线。首先，来看一下图 2.12 所示的单一周期波列的情况。所有的周期波列可用正弦波的叠加表示。此时可利用傅里叶级数展开来计算周期波列叠加构成的正弦波分量。设原始波列的频率为 f，经傅里叶级数展开后得到的正弦波的频率为 $f, 2f, 3f, \cdots, nf$（n 为正整数）的无限连续。将其表示在频率轴上就是我们所说的谱线，即在 $f, 2f, 3f, \cdots, nf$ 离散处具有特定值。

那么，非周期性的波列又如何处理呢？我们将非周期性的波列认为是周期性波列，只不过周期趋向无穷，因此，同样可用傅里叶级数展开方式。如果说波列周期的倒数即是谱线的频率间隔，那么，非周期性波列的间隔就是零。也就是说，周期波列的谱线按其原始的频率呈离散性分布，而非周期性波列的谱线呈连续性分布。此时，可利用傅里叶变换计算从时间波列到谱线，或从谱线到时间波列的转换。

光是一种频率非常高的电磁波，其波列通常用图 2.13 所示的包络线表示。这与经过正弦波的叠加呈现的波列几乎相同。如图 2.13 所

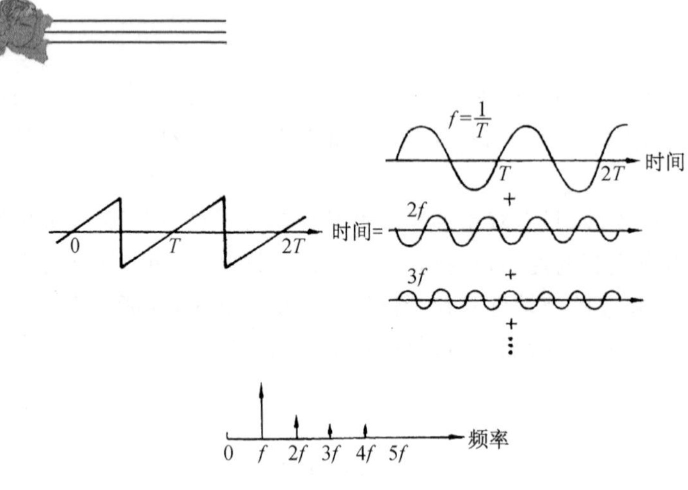

图 2.12　周期波形及其谱线

示，利用傅里叶变换便可计算它的谱线。

不过，在频率分量单一的情况下，波列无限连续，时间宽度是在有限的波列范围内按频率分量展开的。我们知道，两个不同频率的正弦波叠加后，它的周期是两个正弦波频率差的倒数，因此，时间宽度越窄的波列，谱线线宽越宽。此时，时间宽度与谱线线宽(频率宽度)的乘积为恒定值。将此值称为时间频带积，它多少随波列有些变化，但大体为1。

(2) 自然光和激光的区别——相干性

激光与自然光究竟有何区别呢？我们说过，激光具有好的方向性和高的干涉性，但这些也是光本身所固有的性质。那么，为什么自然光却不像激光一样具备光的固有性质呢？若要弄清这一差别，需要搞清自然光与激光的发生原理，了解光的性质。关键是光的相干性。

前面讲述了时间波列和谱线形状之间存在傅里叶变换的关系，时间宽度和谱线线宽之积为恒定值。其实，通过时间波列的计算还可知道波的相位。例如，电子回路产生的电波等即可利用该计算方法确定包括波的相位在内的时间波列，当然也可以通过测定方法。激光同电磁波一样，是相位确定的光，这种光称为相干光。但是，并不是哪种波的相位都能确定的，像自然光——阳光、白炽灯、荧光灯、发光二极管等光。相干性一词常用于表达激光的性质，而电波也具有相干性，所以最

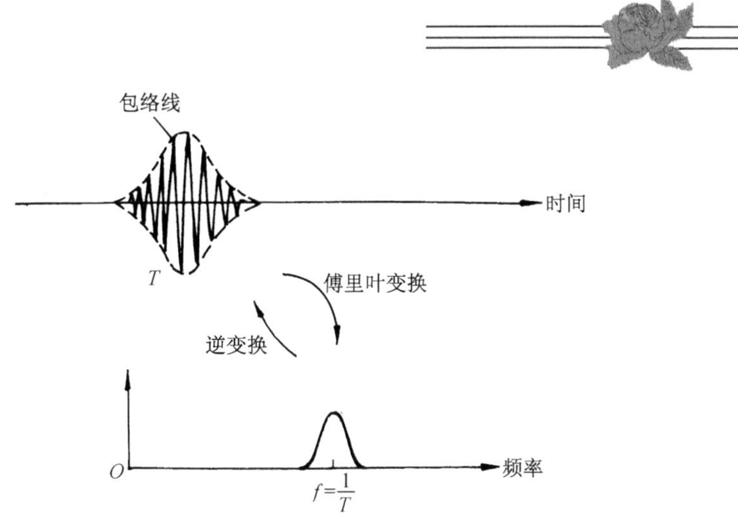

图 2.13　光波列及其谱线

好不用这一词汇表达激光的性质。

既然激光称做相干光，那么，自然光就称做非相干光。自然光是完全独立产生的，即热辐射、激励原子产生的自发辐射与周围完全无关，发出的光子之间没有相干性。试想人们在游泳池中形成的水波情况，就会完全理解。如图 2.14 所示，游泳池中的每个人都随意动作时，水波各自进行独立的传播，在任何地方观测到的都是同样的水面漩涡，无规律性可言。这相当于自然光的非相干性光波的发射。

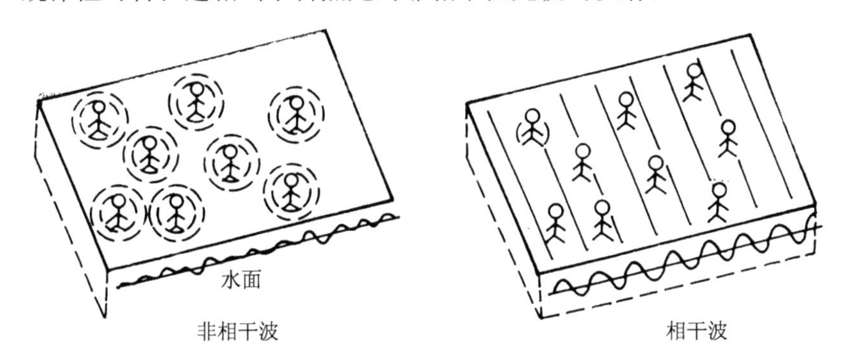

图 2.14　人在游泳池中形成的非相干波和相干波

相反，如果游泳池中的所有人同时以一定的节奏动作，水波将会按

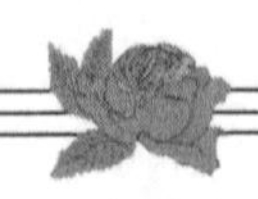

一定的方向前进。这相当于相干性光波的发射。若使身体动作与产生的水波合拍,水波会不断变大。

通过此例看出水池中的相干波也好,非相干波也好,都是水中的人形成的,所不同的是波纹是否一致。事实上,水池中的波纹既不会完全散乱,也不会完全一致,而是处于两者之间的状态。因此,必须考虑波纹相干的程度。这就是相干性。

(3) 相干性及谱线的测定——干涉仪法

所谓相干性就是波的干涉性程度(可干涉性)。如图 2.15 所示,使用迈克耳逊干涉仪,将一束光分成两部分,来看一下产生的干涉现象。转动一面镜子,当光在两面镜子反射的光程产生差值时,即可观测到干涉现象。完全的相干光在任何地方只要产生差值就会形成干涉条纹,不过,随着距离的加大,条纹明暗差别逐渐变小,最后没有亮度的变化。

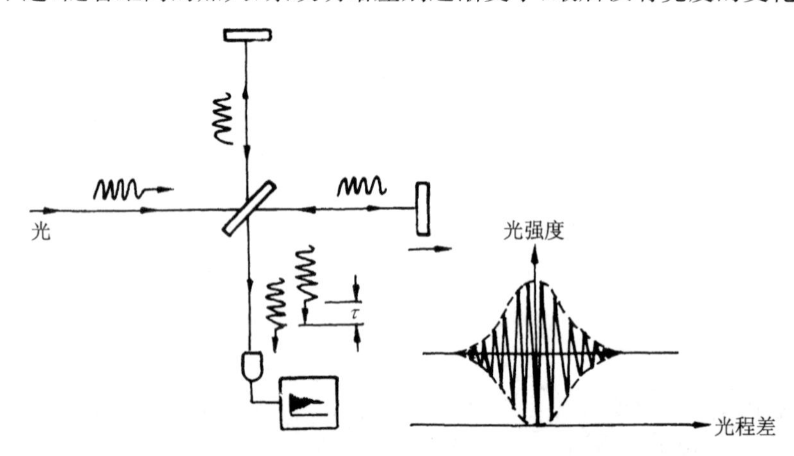

图 2.15 迈克耳逊干涉仪测定光的相干性

明暗干涉条纹能够清晰观测的最大光程距离差称为相干长度,到达时间差用相干长度除以光速表示,称为相干时间,它们表示了可干涉性程度。如果是原始光源,相干长度的距离差、相干程度的时间差均表示了光波处于稳定持续的状态。自然光的相干长度不超过几微米,而激光从短到长范围较广,例如 He-Ne 激光的相干长度为 10cm 左右。

下面,我们再看一下相干性与谱线之间的关系。虽然光波相干是

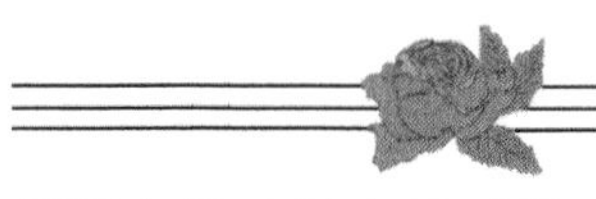

处于完全持续状态的，但假设用迈克耳逊干涉仪测定脉冲激光的时间波列，当时间差等于脉冲宽度时，则观测不到干涉现象。此时，脉冲宽度等于相干时间，通过光速便可求出相干长度。正如前面叙述的，波列的持续时间与谱线线宽之积约为1，所以谱线线宽的倒数就是相干时间即干涉时间。如果随意延长脉冲宽度使之无限重合，即为同一脉宽，那么，时间波列完全处于无规则状态，时间频带积不再是理想情况的1，而是变得非常大。但是，因为谱线强度不变，所以相干时间也同原来一致。这就说明谱线与相干性之间有着密切的关系。

用迈克耳逊干涉仪测定的干涉波形是光源的自相关函数。使用分光计所观测到的谱线是功率谱，该功率谱可通过自相关函数的傅里叶变换求得[维纳-亨琴(Wiener-Khintchine)定理]分光器(光谱分析仪)就是基于这一原理制作的。

(4) 时间相干性和空间相干牲

这里所要讲述的相干性包括时间相干性和空间相干性。所谓时间相干性是指光场中同一空间点在不同时刻光场之间的相干性，空间相干性是指光场中不同的空间点在同一时刻光场的相干性。

如果光源在不同的两个空间点发生的波列相同，说明空间相干性好，如果不同，说明空间相干性不好。仍以前面的游泳池为例，虽然游泳池中的每个人都以同一节拍划水，但远距离的人的节拍稍有不同，此时，水波不是以一定的方向规范地前进，波列有些变形而向空间扩展。因此，致使激光的另一特性——透镜的聚焦性变差。

(5) 自然光可否转变为激光

让我们再来看一下激光和自然光的区别。我们知道，激光的相干性好，自然光的相干性不好。但是，有一种方法可以改善自然光的相干性。

首先，让自然光通过一条窄缝，经窄缝衍射的光，其空间相干性将会变好。之后，再利用分光计进行分光。若提高分光计的谱线分辨率，仅让一条谱线通过狭窄的缝隙，那么，该束光的时间相干性也会变好。此时的光束的相干性可以与激光媲美。但是，随着相干性的改善，光强却不断地减弱。不但如此，其强度变化也比激光大得多。

3. 激光的偏振性

光是横波。为了更好地理解光波的性质，这里，我们将通过下列公式来叙述电磁波，并就此得到的结果加以说明。

(1) 光遵从的法则——麦克斯韦方程

磁场随时间变化产生电场，电场随时间变化产生磁场。将这种物理现象用公式表示就是下面的麦克斯韦方程式，也是电磁波的基本方程式。

$$\nabla\times\boldsymbol{E}=-\frac{\partial\boldsymbol{B}}{\partial t}\tag{2.3}$$

$$\nabla\times\boldsymbol{H}=-\frac{\partial\boldsymbol{D}}{\partial t}\tag{2.4}$$

$$\nabla\cdot\boldsymbol{D}=0\tag{2.5}$$

$$\nabla\cdot\boldsymbol{B}=0\tag{2.6}$$

这里，$\boldsymbol{E}$、$\boldsymbol{D}$、$\boldsymbol{H}$、$\boldsymbol{B}$ 分别是电场强度、电感强度、磁场强度、磁感强度矢量，假设空间内不存在电荷、电流。当空间电导率为 å，磁导率为 μ 时，关系式 $\boldsymbol{D}$=å$\boldsymbol{E}$，$\boldsymbol{B}=\mu\boldsymbol{H}$ 成立。

由麦克斯韦方程式可推导出电场 $\boldsymbol{E}$ 的公式，利用$\nabla\times\nabla\times\boldsymbol{E}=\nabla(\nabla\cdot\boldsymbol{E})-\nabla^2\boldsymbol{E}$ 关系，得波动方程：

$$\nabla^2\boldsymbol{E}=\varepsilon\mu\frac{\partial^2\boldsymbol{E}}{\partial t^2}\tag{2.7}$$

(2) 光是横波

以式(2.7)中的最简单情况加以说明。假设电场的矢量方向为 x，在与 xy 面平行的平面内电场强度 $\boldsymbol{E}_x$ 恒定。式(2.7)可表示为

$$\frac{\partial^2\boldsymbol{E}_x}{\partial Z^2}=\varepsilon\mu\frac{\partial^2\boldsymbol{E}_x}{\partial t^2}\tag{2.8}$$

该波动方程的通解为

$$\boldsymbol{E}_x(z,t)=f(z\pm ct)\tag{2.9}$$

这里，f 是任意函数。将该式的解代回波动方程可以很容易验证 $c=\frac{1}{\sqrt{\varepsilon\mu}}$。另外，将这里求出的电场 $\boldsymbol{E}_x$ 代入原来的麦克斯韦方程式，很容易推导出此时的磁场矢量只是 y 向分量：

$$\boldsymbol{H}_y = \pm \frac{1}{\eta} \boldsymbol{E}_x \tag{2.10}$$

这里 $\eta = \sqrt{\frac{\mu}{\varepsilon}}$。

由此可求出最基本的电磁波。它具有以下特点：①电场和磁场以电磁波的形式沿空间传播；②传播速度等于光速 c；③电磁波的传播方向（z 向）上不存在电场和磁场；④电场和磁场垂直正交，大小呈正比；⑤其比例系数为 ς；⑥沿 z 方向和 $-z$ 方向前进的电磁波，电场方向均相同，而磁场方向相反。因此，电磁波是横波。

（3）偏振光

式(2.10)求出的电磁波是假设电场矢量只是 x 方向。同理，假设电场矢量只是 y 方向，同样可推导出 z 向前进的电磁波。以此类推，沿 z 向前进的光，电场方向为 x 的光和电场方向为 y 的光是完全独立的。这就是偏振光，通常将其电场方向称为偏振方向。x 方向偏振光和 y 方向偏振光的电场及磁场的情况如图 2.16 所示。

在空间电场某一方向（x 方向或 y 方向）下振动的光称为线偏振光。假设同一方向同一频率前进的两个垂直正交的偏振光重叠，那么波峰与波峰叠加合成的波的振动仍然呈直线，即还是线偏振光。若是大小相等的光重合，合成的光的偏振光方向与原来的两个偏振光恰好呈 45°。

可是，如果重合时相位错开，合成的电场矢量就会沿空间旋转。相位相差 90°时，电场矢量的前端在空间画出圆的轨迹。这就是圆偏振光。圆偏振光的电场情况如图 2.17 所示。电场旋转方向随合成时的相位而变化，从传播方向观察光源侧，通常电场向右旋转（顺时针）称为右旋偏振光，电场向左旋转（逆时针）称为左旋偏振光。任意的光都可由两个正交的线偏振光或右旋和左旋的圆偏振光的重合来表示，由于合成的两个波的大小及合成相位的原因，一般为椭圆偏振光。

那么，像太阳光这样的自然光又如何呢？自然光的偏振光与激光不同，它在各个方向的振动分量都是无规则重合的，称做无规则偏振光或非偏振光。用偏振光板取任一方向的偏振光，其强度都相同。这一

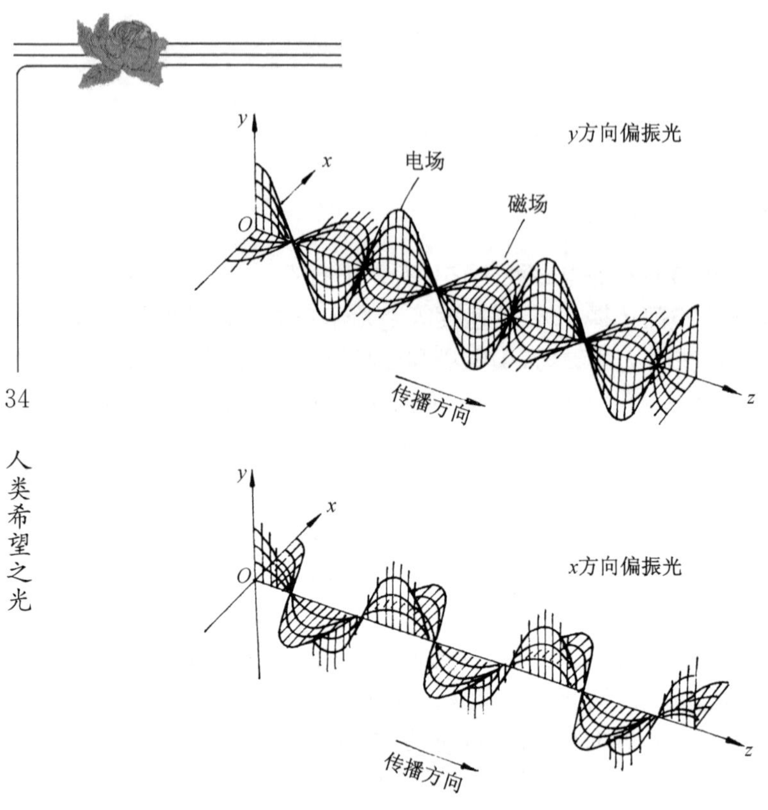

图 2.16　直线偏振光的电场和磁场

性质让人感觉似乎像圆偏振光，但是，自然光的电场矢量描绘的轨迹不是圆，它和圆偏振光完全不同，这一点必须注意。

4. 激光的折射和反射

(1) 激光的折射

光在水、玻璃这样的物质的边界面上会产生折射。现在，我们再来回顾一下这一熟知的折射现象。如图 2.18 所示，假设光进入媒质 1 和媒质 2 的界面，产生反射和折射。光进入到物质中，物质中的原子、分子随光子的频率而产生振动，但在透明媒质中，入射光引起的振动不会消耗在媒质内部，而且再次还原成光传播。因此，光在媒质中的前进速度变慢。

假设光在媒质 1 的入射角为 θ_1，在边界面存在微小的波源，根据惠更斯原理可知，媒质 1 中的反射光波行进的角度与 θ_1 相等。但进入媒

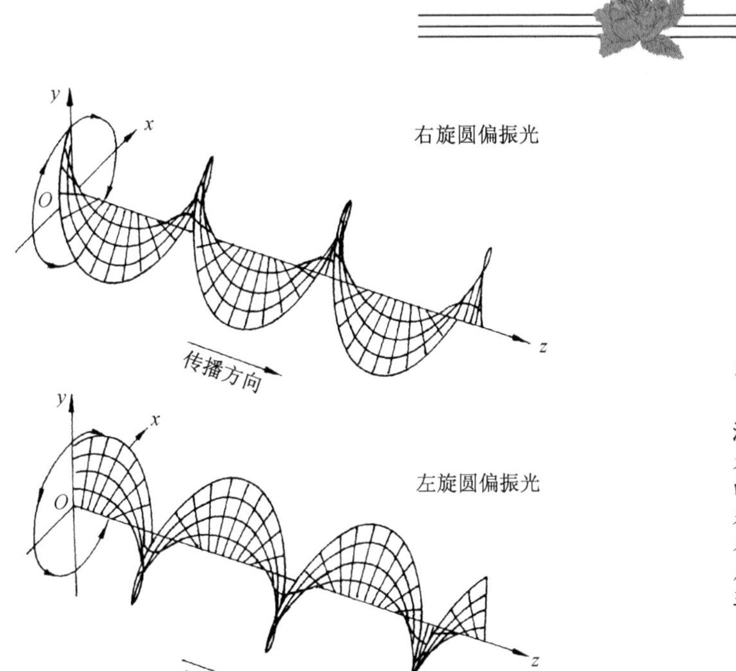

图 2.17　圆偏振光的电场

质 2 中的光波行进的角度 θ_2 与入射角不同，根据斯涅耳法则可知：

$$n_1 \sin\theta_1 = n_2 \sin\theta_2 \tag{2.11}$$

这里 n_1、n_2 分别是媒质 1、媒质 2 的折射率，表示了光速在其媒质中多少有些变慢。当 $n_1 < n_2$ 时，对应每一个入射角 θ_1 都有一个折射角 θ_2。但是，当 $n_1 > n_2$ 时，只有入射角在 $\sin\theta_1 < \dfrac{n_2}{n_1}$ 的范围内，才可能存在折射角。如果入射角大于临界角

$$\theta_c = \arcsin\left(\frac{n_2}{n_1}\right) \tag{2.12}$$

入射波在边界面处全部被反射（全反射）。在边界面处，媒质 1 和媒质 2 的波面不可能不连续，但在入射角大于临界角的情况下考虑折射波，上述条件就不能成立。

通常，折射率是相对空气媒质而言的。不过，空气中的光速比真空

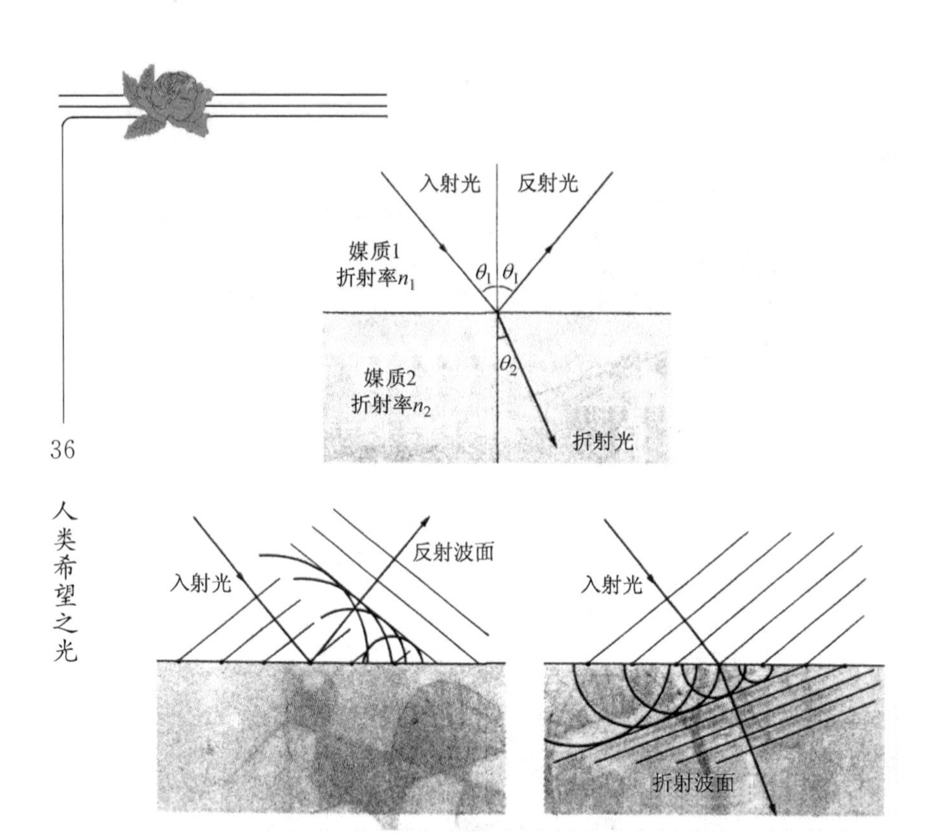

图 2.18　媒质边界面的反射和折射

中的光速稍慢，严格意义上讲时必须注意。真空中的光速是 2.99792458×10^8 m/s，在光速可以严格测定的今天，这也成为"米"的新定义。正如物质中的光速可由麦克斯韦方程式导出，材料的固有常量可用电导率和磁通率$\frac{1}{\sqrt{\varepsilon\mu}}$表示。

(2) 激光的反射

这里，我们看一下光在边界面的反射及折射和入射光的偏振光的关系。反射、折射的角度不随偏振光改变。变化的是反射率、透射率。图 2.18 表示了反射光和折射光，电场平行于反射光平面(纸面)的偏振光称做 P 偏振光，电场垂直的偏振光称做 S 偏振光。

图 2.19 是针对入射角度绘制的界面处的 S 偏振光和 P 偏振光的反射率。P 偏振光在界面处存在一个不能反射的角度。这个角度称为

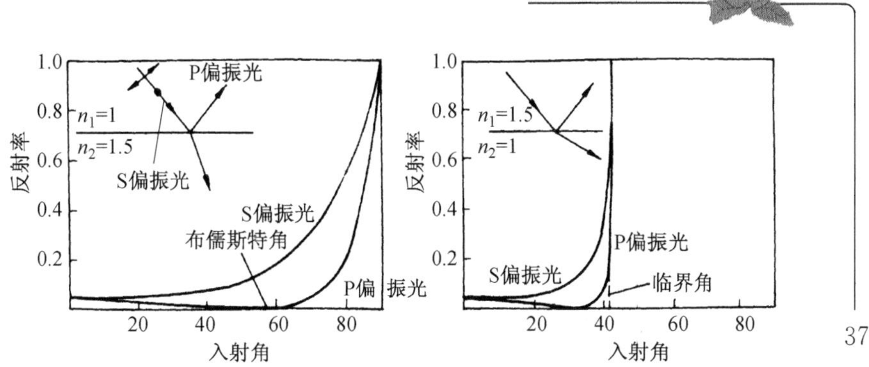

图 2.19　折射率不同的边界面上，光的反射率和折射率的关系

布儒斯特角，由下式确定：

$$\tan\theta_B = \frac{n_2}{n_1} \tag{2.13}$$

布儒斯特角的折射光和反射光成直角。在物质中振动的原子、分子的振动方向恰好与反射光的方向相同时，该方向上既不发射光也不反射光。由于这一性质，界面的 S 偏振光的反射率比 P 偏振光的大，如图 2.19 所示。显而易见，偏振镜的目的就是避免包含许多反射光的 S 偏振光通过。

（3）相速度和群速度

前面推导中所讲的折射中的光速有一点值得注意，就是光波的波面前进速度。这种波面前进的速度称做相速度，它只不过表示子波速的一个方面。例如，观察图 2.18 媒质边界面上的光波时，如果只关注波面，并设媒质 1 中的光速为 c_1，那么光沿界面的前进速度为$\frac{c_1}{\sin\theta_1}$，超过了光速。这一奇怪的现象是由相速度的性质决定的，实际上，光波在封闭光的光波导中的传播就是以这样的速度前进的。

但是，相速度显然只是光的可见速度。入射到界面的光沿界面传播的真正速度必定是 $c_1\sin\theta_1$。该速度是波传递能量的真正速度，称为群速度。相速度和群速度的差别常常表现在光波导、导波管之类的封闭光的结构中，或物质中的光速随波长而改变时。

让我们再深入认识一下群速度。群速度是指传递能量的速度，也

即脉冲状光的包络线的移动速度。移动速度随频率不同而不同时，可以认为是图 2.20 所示的接近的两个频率光合成的拍的移动速度。如

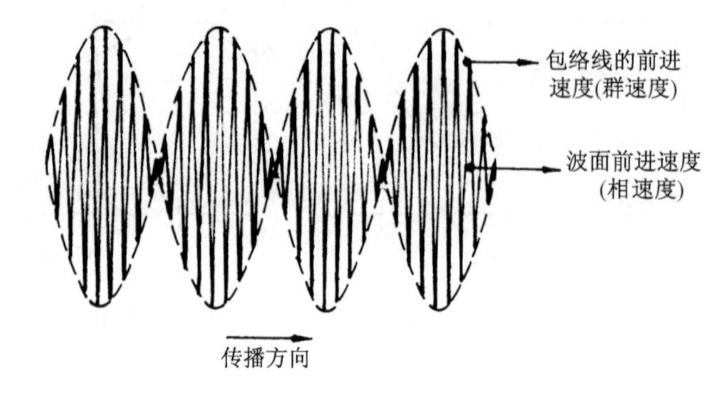

图 2.20　相速度（波面移动速度）和群速度（包络线移动速度），当折射率随波长改变时，相速度和群速度产生差异

果相速度 $c(\omega)$ 是角频率 ω 的函数，则合成拍是：

$$\sin\left(\omega_1 t - \frac{\omega_1}{c(\omega_1)}z\right) + \sin\left(\omega_2 t - \frac{\omega_2}{c(\omega_2)}z\right)$$
$$= 2\sin\left(\frac{\omega_1 + \omega_2}{2}t - \frac{\dfrac{\omega_1}{c(\omega_1)} + \dfrac{\omega_2}{c(\omega_2)}}{2}z\right)$$
$$\cdot \cos\left(\frac{\omega_1 - \omega_2}{2}t - \frac{\dfrac{\omega_1}{c(\omega_1)} - \dfrac{\omega_2}{c(\omega_2)}}{2}z\right) \quad (2.14)$$

群速度是式(2.14)中余弦项的移动速度，用 $\left[\dfrac{\mathrm{d}\dfrac{\omega}{c(\omega)}}{\mathrm{d}\omega}\right]^{-1}$ 和微分表示。若真空中的光速为 c_0，折射率为 n，且 $c=\dfrac{c_0}{n}$，则群速度为

$$\frac{c_0}{n + \omega\left(\dfrac{\mathrm{d}n}{\mathrm{d}\omega}\right)} \quad (2.15)$$

式(2.15)中的分母是相对群速度的折射率，称为群折射率。它随折射率的不同而不同。

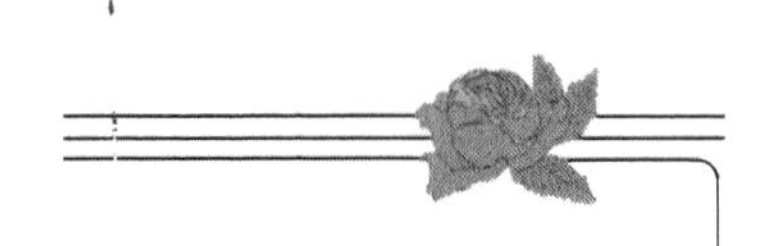

5. 激光的衍射

激光良好的方向性，使之在空间内能够直进式传播。但所到之处并非始终以同样的光束宽度传输。传输过程中，光束由于衍射效应逐渐发散。这也是光的波动性的主要标志，激光以外的光源因为空间相干性差，不可能产生这种波动性。

(1) 夫琅和费衍射

下面让我们看一下激光束在传播过程中是怎样发射的。如图2.21所示，波长 λ 的激光沿宽度 d 的缝隙平行通过。利用惠更斯原理，沿小角度 θ 方向传播的光可通过对传播方向的相位差积分得到：

$$A(\theta) \propto \int_{-d/2}^{d/2} A_0 \mathrm{e}^{-\mathrm{j}\frac{2\pi}{\lambda}x\theta} \mathrm{d}x = A_0 d \operatorname{sinc}\left(\frac{\pi d}{\lambda}\theta\right) \qquad (2.16)$$

这里，$\operatorname{sinc}x = \dfrac{\sin x}{x}$。上式是在距离非常远，即衍射效应形成的光束发散角远远大于缝隙宽度时成立的，称为夫琅和费衍射。

由式(2.16)可知，通过缝隙的光在 $\theta = \pm\dfrac{\lambda}{d}$ 方向上的光强为0。因此，宽度 d 的光束的发散角近似用下列关系式表示：

$$\Delta\theta = \frac{\lambda}{d} \qquad (2.17)$$

例如，波长500nm，宽度1mm的光束的发散角约为0.5μrad，说明光束前进1km，光束宽度扩大约50cm。

(2) 艾里衍射

激光束具有纵向和横向发散的特点，经过方形孔隙的光束可以运用式(2.16)计算其纵向和横向振幅。圆形孔隙的情况同样可参照缝隙衍射的计算方法，利用贝塞尔函数，可得到与传播轴角度成 θ 方向传播的光的振幅为

$$A(\theta) \propto A_0 \frac{\pi d^2}{4} \cdot \frac{2J_1 \frac{\pi d}{\lambda}\theta}{\frac{\pi d}{\lambda}\theta} \qquad (2.18)$$

该束光的光强分布称做艾里图样(见图 2.22)，由于 $J_1(3.83)=0$，

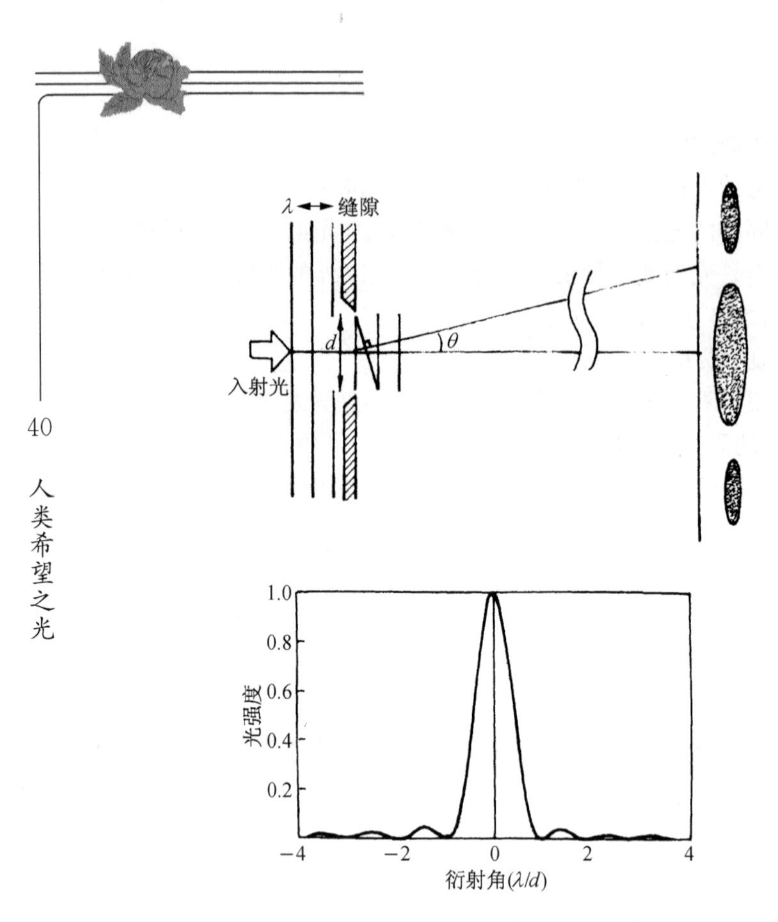

图 2.21 缝隙(宽度 d)的衍射

可知通过直径 d 的圆孔，以 $\theta=1.22\dfrac{\lambda}{d}$ 方向传输的光强为 0。在这一角度观测的光束的圆斑称做艾里光斑。

实际的激光束分布并不是透过缝隙后的那种形状，而是光强以中心轴向外逐渐平缓减弱。这如同封闭在两面反射镜构成的激光谐振腔中的光所形成的稳定光强分布形式，称为高斯光束。之所以这样称呼，是因为光强的断面形状就是高斯函数（$e^{-2\frac{r^2}{\omega^2}}$）。这里，$\omega$ 称为光斑尺寸，是一个表示激光束半径的参数。ω 的大小随光束传播变化，如果最小的光斑半径为 ω_0，那么就可以确定与此处(称为束腰)相距 z 处的光斑大小为

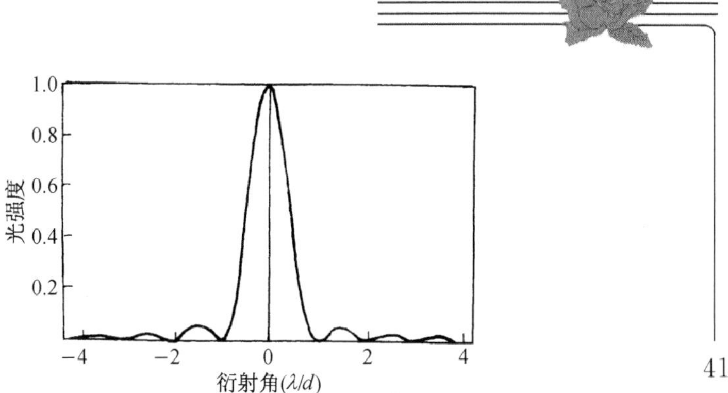

图 2.22 圆孔(直径 d)的衍射(艾里图样)

$$\omega(z)=\omega_0\sqrt{1+\left(\frac{\lambda z}{\pi\omega_0^2}\right)^2} \tag{2.19}$$

当 z 非常大时 $\omega=\frac{\lambda}{\pi\omega_0}z$,所以激光束的发散角为$\frac{2\lambda}{\pi\omega_0}$。

任何一种断面形状的激光束发散角,其值均与(波长)/(光束直径)成正比,值得注意的是,断面形状的不同只反映在趋近于1的比例系数的微小差异上。

(3) 激光的聚焦

前面讲述的均是有关光束的发散,如果反向思维,会得到同样的结论,即光反向传播至某处而聚焦。利用直径 D、焦距 f 的透镜将激光束聚焦时,可观察到焦点是前面提到的艾里光斑,其直径为 $2.44\frac{\lambda f}{D}$。如波长 500nm 的光经两块 F 型$\left(=\frac{f}{D}\right)$的聚焦透镜聚焦后,光斑大小变为 2.44$\mu$m。该值正是衍射临界值,小于此值的光束不能再压缩。由此可知,只有缩小波长或透镜 F 值,才能使激光束变得更细。

虽说将激光束压缩至衍射临界值并不困难,但自然光压缩至很小的光斑却非常难。这是因为自然光为有限光源,发射的光的空间相干性不好。

激光的特点

与普通光相比，激光的超常之处有亮度高、方向性好、单色性好、相干性好。

1. 亮度高

激光是当代最亮的光源，其他普通光源与之相比，都望尘莫及。即使核武器爆炸瞬间的强烈闪光，也不能与之相比。我们知道，俗称太阳灯的长弧氙灯很亮，比太阳亮几十倍，但激光却可比太阳灯还亮亿倍。一个输出功率仅一毫瓦即千分之一瓦的氦氖激光器，其亮度可比太阳强上百倍。最新的高功率化学激光器，如DF即氟化氘化学激光器，其输出功率可达 2.2×10^6 W，是氦氖激光器的22亿倍。1997年10月，美国人用来做激光打卫星试验的激光器的其中一种，就是这种氟化氘激光器。

2. 方向性好

大家知道，太阳、电灯等普通光源有向四面八方发散光的特性。若想让光定向发射，就需采取某种措施。如应用球面镜或抛物镜，使光源置于镜的焦点上，在镜的反射下，光就能较好地定向发射。众所周知的手电和探照灯就采用了这样的镜子。但即使这样，随着传播距离的增加，光也会很快散开。例如，较好的探照灯，其光束的发散角约为 $20'$（角分），即这样的探照灯发射的光，传播1 000m后，会聚后的光斑直径达10m。但与探照灯具有相同孔径的激光的发散角仅约为这样的探照灯的六千分之一，即 $0.12''$（角秒）。激光传播1 000m后，会聚后的光斑不大于1cm，即一个指头大。激光由于方向性好，因此其能量更易集中，它的亮度高与此不无关系。

3. 单色性好

所谓光源的单色性，是指其所发光含有的波长范围（带宽或谱宽）的大小。波长范围小，单色性好，反之则单色性差。

太阳、白炽灯和日光灯等普通光源的单色性可谓差，它们发出的

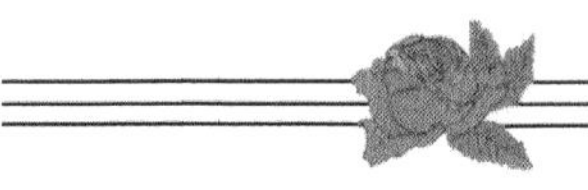

光，包含了很多的波长，是由很多颜色组成的混合光。这一点，做一个简单的实验就可验证。通过一个三棱镜观察太阳光，会发现习以为常的白光竟含有红、橙、黄、绿、青、蓝、靛、紫等多种颜色的光。事实上，更精确的实验表明，白光连续地含有波长 0.4～0.76μm（1μm＝10^{-6} m）范围内的光，而且还含有比可见紫光波长 0.4μm 更短的紫外光及比可见红光波长 0.76μm 更长的红外光，但这些光，人眼看不见。

人类制造的发光波长范围最小的非激光光源，即单色性最好的光源要算氪（Kr86）灯了，它所发光的波长范围仅为 5×10^{-7} μm，白光比它大 1 千万倍。激光是一种比氪灯单色性还要好的光源，所发光的波长范围只是氪灯的五分之一，如氦氖激光器就是这样一种光源。现代技术可使激光器输出单色性更好的激光，其谱宽仅为氪灯的百万分之一。激光由于单色性好和方向性好，它通过透镜会聚后所成的像（光斑），可小到几微米的大小，因而，所生像处的亮度自然也就高。

4. 相干性好

所谓相干性，是指来自同一波源的两列以上的波在空间相遇时，合成波在空间的强弱分布情况表现出的波的性质：若合成波在空间呈现出明显的强弱分布，即有的地方强，有的地方弱，强弱相间，对比度高，我们就说这个波源发出的波相干性好；反之，则说相干性差。

我们都知道，让两支相同的手电筒照射同一个地方，这个地方比单独一支手电筒照射时要亮 1 倍，而且（这个地方）各处的光亮都均匀。这说明这两支手电射出的光各不相干。学术上称，这两束光没有发生干涉。如果让一束氦氖激光透过两个适当的平行狭缝，让从这两狭缝出来的激光，照射在缝后适当远的屏幕，就很容易在幕上观察到明暗相间的条纹。这就是说，很容易让从同一激光源来的多束光发生干涉。

按照物理光学，能发生干涉，就意味着相遇的各列波的频率相同、振动方向相同、位相相同或位相差恒定。这就是两波或两列以上的波能发生干涉的条件。这对普通光来说，是很难做到的。在普通光源中，各发光中心（原子或分子等微观粒子）相互独立，各发各的光，没有相互联系或相互联系很少。因此，各中心发出的光很难满足相干条件，或者说相干性差。而在激光源中，各发光中心是相互关联的，所发的光具有

相同的相位或恒定的相位差、相同的频率和相同的偏振。所以激光具有很好的相干性。

激光的上述这些特点是彼此相互关联的，并非相互独立。例如，正是由于激光的方向性、单色性好，才使其能量能高度集中，从而，使其具有亮度高的特点。另外，激光的相干性与其单色性也是有关的，它的好单色性使得它的相干性大大超过一般普通光源。

激光正是由于具有这些特点，在各个领域尤其军事领域，得到了广泛应用。

激光器的分类

按照前面的分析，激光的产生，需要有激活介质、激励源和谐振腔。一个激光器就由这三者构成的。自从 1960 年世界上第一台激光器——红宝石激光器问世以来，激光器的研制工作取得了辉煌的成就：用来产生受激发射的激活介质也即工作物质，从开始时的少数几种，已发展到目前的数百种以上；输出激光的频率从开始时的少数几种，发展到目前从紫外到红外整个光频波段内的数千种；脉冲激光器的输出能量从最初时的几毫焦水平，发展到目前的几千焦至几十万焦以上的水平；连续激光器的输出功率从最初时的毫瓦量级，发展到目前的百万瓦以上的水平。

激光器种类很多，可从不同角度分类。

1. 按工作物质分类

已发现的工作物质种类很多，可归类为固体、气体、半导体和液体四大类。与之相对应的激光器，分别叫做固体激光器、气体激光器、半导体激光器和液体激光器。

（1）固体激光器

这类激光器的工作物质为固体。它采用人工的方法，把能产生受激发射的金属离子掺入晶体或玻璃基质中而制成。掺杂到固体基质中的金属离子，是一些容易产生粒子数反转的粒子，这些粒子具有较宽的

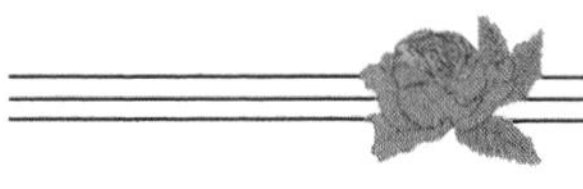

有效吸收光谱带、较高的荧光效率、较长的荧光寿命和较窄的荧光谱线等特点。

用作晶体类基质的晶体主要有刚玉、钇铝石榴石、钨酸钙、氟化钙等。用作玻璃类基质的材料主要是硅酸盐光学玻璃，常用的有钡冕玻璃和钙冕玻璃。玻璃基质的主要特点是制作方便，容易获得大尺寸优质材料。对这两类基质的要求主要有：容易掺入起激活作用的发光金属离子，具有良好的光谱特性、光学透过率和高度的光学均匀性，具有适于长期激光运转的物理和化学特性。

红宝石激光器和掺钕钇铝石榴石激光器是晶体激光器的典型代表，而玻璃激光器则以钕玻璃激光器为典型代表。

(2) 气体激光器

这类激光器的工作物质是气体。此类工作物质数目最多、激励方式最多和激光发射波长分布区域最广。气体可以是原子气体、分子气体和离子气体，相应的激光器叫做原子气体激光器、分子气体激光器和离子气体激光器。

在原子气体激光器中，产生激光作用的是没有电离的气体原子。这主要是几种惰性气体，如氦、氖、氩、氪、氙等气体。有时也可采用某些金属原子，如铜、汞、锌、镉等原子蒸气。氦-氦激光器是这种激光器的典型代表。

在分子气体激光器中，产生激光作用的是没有电离的气体分子，主要有 CO_2、CO、N_2、H_2、HF 和水蒸气等。分子气体激光器的典型代表有 CO_2 激光器和 N_2 激光器。

离子气体激光器是利用电离化的气体离子产生激光作用的，主要有惰性气体离子和金属蒸气离子，这方面的代表有氩离子(Ar)激光器、氪离子(Kr)激光器和氦-镉离子激光器。

(3) 半导体激光器

这种激光器以半导体材料为工作物质。其激励方式主要有三种：电注入式、光泵式和高能电子束式。电注入式半导体激光器一般是由砷化镓(GaAs)、砷化铟(InAs)、锑化铟(InSb)等材料制成的半导体面结型二极管，沿正方施加电压，注入电流而进行激励后，在结平面区域

产生受激发射。光泵式半导体激光器一般以N型或P型半导体单晶为激活介质，如GaAs、InAs、InSb等，以其他激光器发出的激光作为光泵进行激励。高能电子束激励式半导体激光器，一般也是以N型或P型半导体单晶为激活介质，如硫化铅(PbS)、硫化镉(CdS)、氧化锌(ZnO)等，由外部注入高能电子束进行激励。在半导体激光器中，目前性能较好、应用较广的是电注入式的GaAs二极管激光器。

(4) 液体激光器

这类激光器以液体为工作物质。可供激光器使用的液体有两类：有机染料溶液和含有稀土金属离子的无机化合物溶液。有机染料液体激光器应用较普遍，目前已在数十种有机荧光染料(如若丹明、荧光素、香豆素等)溶液中实现了激光发射作用。这类工作物质一般采用光泵激励，光泵源可以是脉冲延迟电灯，也可以是由其他激光器发出的一定波长的激光辐射。这类激光器的特点是输出波长区域较广、可调谐和器件效率较高。若丹明染料激光器是常用的器件之一。无机液体激光器所采用的工作物质是将稀土金属化合物(如氧化钕、氯化钕)溶于一定的无机物液体中而制成的，其中稀土金属离子(如钕离子)起工作粒子的作用，而无机物液体则起基质的作用。

2. 按运转方式分类

激光器因其所采用的工作物质及使用目的的不同，其运转方式亦相应有所不同，通常可分为如下几种。

(1) 单脉冲运转激光器

激光器以这种运转方式工作时，其工作物质的激励和相应的激光发射，都以单一脉冲形式进行。其特点是可在短时间内施加较强的脉冲，可获得较高程度的粒子数反转，因此，可在较短时间获得较强的激光输出。

固体激光器、液体激光器、半导体激光器和气体激光器均可采用这种运转方式，这种运转方式可提供中等水平的脉冲激光功率和较高水平的脉冲激光能量。如固体单脉冲激光器的输出脉冲功率约为10^3～10^5W，输出脉冲能量在1～10^4J之间，脉冲持续时间为10^{-4}～10^{-2}s之间。这种激光器在激光打孔、激光点焊以及激光基本研究中经常使用。

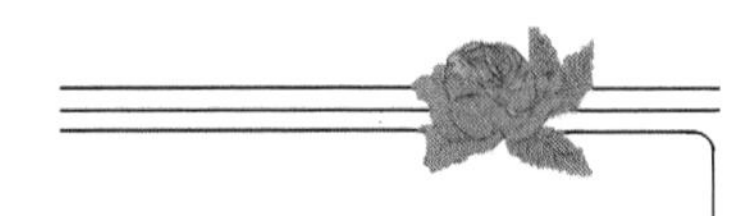

(2) 重复脉冲运转激光器

这种激光器输出的是一系列重复激光脉冲。为此,可对工作物质以重复脉冲的方式激励;或以连续方式激励,但须以一定方式调制激光振荡,以获得重复脉冲激光输出。某些固体激光器、气体激光器和半导体激光器均可采用这种方式工作。在重复脉冲运转过程中,工作物质和激励装置会产生热效应,因此应采取冷却措施,以保证激光器稳定地正常运转。

这种激光器可提供中等水平的脉冲激光功率和中等水平的脉冲激光能量。以重复脉冲固体和半导体激光器为例,其输出脉冲激光功率为 $10^3 \sim 10^5$ W,输出脉冲能量为 $10 \sim 10^2$ J,脉冲重复率约 $1 \sim 10^3$ Hz,有时可更高些。重复脉冲激光器在激光测距、雷达、通信及激光照排、计量、显示等技术中有重要的实际应用。

(3) 连续运转激光器

这种激光器工作时,其工作物质的激励和相应的激光输出,在一段较长的时间里均以连续的方式进行。以连续光源激励的固体激光器,及以连续电激励的气体激光器和半导体激光器均属于这类器件。在连续运转过程中,器件不可避免地会发生过热效应,需要采取冷却措施,以防止热变形。

连续运转激光器的输出功率约 $10^2 \sim 10^3$ W,低于脉冲运转方式输出的功率水平。这种激光器在激光通信、多普勒雷达、光学外差、精密测量等应用技术中有重要应用价值。

(4) Q 调制运转激光器

这是一种用来获得高功率输出的特殊的短脉冲激光器。它是采用所谓 Q 调制(也叫 Q 突变)技术,将产生激光脉冲过程人为地压缩在极短的时间间隔内完成,以获得极高的激光脉冲功率输出。以这种方式运转时,须在谐振腔内安置一快速光开关。在激励作用开始后一段时间内,光开关呈关闭状态而切断腔内的光子往返回路,腔内于是不能形成振荡,但粒子则因受激励作用而不断跃迁到高能级。当粒子数反转达到最大时,光开关迅速开启,腔内光子往返回路于是得以接通,从而可在极短的时间内形成极强的激光脉冲振荡。

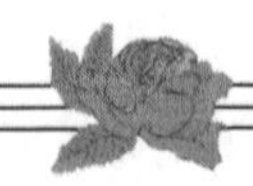

这种激光器可提供极高的脉冲激光功率输出，其功率可高达$10^6 \sim 10^{12}$ W，脉冲能量约 $10^{-2} \sim 10^2$ J，脉冲持续时间约 $10^{-10} \sim 10^{-8}$ s。还可通过采用特殊的技术(锁模和脉冲选切)，将脉冲持续时间进一步压缩至 $10^{-12} \sim 10^{-11}$ s。这种激光器在远距离激光测距、雷达、激光核聚变以及一系列强光光学效应研究中有极为重要的应用意义。

(5) 模式可控激光器

光学谐振腔的线度尺寸远大于光波波长，决定了光学谐振腔必然是一种多模谐振腔。因此，在通常情况下，各类激光器总是产生多模同时振荡，而且不同模式之间的相位关系也不确定。但在某些应用场合，往往需要对激光器内的振荡模式加以人为控制，这就须采用波型限制技术，将振荡波型压缩到只有一个。这种激光器称单纵模输出激光器。还有一种专门技术，可将激光振荡频率稳定在一定的较小范围内，在这种状态下工作的激光器称为稳频激光器。还可采用适当的方法，使不同振荡模式间有确定的相位关系。这种激光器称为相位锁定激光器，也简称锁模激光器。这类激光器在激光基本研究、激光精密测量及激光超短脉冲技术中有着特殊的应用价值。

3. 按激励方式分类

(1) 光泵激励激光器

这是一种以光泵方式激励的激光器。几乎全部固体激光器和液体激光器都可采用这种方式激励。还有少数气体激光器和半导体单晶激光器也可用光泵激励。

(2) 电激励激光器

这是一种以电激励方式激励的激光器。绝大部分气体激光器和半导体激光器采用这种方式激励。对气体激光器的电激励，可分别采取直流放电、交流放电、脉冲放电和电子束注入等方式；对半导体激光器而言，则可采用直流或脉冲电注入激励，也可采用高能电子束注入等方式激励。

(3) 化学反应激励激光器

这是一种利用在工作物质中引发化学反应放出的能量进行激励的激光器。引发措施可采取光泵引发、放电引发和化学引发等。氟化氘

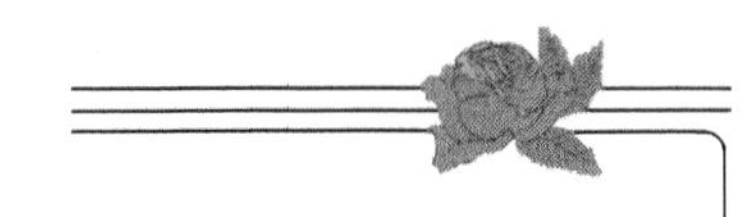

(DF)激光器是这类激光器的典型代表。

(4) 热激励激光器

用高温加热方式使工作物质处于高能级的粒子数增多，然后，突然降低系统的温度(如采用绝热膨胀过程)，由于工作粒子在高低能级上热弛豫时间不同，这样，就可形成粒子数反转和产生激光发射。气动 CO_2 激光器是基于这种激励方式的典型器件，其工作气体的加热可通过电弧放电、燃烧、压缩或爆炸等方式进行，热膨胀则通过高速气动喷管进行。

(5) 核能激励激光器

这是一种用核裂变反应放出的能量进行激励的激光器。目前已成功地实现运转的实例有核泵浦 He-Ar 气体激光器。

4. 按波段范围分

根据如上所述，激光的工作物质及其激励方式的种类很多，这决定了激光振荡的谱线的数目也很多(在数千条以上)。这些谱线较稀疏地分布在电磁波谱的整个光频波段，其中少数振荡谱线可通过一定方式进行连续变频(变波长)调谐。电磁波谱的光频波段按光波波长大致可划分为红外区(近红外：0.76～2.5μm；中红外：2.5～25μm；远红外：25～1 000μm)、可见区(0.4～0.76μm)、紫外区(近紫外：0.2～0.4μm；真空紫外：0.005～0.2μm)、X 射线区(0.00 000 1～0.005μm)。能输出相应波长或波长范围激光的激光器，分别叫做红外激光器、可见光激光器、紫外激光器和 X 射线激光器。

典型激光器介绍

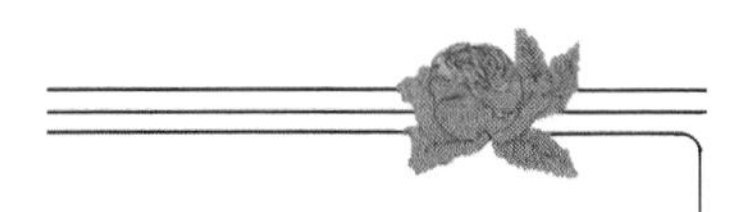

激光器的基本结构

激光一词原本是指其发生原理，现在却往往代表整个发生装置。激光发生器的基本结构如图3.1所示。激光器主要由激光工作介质、泵浦源、谐振腔三大要素构成。此外，还可添加光控因子。

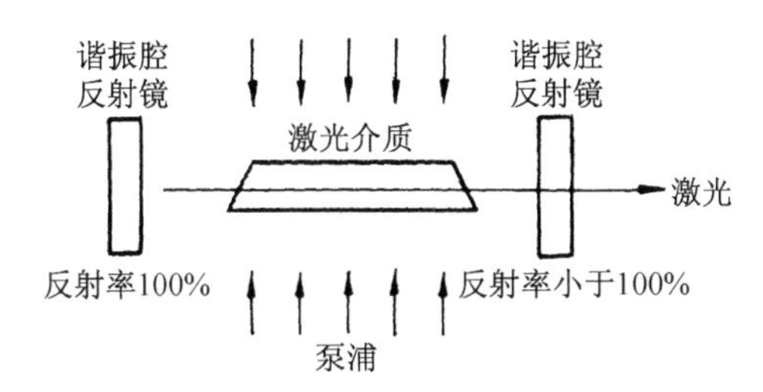

图3.1 激光器基本结构

我们归纳一下激光形成的全过程。激光工作介质受到泵浦源的激励被激活，介质中的激光粒子跃迁至高能级（上能级），随后又自发迁至下能级，产生自发辐射。这些自发辐射光子传播方向四面八方，只有沿谐振腔轴线方向传播的光才能被反射镜反射。当上能级上的粒子与反射光子具有全同性时，产生受激辐射即上能级的粒子迁至下能级。不久，整个介质受激辐射达到饱和，形成了同波长、同相位的光波，称为驻波。它的一部分作为激光从输出镜（部分反射镜）一端输出。

根据使用目的，可以对输出激光或光学谐振腔进行调节。通过改变、收集光向，或改变强度、偏转方向使输出功率在空间保持恒定。有时也通过抑制发射谱线的线宽，获得单一波长的光。为此，通常在谐振腔内部或外部使用光控因子。

气体、固体、液体均可作为激光工作介质，当工作介质受到泵浦粒子激励时，上能级上便会聚集大量的粒子，从而形成粒子数反转分布。

固体工作介质是以掺入的杂质离子作为激活粒子，当它受到高辉度泵浦闪光灯照射时，掺杂离子在光能作用下被激发。与气体相比，固

体工作介质形成反转分布的粒子密度更高，可以获得更高的输出功率。同样，液体工作介质受到泵浦闪光灯或激光的照射时，液体中的分子受激励而产生振荡发射。

气体工作介质的特点是激光介质电离化：一个从绝缘体变化为导体的过程。通过气体放电赋予等离子体中的离子和电子以能量，并以此作为泵浦源汇聚上能级的粒子数。该方法称为放电激励。还有一种方法，它是利用高能电子束作为泵浦源收集上能级粒子数。该方法称为电子束激励。它常用于高功率激光输出的情况。

为了能够在放电激励下获得高能量密度的激光介质，需要在高气压（一个大气压或以上）下放电。但重要的是介质中产生均匀的等离子体。为此，需在主放电之前预先在介质中建立均匀的初始电子密度，称为预电离。用于预电离电子的引发源有X射线、紫外线等。准分子激光器和脉冲式CO_2激光器均采用预电离技术。

此外，也可以利用外部产生的电子束照射激光介质形成预电离即称之为电子束控制放电。因此，电子束的作用有两个，即直接作为收集上能级粒子数的泵浦源（电子束激励）和作为等离子体放电引发源的预电离（电子束控制放电）。

自由电子激光器的辐射源是在真空中螺旋加速的高能电子束，激光波长可通过改变螺旋周期和电子束能量大小来谐调。半导体激光器虽说属于一种固体激光器，但它是依靠电流流经介质产生电子和空穴的复合过程形成光辐射。因此，不需要外部的泵级的粒子迁至下能级。不久，整个介质受激辐射达到饱和形成了同波长、同相位的光波，称为驻波。它的一部分作为激光从输出镜（部分反射镜）一端输出。

根据使用目的，可以对输出激光或光学谐振腔进行调节。通过改变、收集光向，或改变强度、偏转方向使输出功率在空间保持恒定。有时也可通过抑制发射谱线的线宽获得单一波长的光。为此，通常在谐振腔内部或外部使用光控因子。

气体、固体、液体均可作为激光工作介质，当工作介质受到泵浦粒子激励时，上能级上便会聚集大量的粒子，从而形成粒子数反转分布。

固体工作介质是以掺入的杂质离子作为激活粒子，当它受到高辉

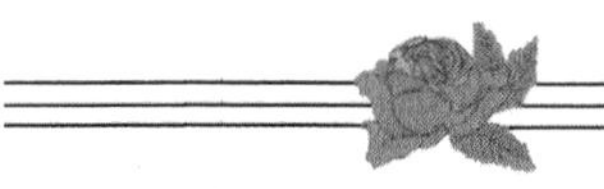

度泵浦闪光灯照射时，掺杂离子在光能作用下被激发。与气体相比，固体工作介质形成反转分布的粒子密度更高，可以获得更高的输出功率。同样，液体工作介质受到泵浦闪光灯成激光的照射时，液体中的分子受激励而产生振荡发射。

气体工作介质的特点是，激光介质电离化是一个从绝缘体变化为导体的过程。通过气体放电赋予等离子体中的离子和电子以能量，并以此作为泵浦源汇聚上能级的粒子数。该方法称为放电激励。还有一种方法，它是利用高能电子束作为泵浦源收集上能级粒子数。该方法称为电子束激励。它常用于高功率激光输出的情况。

为了能够在放电激励下获得高能量密度的激光介质，需要在高气压(一个大气压或以上)下放电。但重要的是介质中产生均匀的等离子体。为此，需在主放电之前预先在介质中建立均匀的初始电子密度，称为预电离。用于预电离电子的引发源有X射线、紫外线等。准分子激光器和脉冲式CO_2激光器均采用预电离技术。

此外，也可以利用外部产生的电子束照射激光介质形成预电离，称之为电子束控制放电。因此，电子束的作用有两个，即直接作为收集上能级粒子数的泵浦源(电子束激励)和作为等离子体放电引发源的预电离(电子束控制放电)。

自由电子激光器的辐射源是在真空中螺旋加速的高能电子束，激光波长可通过改变螺旋周期和电子束能量大小来谐调。半导体激光器虽说属于一种固体激光器，但它是依靠电流流经介质产生电子和空穴的复合过程形成光辐射。因此，不需要外部的泵浦源。

谐振腔的作用是形成驻波。通常由相对平行放置的两面镜子构成。为了使一部分激光输出，谐振腔一端的镜子不是反射全部的光，即反射率小于100%。谐振腔分稳定腔和非稳定腔。

表3.1列出了常用的光控因子及其作用。实际上，激光发射谱线并不是严格的单色光，而是具有一定的频率宽度。若要取某一特定波长的光作为激光输出，可以在谐振腔中加入波长选择因子。例如，在谐振腔中插入一对平行平面板标准具，可以使谱线线宽变得非常小。

表 3.1 主要的光学因素和特征

光控因子	因子名称	目　　的	种　　类
波长控制	棱镜	分离波长 改变偏振光、光轴 图像反转、回转	
	衍射光栅	分离波长	透射式衍射光栅 反射式衍射光栅
输出控制	滤光器	改变透过的光强，选择波长、偏振光方向	光扩射滤光片，网格滤光片，干涉滤光片，偏振光滤光片
	布儒斯特窗	降低反射损耗	石英等
	反射镜	控制光的反射、反射量	多层介质膜输出镜，金属膜输出镜，半反镜
	棱镜	光的聚焦和成像	凸透镜、凹透镜
	锁模	控制光量 控制模式	
	偏光开关	控制和选择激光输出	
	Q 开关	控制激光输出（相当于快门）	
偏振光控制	偏振器	使用单一方向的偏振光	
	波片	控制偏振光	
模型控制	标准仪	模式选择因子	
其他	光纤	光的传输	
	光隔离器	抑制反射激光，防止寄生发射	法拉第旋转器，波科尔斯盒
	调制器	控制脉冲时间	
	检测器	测定功率、能量、谐振时间等光学特性	

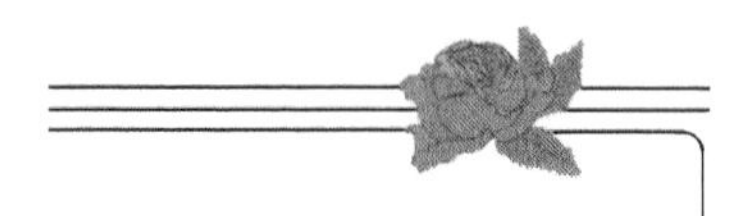

气体激光器

1. 放电激励形成反转分布

与其他介质相比，气体激光器的输出谱线极为丰富，分布在从100nm 的真空紫外到 10pm 的长波长远红外波段的广阔范围内。其激励方式除了放电激励、电子束激励外，还有化学反应激励、热激励等。气体激光器的激励方式多采用放电激励。

激光器按照放电激励至上能级的粒子类型可分为①激励原子跃迁（中性原子激光器）；②激励离子跃迁（离子激光器）；③激励分子跃迁（分子激光器）；④激励的原子、离子重新缔结为激发分子，激励分子跃迁（准分子激光器）。

形成上能级粒子数的第一步是等离子体中的电子和气体粒子碰撞，引起激励和电离。激励原子或离子在和气体粒子碰撞过程中，传递了能量，大量激活粒子跃迁至上能级，形成粒子数反转分布。激励、电离的概率以及激发态粒子的寿命对反转分布的形成影响很大。

图 3.2 表明了上述生成过程。图 3.2(a)是由于电子碰撞形成激发粒子 X^*。若设电子为 e，该反应过程如式(3.1)。

$$X + e \rightarrow X^* \tag{3.1}$$

图 3.2(b)是等离子体中的原子 A_0 和图 3.2(a)生成的 X^* 碰撞后获得能量，形成激发态 A_1^*。通过向 A_1^* 下一能级的迁移产生激光输出。这是激发原子引起的辐射，称为中性原子激光器，代表性的激光器是 He-Ne 激光器。若 A_0 是分子，上述即为分子激光器，其代表性的激光器是二氧化碳激光器。

X^* 处于亚稳态时的寿命较长。并且 X^* 和 A_1^* 的能量相近，此时它们之间进行高效率的能量迁移，称之为共振能量转移。

图 3.2(c)是激发原子 B^* 与等离子体中的粒子 C 结合重新结合为激发分子$(BC)^*$。它只是在激发态以稳定的分子形式存在。一旦跃迁至下能级，结合变得不稳定，立即离解还原为原子 B 和 C。处于上能级

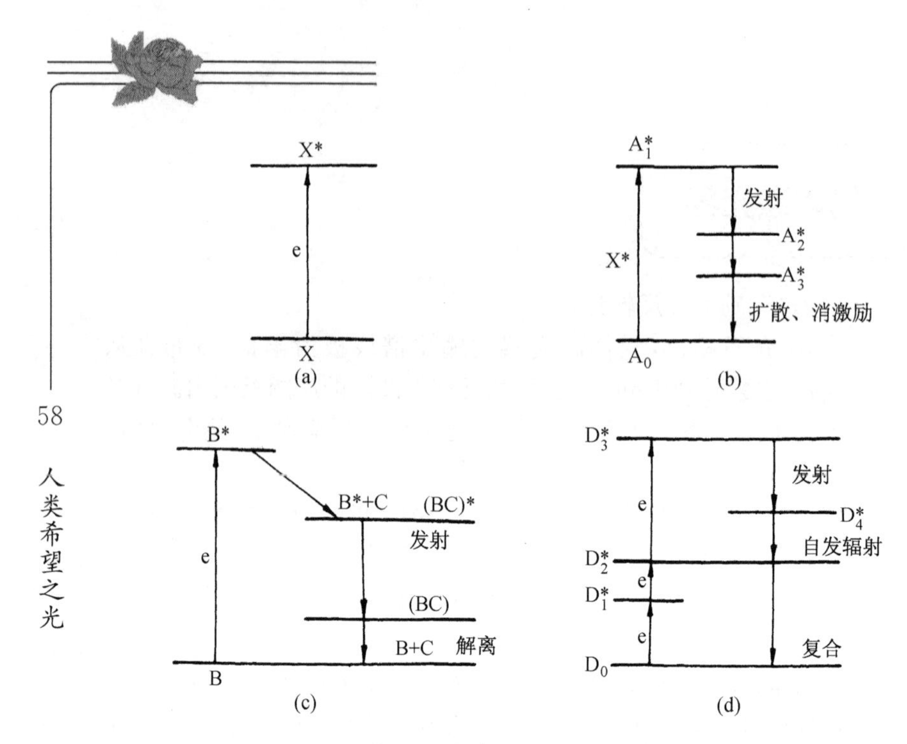

图 3.2　上能级粒子数的形成

的激发分子称为准分子(excited dimer 的缩写,受激的二元体),这种类型的激光器称做准分子激光器。

图 3.2(d)是处于基态的原子经过反复多级的电子碰撞被离子化($D_0\sim D_1^*\sim D_{2+}$),形成上能级粒子 D_{3+}。这相当于离子激光器的情况。

2. 氦-氖激光器

图 3.3 为氦-氖(He-Ne)激光器的能级图。主要的谱线有:3.39μm和 1.15μm 的红外光,以及 632.8nm 的可见红光。He 原子与电子碰撞,被激发到两个亚稳态能级 2^1s 和 2^3s 上,它们与原子与电子的上能级 $3s$ 和 $2s$ 的能量非常接近,很容易因共振激励发生能量转移。Ne 原子上能级上的粒子辐射迁至下能级 $3p$ 和 $2p$ 的过程中,产生三种谱线。632.8nm 谱线与 3.39μm 谱线有共同的上能级,为此,在 632.8nm 的 He-Ne 激光器中,必须采取选择反射镜等措施抑制红外谱线,同时避免效率降低。迁移至下能级 $2p$ 上的 Ne 原子很容易通过自发辐射迁至 $1s$ 能级上,再通过扩散回到基态。

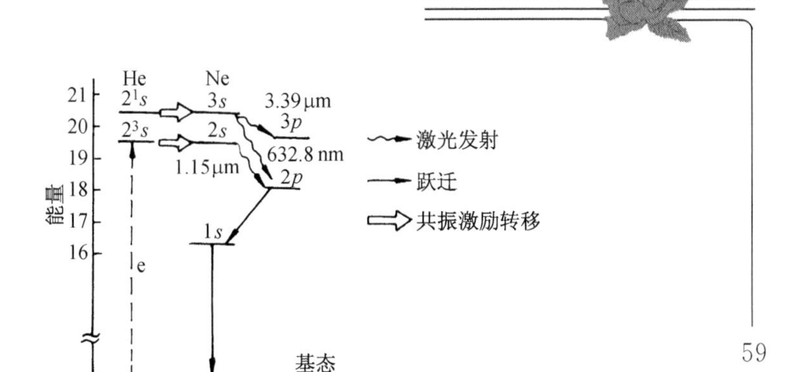

图 3.3 He-Ne激光器的能级跃迁图

能级 1*s* 也处于亚稳态,本来增加放电电流的目的是为了提高激光输出功率,但是从 1*s* 到 2*p* 的跃迁也随之增加,反而阻碍了激光发射。因此,为了使 1*s* 能级上的粒子尽快地返回到基态,采取细放电管结构等促进能量向管壁的扩散。

He-Ne 激光的反射过程可用式(3.2)~(3.5)表示:

$$\text{e(快)}+\text{He(基态)}\rightarrow\text{e(慢)}+\text{He}^*(a^1s,2^3s) \quad (3.2)$$

$$\text{He}*(2^1s,2^3s)+\text{Ne(基态)}\rightarrow\text{He}+\text{Ne}^*(3s,2s) \quad (3.3)$$

$$\text{Ne}^*(3s,2s)\rightarrow\text{Ne}(3p,2p)+h\nu \quad (3.4)$$

$$\text{Ne}^*(3p,2p)\rightarrow\text{Ne}(1s),\text{Ne(基态)} \quad (3.5)$$

这里,ν 是发射频率,h 是普朗克常量。我们看到,式(3.2)并没有直接产生 Ne 的激发粒子,这是因为 He 原子与电子碰撞引起的激励概率比 Ne 原子高。利用 He 的激励粒子可有效地转移激发 Ne 原子至上能级。

放电毛细管内充以$\frac{\text{He}}{\text{Ne}}=\frac{0.1\text{Torr}}{0.1\text{Torr}}$(1 大气压=760Torr,1Torr=133.332Pa。下同)比例的混合气体,直流弧光放电下激光输出功率为1~50mW。He-Ne 激光器是由放电毛细管、储气套、电极和谐振腔等组成的。按照谐振腔的结构形式,He-Ne 激光器有内腔式、外腔式、半外腔式、旁轴式、单毛细管式五种。

(1) 内腔式

两块反射镜直接贴在放电管两端。这种结构的特点是使用方便,

不用调腔。缺点是放电发热或外界冲击发生形变导致谐振腔失调时无法校正。所以，只适用于作短管结构。

(2) 外腔式

这种结构的特点是谐振腔的两块反射镜与放电管分开，放电管的两端用布儒斯 t 密封构成反射最小的光通路。当工作过程中形变较大或需在腔内插入其他光学元件要偏振光时，可用外腔式随时调整反射镜的位置到最佳振荡条件开展多种研究与应用。适于作长管结构。缺点是腔易变动，需经常调整，使用不方便。还由于有布氏窗片，腔内损耗增大，会使功率有所下降。

(3) 半外腔

这种激光器一端采用内腔结构，另一端用布氏窗密封，放电管与反射镜分开。这种结构兼有前两者的优点，适于有特殊要求的小型激光器的结构。

(4) 旁轴式

这种激光器的阴极与放电管不同轴。它的优点是阴极溅射不致污染镜片，器件寿命增长。缺点是体积较大，不易携带。

(5) 单毛细管式

这种结构是沿管壁加非均匀磁场，抑制较强谱线的输出，适于较长激光器中采用。

3. 二氧化碳激光器

二氧化碳(CO_2)激光器的最大输出功率可达 10kW 以上，最近，功率 100kW 的激光设备已用于钢铁制造生产线上。CO_2 激光器的电光转换效率很高，超过 10%，因此，被广泛用于材料加工、医疗等领域。

CO_2 分子是由三个原子组成的，不同的激发态取决于结合原子的振动形式。碳(C)居正中，两端各一个氧(O)，三个原子处于一条直线上。它的振动方式有对称伸缩振动、弯曲振动、非对称伸缩振动三种，如图 3.4 所示，每种量子数不同，分别表示为(100)、(010)、(001)。激发能级是离散件、量子化的。由(001)跃迁至(100)或(020)的过程中，可分别得到 10.6μm 和 9.6μm 波长的激光。其能级图如图 3.5 所示。

CO_2 分子的振动激发是由于电子碰撞得以激发的 N_2 分子的能量

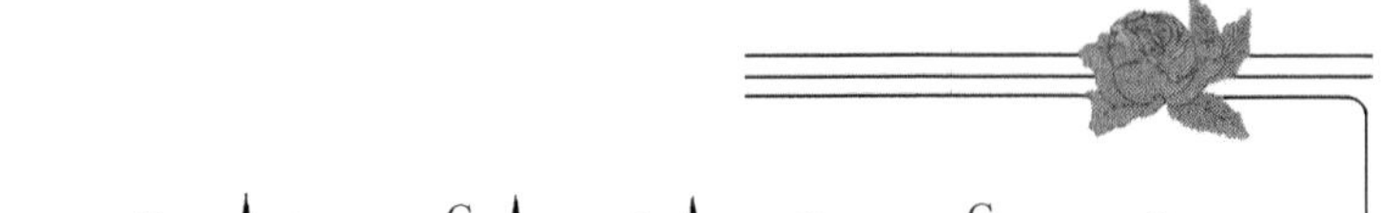

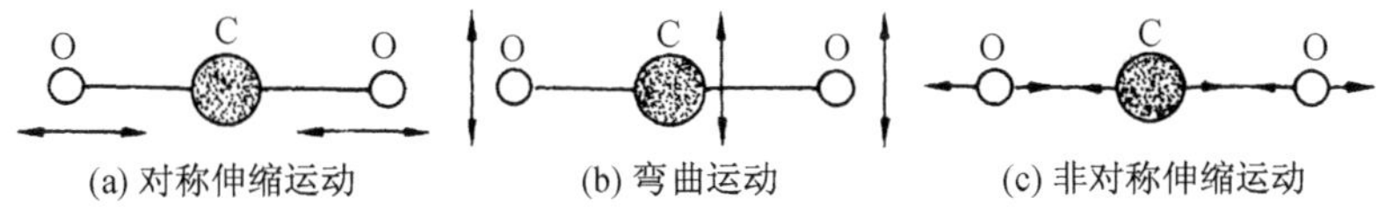

图 3.4　CO_2 分子的振动模型

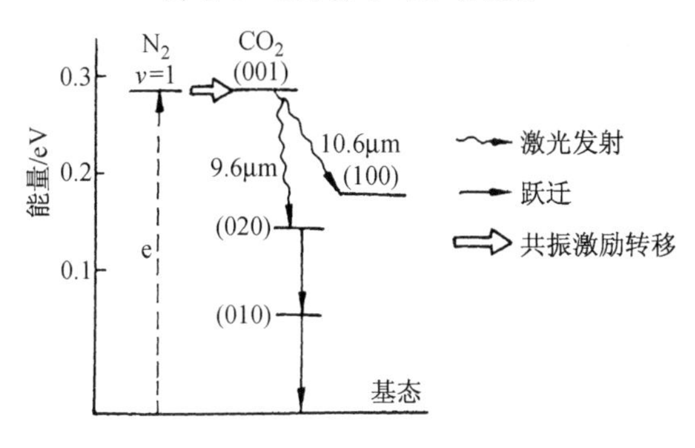

图 3.5　CO_2 分子的能级跃迁图

转移实现的。N_2 分子的振动能级属于亚稳态，其能级与 CO_2 分子的(001)模式非常接近，因此，一部分 CO_2 分子很容易通过共振激励获得能量而激发。另一部分 CO_2 分子直接与电子碰撞而激发。通过上述两种过程，实现了上能级粒子数的积累，产生激光发射。另外，上能级的寿命约为 1ms，下能级的寿命只有其$\frac{1}{100}$，因而很容易引起反转分布。

通常，低输出功率的 CO_2 激光器采用纵型放电管(放电电流的方向与激光输出方向相同)结构，高输出功率的 CO_2 激光器采用三轴相互垂直的横型放电管，即不仅激光输出与电流方向垂直，而且气体循环方向也与电流和激光输出方向垂直。CO_2 激光器的工作介质为氦/氮/二氧化碳的混合气体，低输出功率时，总压力是 1～20Torr，二氧化碳与氮的混合比为 1∶(1～2)，氦的分压是二氧化碳的 4～5 倍。高输出功率型的工作气体压力接近于大气压，并采用预电离技术确保脉冲式均匀放电。也有利用高频放电产生等离子体注入能量的形式。

4. 准分子激光器

准分子激光器主要分为稀有气体准分子激光器和稀有气体卤化物

准分子激光器两种类型。由氩(Ar_2)、氟(Kr_2)、氖(Xe_2)三种激励分子振荡发射的稀有气体激光器，其激光发射波长分别为126nm、147nm、172nm。处于短波长的真空紫外区。这里最令人感兴趣的是，稀有原子在激发态结合为分子，分子受激辐射产生激光。

早期的准分子激光器采用电子束泵浦激励。稀有气体卤化物准分子激光器的激发介质是稀有气体和卤化物的混合气体。商业上常用ArF、KeF、XeCl三种准分子激光器。它们的激光谱线波长分别是193nm、248nm、308nm。稀有气体卤化物准分子激光器是继卤素激光器(激光波长157nm)之后又一个放电激励型短波长激光器。

准分子自发辐射的概率(爱因斯坦 A 系数)与波长的三次方成反比。因此，必须在短时间内给予等离子体大量能量，确保短波长激光的输出。每单位等离子体体积注入的电力称为激励强度。决定振荡发射的主要参数是:小信号增益5%/cm，激励强度1MW/cm^{3}左右。因此，准分子激光只能通过脉冲激励实现。激光迁移下能级的分子很不稳定且会迅速离解，但由于准分子生成非常容易，因此量子效率可达3%，可以说准分子激光器是一种高效的短波激光器。

激励及发射过程如同图3.2(c)。下面以KeF激光器为例进行说明，它是Kr^*～KrF^*～KrF～Kr+F的四能级系统。设振荡频率为ν，普朗克常量为h，发射过程可用式(3.6)～(3.9)表示。

$$\mathrm{Kr+e(快)\rightarrow Kr^* + e(慢)} \tag{3.6}$$

$$\mathrm{Kr^* + F \rightarrow KrF} + h\nu \tag{3.7}$$

$$\mathrm{KrF^* \rightarrow KrF} + h\nu \tag{3.8}$$

$$\mathrm{KrF \rightarrow Kr + F} \tag{3.9}$$

式(3.7)表明氪的阳离子和氟的阴离子可结合成准分子，反应过程如式(3.10)～(3.12)。这是因为卤素气体对电子的亲和性很强。

$$\mathrm{F_2 + e \rightarrow F^- + F} \tag{3.10}$$

$$\mathrm{Kr + e \rightarrow Kr^+ + 2e} \tag{3.11}$$

$$\mathrm{Kr^+ + F^- \rightarrow KrF^*} \tag{3.12}$$

该激光装置的关键是放电过程中瞬时注入大量的电能，故采用电荷转移型电路。它不是将储存在电容器中的能量直接注入到放电介质

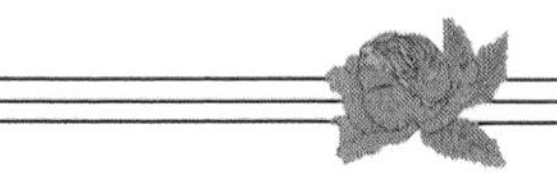

中，而是将能量转移至设置在介质中的另一个电容器(脉冲电容器)中，以此引起并维持介质放电。因为脉冲电容器是以100ns时间间隔充电。所以，放电回路对脉冲可视为开路、电感系数变小，于是将高电流和能量注入到介质中。当电容的充电电压为10～30kV，电流为10～50kA时，输出激光的脉宽为10～30ns，激光峰值功率可达10MW。

若改进放电泵浦电路的开关及激励回路，可以获得数千赫兹的重复激发。

5. 氩离子激光器

离子激光器分为惰性气体激光器和金属蒸气激光器。惰性气体激光器中的氩离子激光器、氪离子激光器以及金属蒸气激光器中的氦-镉离子激光器均为连续激光发射。氩离子(Ar^+)激光器共有：400～500nm范围宽的谱线，尤以488.0nm蓝光和514.5nm绿光两条谱线最强。输出功率可达20W。与氩离子激光器相比，氪离子激光器的谱线在600～800nm的长波段侧，以647.1nm最具代表性。金属蒸气激光器一般都掺入氦。氦-镉离子激光器具有从紫外到红外的多条谱线，常见的是441.6nm和636.0nm两条谱线。

通常离子激光器也是通过电子碰撞产生粒子数反转，这一点与气体激光器相似，离子化需要更高的能量。为此，必须经过反复碰撞才能产生粒子数反转。氩离子激光器的能级图如图3.6所示。氩原子与电子碰撞，经历了$Ar \sim Ar^* \sim Ar^+$(基态)，最后激发氩离子Ar^+至上能级($4p$)。

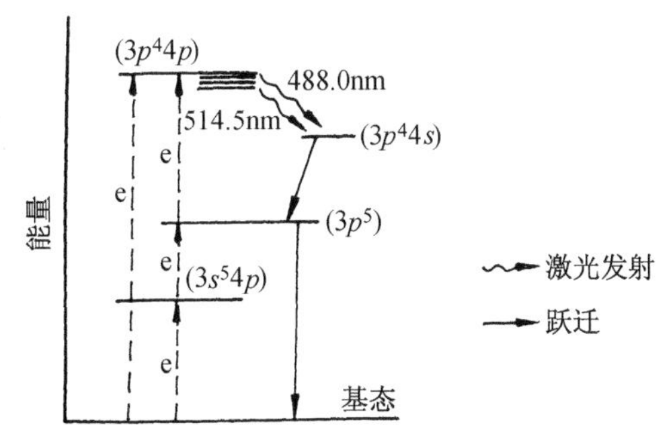

图3.6　氩离子的能级跃迁图

Ar^+通过 $Ar^+(3p^4 4p)$向 $Ar^+(3p^4 4s)$的跃迁产生激光发射。$Ar^+(3p^4 4s)$的弛豫首先通过自发辐射返回至基态$(3p^5)$，再经过与电子的复合回到氩原子状态。若使 Ar 原子从基态经“一步激发”过程直接激发至上能级 $Ar^+(3p^4 4p)$，需要很高的电能，这只有靠脉冲放电激励才能实现。但是，“二步激发”的电离过程却不需要“一步激发”那样大的电子能量，因此，可以连续放电激励。

氩离子激光器需要高能放电激励，通常在 1Torr 的低气压中通入 50A 左右的电流。因此属于低气压弧光放电。相应放电管和电极选用耐热材料制作，并通以冷水。

金属蒸气离子激光器的激发机理是，经过最初的电子碰撞形成氦或氦离子，再通过彭宁电离和电荷交换反应，进一步促进金属蒸气的离子化。金属蒸气是事先经加热器在放电管内蒸发。

液体激光器

液体激光器包括无机液体激光器、有机液体激光器及染料激光器。前两种是以固体激光器中激活钕离子等稀土离子作为激活介质开发的，所以它作为大型激光器的要素，直到 1970 年初才引起关注，但是，由于受到固体玻璃激光器、YAG 激光器的飞速发展的影响，此后的研究一直停滞不前。染料激光器是利用食品、纤维的着色染料作为激活介质的激光器，因此，现在所说的液体激光器泛指染料激光器。

染料激光器的最大特点是，可以在很宽的谱线范围内选择激光发射波长。因此，在固体绿宝石激光器和钛蓝宝石激光器出现之前，它作为惟一的波长可调谐、超短脉冲激光器应用于物质的光谱学研究。实际上它还用于激光雷达观测大气污染、原子法激光浓缩铀等。

1. 染料激光器的激发机理

染料是碳、氢高分子化合物，光的吸收和辐射即参与激光发射的电子(亢电子)处于分子的共轭双键中。共轭双键中有一对电子，参照量子力学的原理，每个电子态都有一组振动-转动能级，其能级图如图3.7

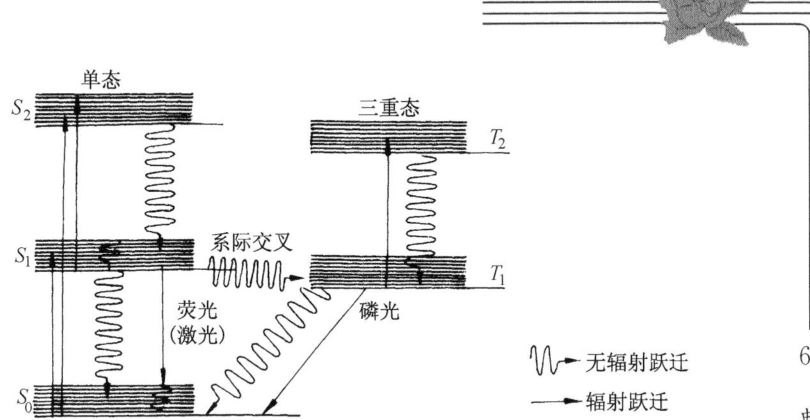

图 3.7　染料分子的能级图

所示。

最低能级状态称为基态。该能级上的两个电子反向平行自旋。把两个电子反向平行自旋的状态称做单态。基态 S_0 是单态。激发态有 S_1、S_2、…单态和平行自旋的 T_1、T_2、…三重态。吸收发生在基态 S_0 和 S_1、S_2、…之间。在 $S_1 \rightarrow S_0$ 发生辐射跃迁，辐射发出的光称做荧光。T_1 是禁止向 S_0 跃迁的亚稳态。这一禁止跃迁($T_1 \rightarrow S_0$)辐射的长寿命光称做磷光。

单独存在原子时，只有电子的能级，所以辐射、吸收的谱线呈尖峰状。分子情况时附加有振动-转动能级，形成如图 3.7 所示的密排间隔式的宽带能级结构。这种振动-转动能级之间的间隔很小，因而观察不到离散性的谱线。

$S_0 \rightarrow S_1$、$S_1 \rightarrow S_2$ 的吸收非常强烈、谱线在可见光或紫外光区，表现为染料颜色。光吸收跃迁至激发态 S_1 高振动-转动能级上的电子，在 1～10ps 的瞬间，将能量热传递给周围溶剂后，同时无辐射弛豫到 S_1 态的最低振动能级上。弛豫到 S_1 态的最低动能级上的电子，通过辐射或无辐射跃迁迁移至 S_0 的振动-转动能级上，与此同时，一部分无辐射跃迁至 T_1 能级。$S_1 \rightarrow S_0$ 的辐射跃迁比无辐射跃迁的概率大得多。无辐射跃迁至 T_1 的过程称为系际交叉。激发至 S_2 上的电子几乎都无辐射弛豫至 S_1 上。$S_1 \rightarrow S_0$ 发射的荧光谱线较其 $S_0 \rightarrow S_1$ 的吸收谱线波长要长，如图 3.8 所示，向长波长方向移动，多呈镜像关系。

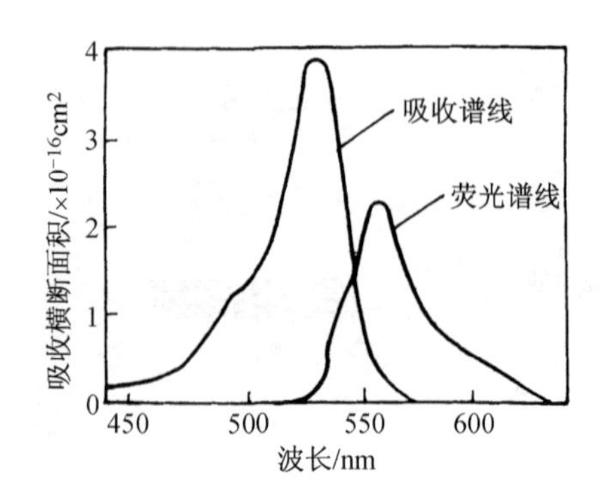

图 3.8 典型染料(若丹明,6G)的 $S_0 \rightarrow S_1$ 吸收和荧光谱线图

S_1 态的最低振动能级是激光上能级,集中了许多因热平衡而分布于其上的粒子,激光振荡就是在该能级和粒子数几乎为零的 S_0 的较高振动-转动能级间进行的。因此,染料激光器属于四能级系统的激光器。发射的激光谱线非常宽。虽然上能级 S_1 的寿命很短,只有几纳秒,但由于该激光器是四能级系统,并且吸收横截面、受激辐射横截面都比固体 Nd:YAG 激光器大10 000倍左右,所以即便用与固体激光器同样的闪光灯泵浦也能产生激光发射。

激光振荡是在吸收与荧光谱线不重叠的长波段一侧发生的,但是激光发射效率却因下述两个原因受到限制。一是三重态"陷阱"效应。因为三重态 $T_1 \rightarrow T_2$ 吸收与激光发射波长有某些重叠,一旦激励进行,就会因系际交叉使 T_1 态的粒子数增多,从而抑制了激光发射。二是 $S_1 \rightarrow S_2$ 的吸收。如果发射光增强,激励到 S_1 的粒子就会吸收光而激发至 S_2,从而降低了激光发射效率。

2. 染料激光器的主要类型

可以产生激光发射的染料已确认有 500 种以上,发射波长从 300nm 紫外光到1 200nm的红外光区。将单一染料溶入乙醇溶剂中使用,可发射的激光波长是 50～100nm。典型的染料是称做若丹明 6G 的像柿子那样的橙色染料,这种染料多用于着色技术。该染料的激光发射波长是 560～650nm。

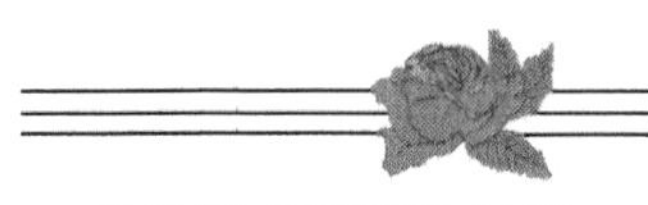

染料激光器按泵浦光源大致可分为两种。一种是激光泵浦染料激光器，一种是闪光灯泵浦染料激光器。激光泵浦染料激光器又有脉冲激光泵浦和CW(continuous wave)激光泵浦。通常市面销售的染料激光器就是这两种。需要高的尖峰输出功率时，使用Nd:YAG激光器的第二、第三次谐波的脉冲激励。需要稳定的高功率及频率时，使用CW氩离子激光激励。

无论那种激光器，泵浦的方式主要有两种，一种是泵浦的激光束与激光器的谐振腔轴线几乎平行的纵向泵浦；另一种是泵浦的激光束与光轴方向垂直的横向泵浦。两种方式下的泵浦区的直径最大不过1mm。染料盒的谐振腔轴线方向的长度不超过场1cm。因此该结构可使染料高速循环工作。

为了限制发射的谱线线宽，实现波长可调谐，通常在谐振腔中放入棱镜、衍射光栅等波长选择元件。特别是用于激光同位素分离、精密分光仪的窄带谱线，除了添加衍射光栅外，还在谐振腔中插入标准具。图3.9是采用衍射光栅的谐振腔的典型结构。通过改变衍射光栅一侧的反射镜角度来调整发射波长。不加标准具而希望压窄谱线线宽时，可采用扩束器将入射光扩束后再经过衍射光栅的方法。

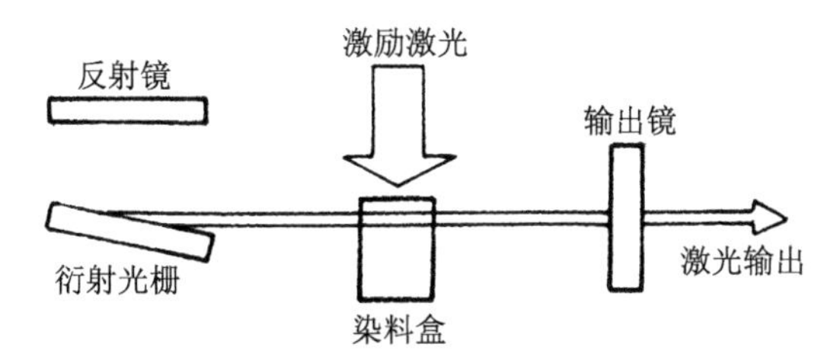

图3.9　采用衍射光栅的激光激励染料激光器典型示意图

因为闪光灯泵浦激光器不能获得高激励强度，所以通常采用长几十厘米，直径几毫米的可循环利用的棒状染料盒(见图3.10)。一旦闪光灯的放电激励延迟，T-T吸收的影响就会变大，所以采取同轴式的闪光灯泵浦使其发光时间达到1μm。由于闪光灯泵浦多含有紫外光，染料的劣化严重。目前，除非特殊场合，已不太采用闪光灯泵浦。

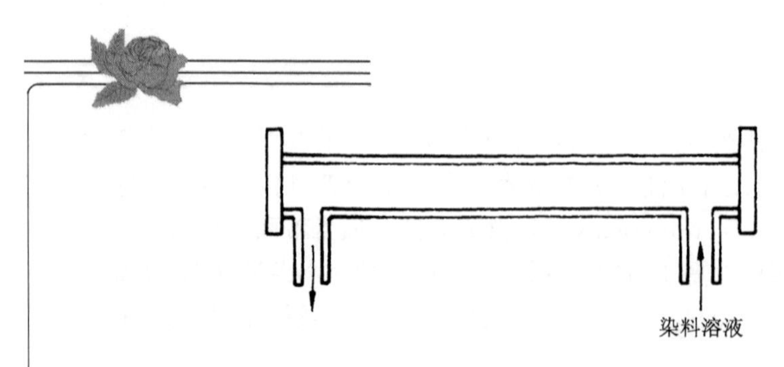

图 3.10 闪光灯泵浦激光染料盒示意图

固体激光器

1. 固体激光器概述

同其他类型的激光器一样，固体激光器也是由激光工作物质、泵浦源、谐振腔等部分组成。激光工作物质是在固体基质材料(晶体或玻璃)中掺杂少量可产生激光的激活离子(主要采用三价的稳定离子，例如 Cr^{3+}、Nd^{3+}、Yb^{3+}、Tm^{3+}、Ho^{3+}、Er^{3+}、Ti^{3+} 等)。该激活离子受到泵浦光源(闪光灯、半导体激光等强泵浦光)作用产生光激励，在固体激光材料中形成粒子数反转分布，并以其本身固有的波长发射。

固体激光器工作物质的形状有圆柱形(棒状)、板条形(平板形)、圆盘形与管状等。图 3.11 所示的是一种典型的固体激光器的结构场，它

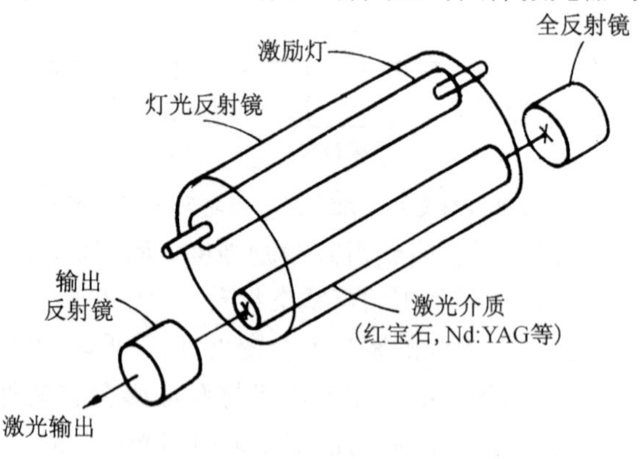

图 3.11 泵浦激励棒状工作物质的固体激光器

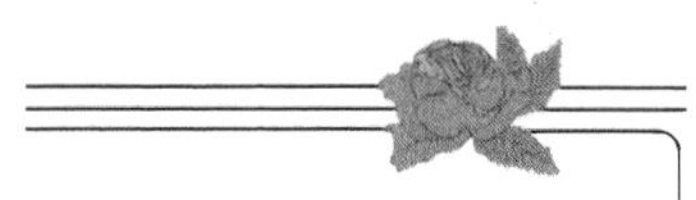

是通过泵浦来激励棒状工作物质。自从1960年美国的梅曼(Maiman)制造出第一台波长694.3nm的红宝石激光器以来,固体激光器获得了迅速发展。

最近,以半导体二极管激光(laser diode,LD)作为激励源的固体激光器的研制取得了长足的进步,并取代了闪光灯泵浦源。其结构原理图如图3.12所示,LD泵浦固体激光器也称做DPSSL(diode pumped solid-state laser),正因为激光光源是固体半导体,可谓是全固化激光器。DPSSL作为一种高效率(大于10%)、长寿命(CW工作方式达几万小时,脉冲工作方式可达10亿次~1000亿次)的固体激光器,正逐步取代一直被广泛应用的气体激光器和染料激光器。

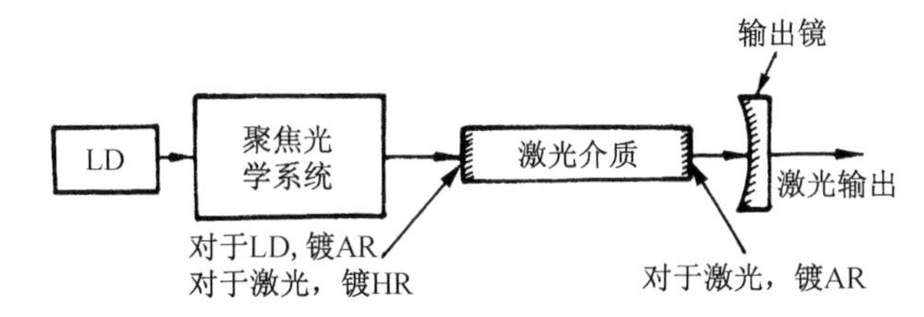

(a) LD端面激励

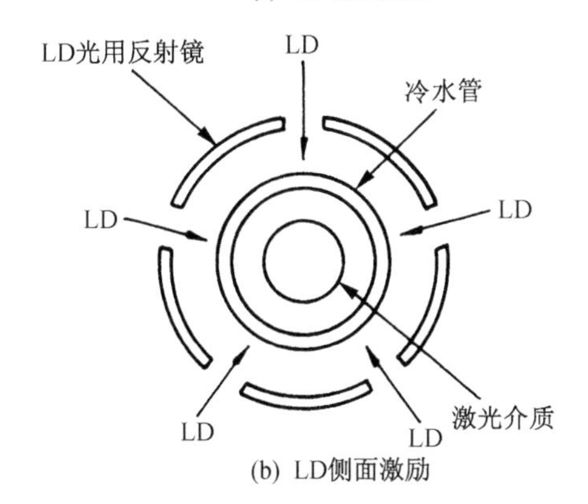

(b) LD侧面激励

图3.12 DPSSL结构图

2. 一般固体激光器

如图3.13所示,按照激活离子的能级分类,固体激光器主要有四能级、准三能级、三能级三种类型。

以室温（$T=300\text{K}$）、热能 $kT=0.695/\text{cm}\cdot\text{K}^{-1}\times300\text{K}=208.5/\text{cm}$(这里,$k$ 为玻尔兹曼常量)，激光下能级的能量 E_{12} 非常大(E_{12})kT时，称为四能级固体激光器(见图 3.13(a))；同等程度或小于热能($E_{12}<kT$)时，称为准三能级固体激光器(见图 3.13(b))；$E_{12}=0$ 时，称为三能级固体激光器(见图 3.13(c))。

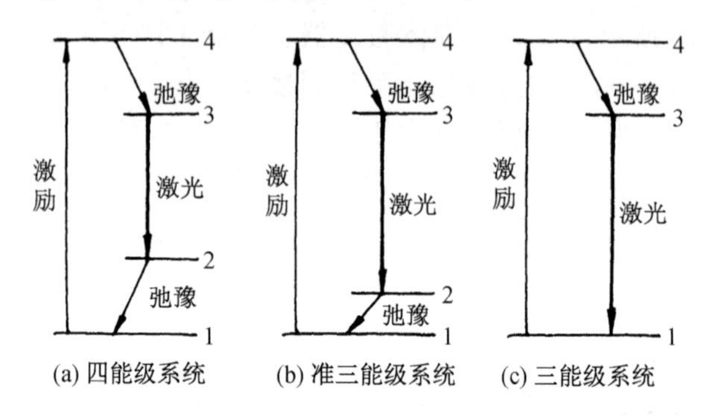

图 3.13 固体激光器的能级跃迁图
(能级 3 的荧光寿命 0.2～3ms,属能量储存型激光器)

例如,前面所述的世界上第一台波长 694.3nm 的红宝石固体激光器就属于三能级固体激光器。在闪光灯或氩离子激光器的强光激励下,基态 1 上的 Cr^{3+} 泵浦至能级 4 上,随后通过弛豫迁移到荧光寿命 3ms 的能级 3 上,于是在能级 3 和能级 1 之间形成粒子数反转分布。通常,能级 3 发射激光需要很强的泵浦。

Nd:YAG 激光器、Nd:玻璃激光器属四能级激光器。波长 1064nm的 Nd:YAG 激光器的 $E_{12}=2111/\text{cm}$,约是室温热能的 10 倍,激光下能级 2 相对于基态 1 的分布比例遵循玻尔兹曼分布。

$$\exp\left(-\frac{E_{12}}{kT}\right)=\exp\frac{2111/\text{cm}}{208.5/\text{cm}}=4\times10^{-5} \tag{3.13}$$

由于几乎不被热激发,所以在能级和能级之间很容易形成粒子数反转分布,得到 CW 或脉冲式的激光输出。

不过,准三能级 Nd:YAG 激光器的激光下能级能量 $E_{12}=612/\text{cm}$,只是室温热能的三倍,Yb^{3+} 在激光下能级 2 上产生的热激励是

$$\exp\left(-\frac{612}{208.5}\right)\times100=5.3\% \tag{3.14}$$

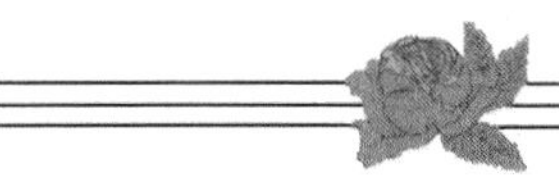

因此,通过高功率LD进行高强光(>10kW·cm^{-2})激励,可使基态1的原子数减少,进而减少能级2的原子数,使之如同四能级激光器一样高效运作。总之,能级3的荧光寿命必须很长,通常,1 064nm的Nd:YAG激光器为0.23m,1 030nm的Nd:YAG激光器为0.95ms,694.3nm的红宝石激光器为3ms。正因为这三种长寿命的固体激光器能够将光激励的能量储存到激光上能级上,所以,通过Q开关或激光放大器就可获得高输出功率的脉冲激光。也就是说,它更适于脉冲激光输出。

3. 新型固体激光器

基质材料中掺杂激活离子作为工作介质的各种类型及波长的固体激光器正处于实用化阶段。最近,固体激光器的研制取得了惊人的进步,被誉为是固体激光器的复兴时代。这里我们以DPSSL为例略加介绍。

20世纪80年代后半叶以来,高功率、高效率、长寿命的LD的开发进展迅速,随着LD价格的降低,DPSSL也逐渐被人们所关注。用于激励固体激光工作介质的LD(波长区)主要有InGaAsP(1 300~1 500nm)、InGaAs(900~1 000nm)、AlGaAs(780~810nm)、AlGaInP(615~690nm)。采用对上述LD的工作波长区有强吸收谱线的固体激光材料,可实现掺杂光纤激光器(1 450nm以上、波长可调谐激光器、色心激光器等多种多样的DPSSL)。表3.2汇总了主要的DPSSL。

表3.2 主要的DPSSL[5]

激励用LD		LD激励固体激光			
种类	发射波长区/nm	激光介质材料	发射波长区/nm	荧光寿命/ms	激励波长/nm
InGaAs	900~1 000	Yb:YAG	1 030	0.95	940±9
		Yb:S-FAP	1 040	1.1	900
		Yb:YLF	1 020	2.16	962
		Yb:Er:glass	1 545±12	7	970
		Er:Fiber	1 530	9	980
		Er:YAG	2 937	0.1	960

（续表）

激励用 LD			LD 激励固体激光		
种类	发射波长区 /nm	激光介质材料	发射波长区 /nm	荧光寿命 /ms	激励波长 /nm
AlGaAs	780～810	Nd:YAG	1064	0.23	807±2
		Nd:YVO_4	1064	0.080	807±4
		Nd:YLF	1047	0.520	798
		Nd:glass	1054	0.320	803±6.5
		Tm:YAG	2021	12	780～785
		Tm,Ho:YAG	2090	8	780～785
		Tm,Ho:YLF	2067	12	792
		Tm:YLF	1500	1.0	780
		Er:YLF	2800	4.2	797
AlGaInp	615～690	Cr:LiSAF	750～1000	0.067	650±100
		Cr:LiCAF	700～900	0.170	630±100
		Cr:LiSGAF	700～1100	0.088	650±100
		Cr:LiSCAF	750～950	0.080	670

图 3.14 通过能级图表示了 DPSSL 的工作原理及其特征。通常，固体激光器普遍采用泵浦光源作为激励源，如图 3.11 所示。正如图 3.14 所示，其发射光的强度分布并不与固体激光工作介质的吸收谱线一致，泵浦光能大多转化为热损耗。因此，固体激光器往往由于固体激光材料中产生的热效应（热透镜、热应力双折射、热变形）导致输出激光光束质量变差，效率降低。

当 AlGaAs LD 的发射波长为 803nm 时，其光强可与 1054nmNd：玻璃激光器的吸收谱线一致，此时泵浦光转化的热损耗非常小，热效应减小，因此可高效高重复性工作。以图 3.14 的情况为例，量子效率为 803nm/1054nm即 76%的吸收光能转化为激光，剩余的 24%变为热损耗。总之，固体激光工作介质的热效应不可避免，它的补偿也就必不可少。泵浦激励固体激光器的总效率是 1%～3%，而 DPSSL 的光电转换效率可达 10%以上，甚至多达一个数量级。特别是后面将要介绍的

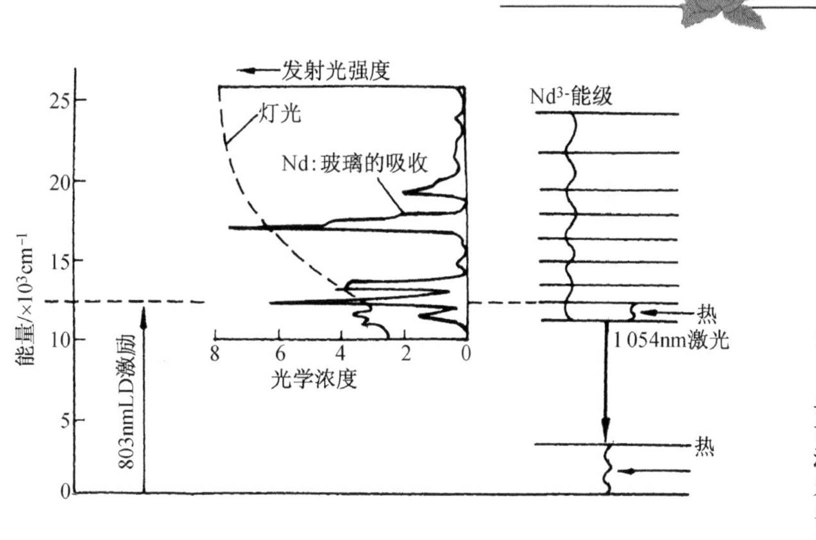

图 3.14 DPSSL 的工作原理能级图[5]

LD 激励光纤激光器，转换效率达 60%～70%，接近量子效率。

正因为 LD 激励（与激光工作介质相匹配）可获得强的激光输出，各种各样的固体激光器开始被实用化。如表 3.2 表示的红色 AlGaInP LD 激励 Cr：LiSAF（750～1 000nm）激光器。该种激光器不但波长可以调谐，并且可产生 10～15s 级的高功率脉冲激光。目前，它正在开发研究中。

这种 Cr：LiSAF 激光器同 Ti：蓝宝石（Al203）激光器（660～1 180nm）一样，电子跃迁的过程中伴随振动跃迁，是一种基于振动-电子（vibronic）跃迁的波长可调谐固体激光器。如图 3.15 所示，激光下能级的振动能级宽度在晶体中扩展相互重叠形成带状，因此可在很宽的谱线范围内实现波长调谐。

除此以外，我们知道的波长可调谐的激光器还有紫翠宝石（Cr：BeAl204）（波长可调谐范围 700～830nm），Co：MgF2（1 750～2 500nm），Tm：YAG（1 870～2 160nm）等。特别是利用波长 500＋100nm 的光激励 Ti：蓝宝石激光器，其增益宽度可达（660～1 180nm，脉宽为不到 4.5f_S 的超短脉冲，峰值功率超过 100TW。目前，这种高

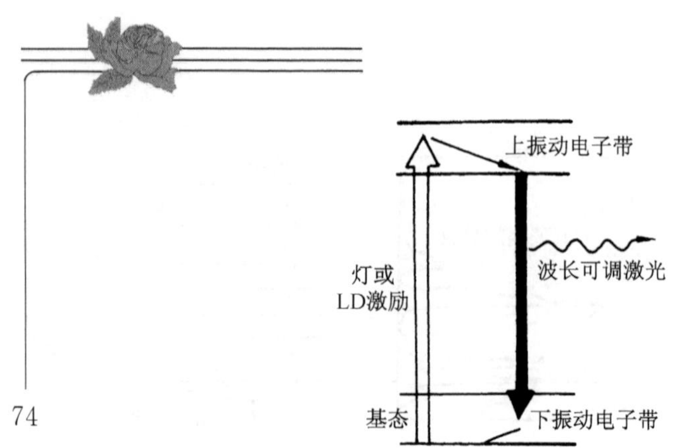

图 3.15　基于振动-电子跃迁的波长可调谐固体激光器的能级图

功率激光器已被实用化。过去，使用氩离子激光器或1 064nmNd:YAG激光器的二次谐波光(532nm)作为 Ti:蓝宝石的光激励。现在，由于高功率 500nmLD 的实现，可以利用 LD 为 Ti:蓝宝石激光器的激励源。

在硅酸盐或磷酸盐玻璃中掺杂铒(Er)激光器是三能级激光器。以中心波长1 550nm发射。图 3.16 表示了掺 Er 的光导纤维激光放大器的基本原理。用与 Er 的 980 或1 480nm吸收谱线一致的 LD 激励，入射到掺 Er 的石英玻璃纤维中的微弱1 550nm信号光经光纤放大后输出。波长1 550nm的光对使用低吸收石英玻璃纤维的长距离通信极为重要。若在掺 Er 光纤的两端各安放一面反射镜，就构成了1 550nm掺 Er 光纤激光器的谐振腔。

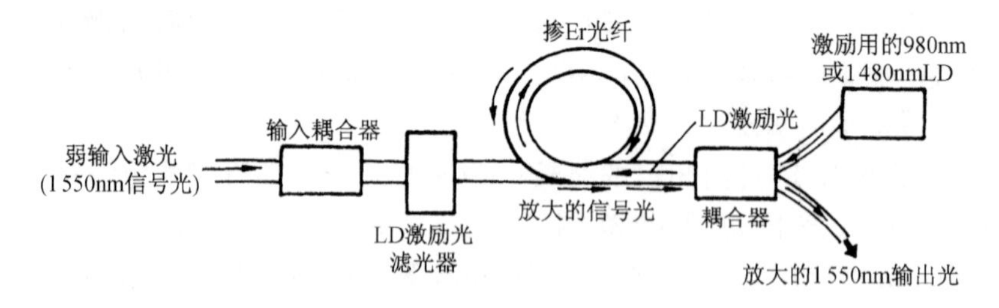

图 3.16　掺 Er 光纤激光放大器

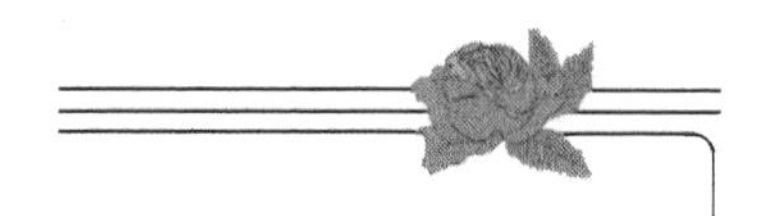

4. 高功率固体激光器

图 3.17 是大功率固体激光器的系统图。从棒型固体激光谐振腔输出的光通过一连串的外部激光放大器后,功率被放大。在棒状激光放大器之后,采用的是锯齿光路的板状激光放大器。正如图 3.17 中放大图所示,光束在板状的激光介质中呈锯齿形反射,这种结构保证了光的传播方向与温度梯度,即折射率梯度方向(板厚方向)平行,因而降低了光束传播中的热效应。另外,锯齿形光路的区域折射率的温度变化相同,从而补偿了热透镜效应。例如,核聚变用激光器需要极高的峰值功率,在上述设置的最后,以布儒斯特角并排放置大口径的激光磁盘,构成磁盘式放大器,可以进一步提高输出功率。

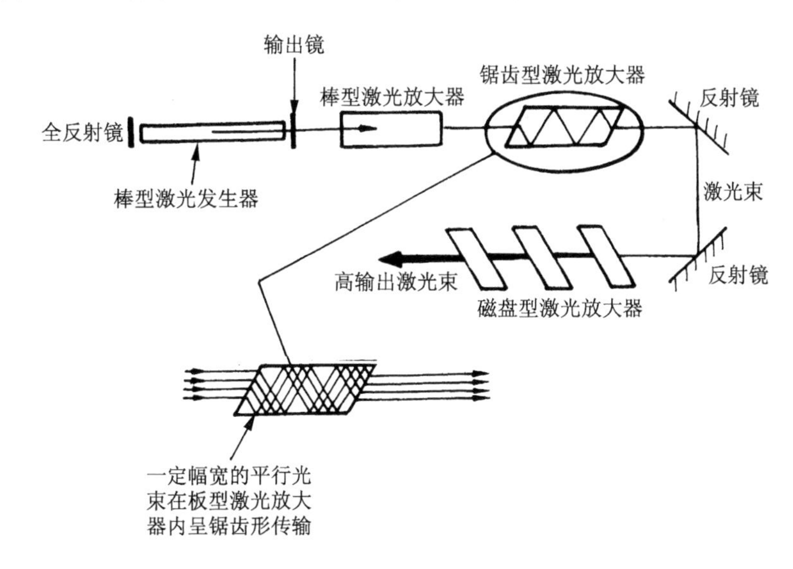

图 3.17　大功率固体激光发生器的放大器系统

图 3.18 描述了前述锯齿形板状激光器的几何特征,它是以高功率、高品质激光束 DPSSL 为例。目前(1998)世界上所能达到的最高平均输出功率为 5kW。

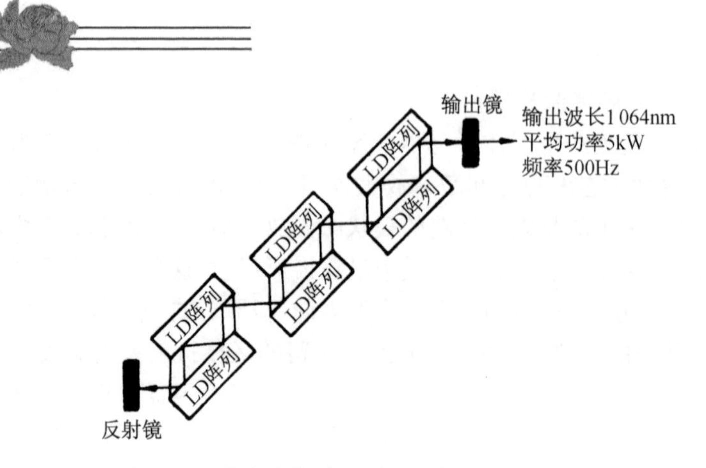

图 3.18 平均功率 5kW 的 LD 激励 1064nmNd:YAG 锯齿形板状激光器

自由电子激光器

自由电子激光器(free electron laser,FEL)是一种通过相对论电子束(relativistic electron beam,REB)与电磁场共振式的相互作用而产生相干电磁波的激光器。与其他的激光器不同,自由电子激光器的发射波长不受原子、分子等特定能级的束缚,因此具有频率连续可调的特点。另外,电子束的能量直接转换成电磁波能量,因此可以高效工作。再有,通过高能、大电流的电子束有望实现高功率输出。

FEL 是将同步加速器的辐射光(synchrotron radiation,SR)作为自发辐射光,通过共振式的相互作用而导致韧致辐射。当高速运动的电子在磁场作用下产生弯曲时,同步加速器的辐射光便沿轨道切线方向发射。为了使这种周期性的辐射光得以聚束,需要使用一种称做摆动器(wiggler)或波荡器(undulator)的装置,它可以使电子束作螺旋运动。

图 3.19 表示了 FEL 的基本结构。它是由电子加速器、摆动器、谐振腔三部分构成的。加速器又分静电加速器、感应直线式加速器、射频 RF(radio-frequency)直线式加速器等。这里所示的摆动器是由永久磁

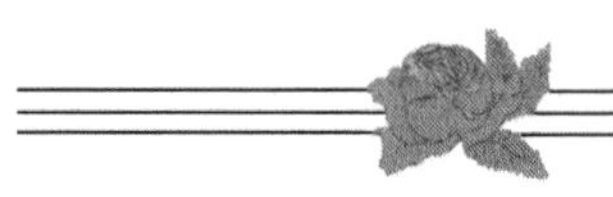

铁周期排列而成的平面摆动器，可产生平面电磁波。产生的发射光通过共振形成轫致辐射光，沿轴向输出并同时得以放大。由谐振腔反射镜反射回来的光继续重复性地与电子束相互作用，从而使光强度不断增加。RF 直线式加速器的情况是，电子束由称做微脉冲的超短脉宽的脉冲序列组成，发出的光脉冲在谐振腔内反复振荡，为了使其持续不断地与后续而至的微脉冲电子束相互作用，可调整微脉冲间隔和谐振腔反射镜间距。最后，由输出镜输出放大的激光。

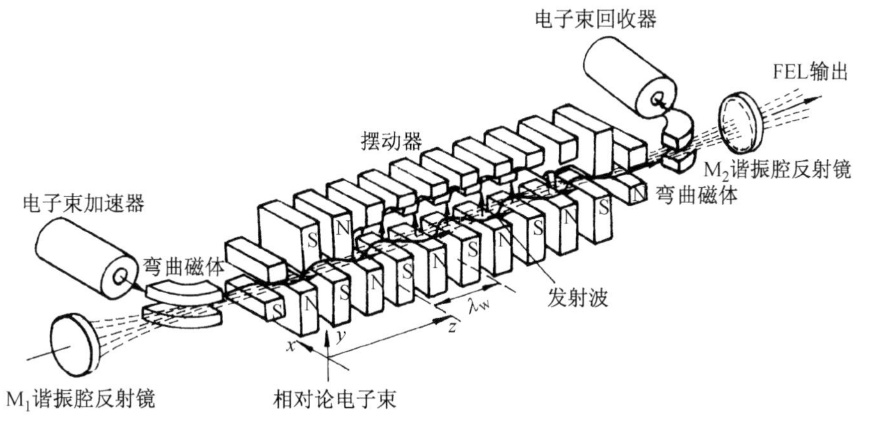

图 3.19　FEL 的基本结构

半导体激光器

半导体激光器(LD)具有超小型(长 0.3mm，宽 0.3mm，高 0.1mm)、激光强度快速可调的特点。因此，LD 作为盒式磁盘记录/读取、激光排版、光通信等的光源得到了广泛应用，可以说，没有 LD 的存在就不可能有这些应用。

1. LD 的基本结构

LD 的最简单结构如图 3.20 所示，是由三层不同的半导体叠加而成的(双异质结构)。中间的半导体层是发光层，称为激活层。激活层

的厚度 d 约为 0.1μm。上下是由禁带宽度(带隙能)较宽的 p 型及 n 型半导体构成。

激光器的光输出面和对侧的平面形成了相互平行的反射面。这种平行反射面结构称做法布里-珀罗谐振腔,在 LD 中常用的该谐振腔腔长(L)约为 0.3mm。

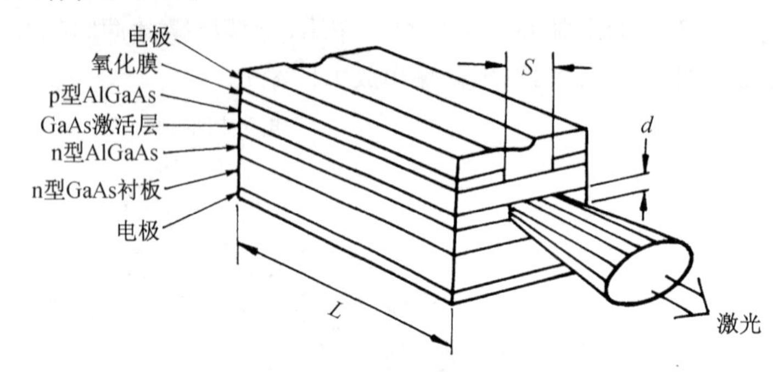

图 3.20 LD的基本结构(双异质结构激光器)

上下的 p 型及 n 型半导体层分别构成电极,电流流经电极,大量的载流子(电子、空穴)注入到激活层。为了减少激光发射所需的电流,通常将电流限制在约 2μm 宽的带状区内流动,因此为了使电流只在上部电极的 S 区域流过电流(见图 3.20),将氧化膜切掉 S 宽。

2. LD 的基本特性

如果使流经 LD 电极的电流增加,如图 3.21(a)所示,则从某一电流值开始,输出将急剧增大。此时的电流值称为阈值电流(threshold current)Ith,当注入电流超过该阈值电流,就会形成激光振荡。图 3.21(a)中曲线的斜率即表示了注入的电能转化为激光能量的转化效率,极高的电光转换效率正是 LD 的最大特点。例如,气体激光器的光电转换效率是百分之几,而 LD 的光电转换效率可达百分之几十。根据电流的注入方式是脉冲式还是连续式,LD 可以实现脉冲发射和连续发射两种输出方式。使用时根据实际用途来进行选择。

I_{th}随着环境温度的上升而增大。这是因为随着温度升高,注入的电子、空穴不能有效地转换为光能。I_{th}与温度存在以下的关系:

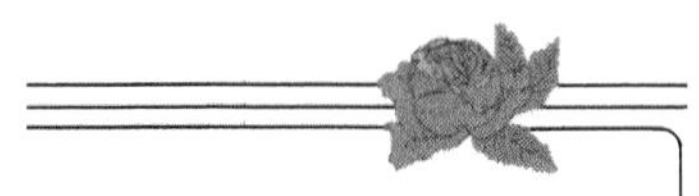

$$I_{th}=I_0\exp\frac{T}{T_0} \tag{3.15}$$

式中：T_0 称为特征温度，该值越大，I_{th}受温度的影响越小、即振荡越稳定。

LD输出光的谱线如图 3.25(b)所示，通常是几条尖峰波。很明显，发射波长通常随注入电流的大小而变化。

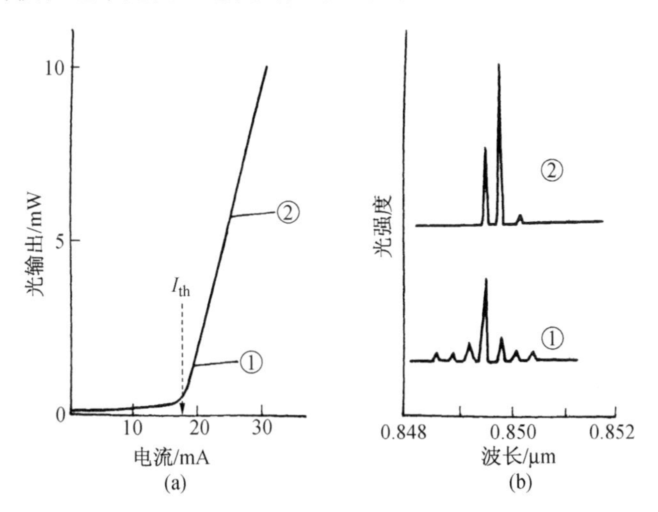

图 3.21　电能转化为激光能量的转化效率与输出光的谱线

与气体激光器、固体激光器不同，LD输出的激光不是细的平行光束，而是随着远离激光器而逐渐发散。该发散角与激光器的结构有关。在图 3.20 的多层面上，发散角在平行方向为 20°左右，在垂直方向为 40°左右。这是因为 LD 的尺寸非常小，在激光输出端产生折射的缘故。通常，在输出端附近放置棱镜，使之转换成近于平行光后再使用。

3. LD激光的产生机理

气体激光器、固体激光器是利用分子或原子自身具有的分离能级间的电子跃迁而形成激光发射。相反 LD 却是依靠半导体晶体构筑的两个能带，即导带和价带间的电子跃迁形成激光发射。

给 LD 中的 pn 结通以正向电流，电子注入到直接跃迁型半导体层(图 3.20 中部的 GaAs 层)——激活层，大量的空穴注入到价带，从而

形成粒子数反转分布。处于高能级导带上的电子跃迁至低能级价带上，与价带上的空穴产生复合。并以相当于两个能态差值的能量辐射出光子。复合辐射的光在平行的反射镜面(谐振腔)之间往复振荡。处于导带中的电子受到该往复振荡光的激发跃迁至价带，产生受激辐射。当受激辐射的比例超过半导体内部受激吸收的比例时，便产生激光输出。

为了有效地形成激光振荡，必须具备两个条件。一是实现粒子数反转，二是使辐射光在谐振腔内往复振荡。因此，半导体激光器往往做成图 3.20 所示的多层结构。激活层的禁带宽度比上下包覆层(图中的 AlGaAs 层)的禁带宽度小。将图 3.20 横向放倒，所看到的导带能、价带能的空间分布如图 3.22(b)所示，这种结构中的电子、空穴很容易聚集到激活层。因此，可有效地实现粒子数反转分布。

此外，该结构中激活层的折射率比包覆层的折射率大(见图 3.22(c))。光往往沿折射率高的地方传播，所以辐射光也集中在激活后中心传播(见图 3.22(d))。这一过程可以理解为辐射光子一方面受折射率不同的激活层和包覆层界面全反射，一方面在谐振腔中做往复振荡。因此，图 3.24 所示的激光器结构，辐射光可以有效地沿谐振腔往复振荡。

通常，气体激光器、固体激光器的激光谱线是特定值，它是由气体、原子的离散性能级间的能量差决定的。相反，LD 却不是离散性能级，而是具有一定宽度的导带和价带，因此它的发射谱线由几个因素决定。像图 3.20 所示的简单激光器结构，其发射谱线未必是单一的，可能同时发射几条谱线。

法布里-珀罗谐振腔的共振条件是腔长 L 为半波长的整数倍，利用折射率 n 及整数 m，激光器的发射波长可表示为

$$m\lambda = 2nL \tag{3.16}$$

满足该项的 m 值很多，因此可能发射多条谱线。但是，注入到激活层的电子、空穴分布在导带、价带附近很窄的能带区内，辐射光呈现的峰值分布与激活层的禁带宽度大致相等。因此，满足式(3.16)的谱线中，实际上只有分布在该能带区的谱线才可能产生振荡输出，一般是以几条谱线的形式输出。

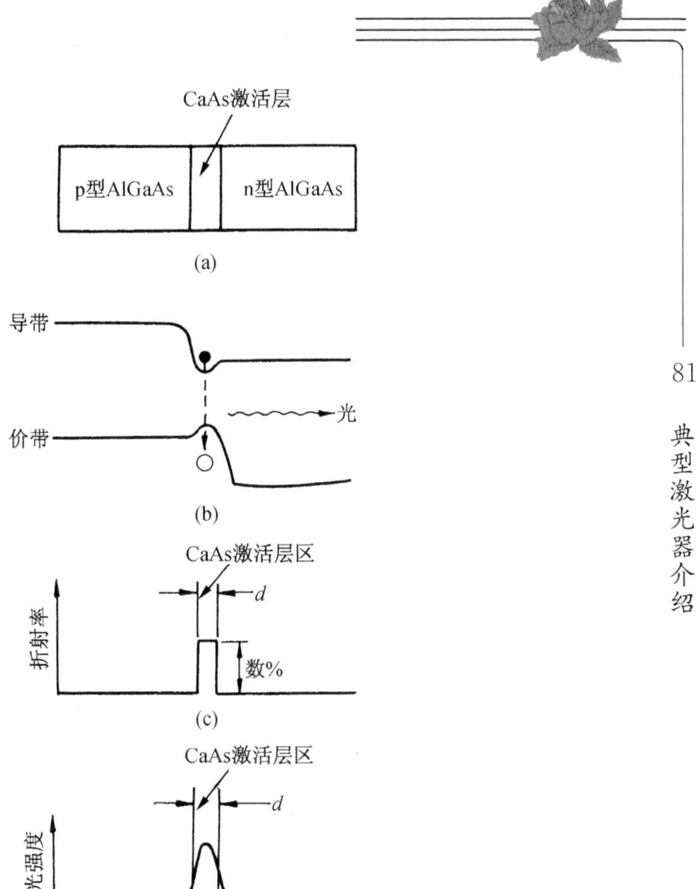

图 3.22 双重异质结激光器

(a) 层结构 (b) 导带及价带的能量

(c) 折射率 (d) 传播光的强度及空间分布

若要发射单一谱线的激光,必须设法按以下所述改进激光器的结构。为了获得期望的发射谱线,可以采用与禁带宽度相适合的半导体。不过,半导体的禁带宽度随温度变化而变化,因此发射谱线也随温度而变化。

4. 高性能 LD 的主要类型

近几年,随着使用目的的不同,各种各样的新型 LD 不断涌现。这

里，仅介绍其中的几种。

作为单一谱线输出的 LD，有一种称为分布反馈式(distributed feedback，DFB)激光器。该结构的特点是，在激活层和包覆层间折射率周期变化。具体制作方法是，在界面周期性地开沟槽，如图 3.23 所示。由于折射率的周期性变化从而产生干涉，因此只发射出特定波长的光。它在光通信领域起着重要的作用。

还有一种多重量子陷阱结构(multi-quantum well，MQW)，它是将与半导体中电子波长(多普勒波长)同等厚度(约 10nm)的异型半导体层(例如，GaAs 层、AlGaAs 层)相互叠加。以这种多重量子陷阱结构替换图 3.20 中的激活层 LD 的激光器称为多重量子陷阱(MQW)激光器。多重量子陷阱结构中的能带(光带)分离成多个带隙，可以使注入的电子、空穴更有效地受激辐射，因此在低阈值电流下即可获得激光输出。甚至可以在不超过 1mA 的电流下输出激光。

如果将它们并排成激光器阵列(array)(见图 3.23(b))，激光输出功率可超过 10W。这是一种重要的高输出功率 LD。

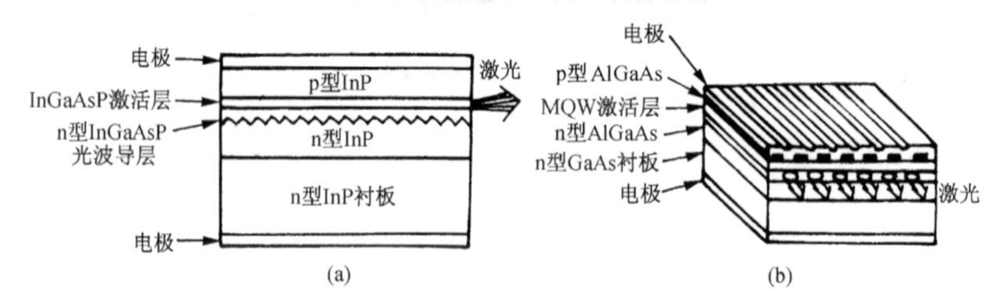

图 3.23　分布反馈型激光器

(a)分布反馈型激光器的结构　(b)激光器排列的断面结构

X 射线激光器

1. X 射线激光器概述

本节将讲述波长 30nm 以下的远紫外区到软 X 射线区的激光器。与其他类型的激光器相同，X 射线激光器也是利用物质中束缚能级间

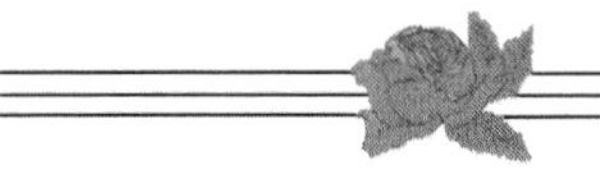

的粒子数反转分布，但能带的大小却与波长成反比。因此，要求采用高电离等离子体作为激光工作介质。使等离子体中的离子在特定的能级间形成粒子数反转分布的方式有电子碰撞激励、复合激励等。为了使反转分布的等离子体生成所希望的形状（通常为细长线状），需要时间空间上高度可控的高功率激光集中照射在固体或气体物质上。

图 3.24 所示的是激光作用下的靶区和测定区。左端是 X 射线反射镜，表面镀的多层介质膜适于软 X 射线区的反射。通常，X 射线激光器中放大介质内部产生的自发辐射光呈指数函数增长，并从两侧输出。如图 3.24，从左侧输出的软 X 射线激光经反射镜反射后返回到放大区，被再次放大。因此，激光强度、可干涉性（光束特性）同时提高，产生一种高质量光束。将这一过程称为自发辐射光放大，同时还会产生显著的受激辐射光。所以，某种意义上也称这一过程为 X 射线激光发射。

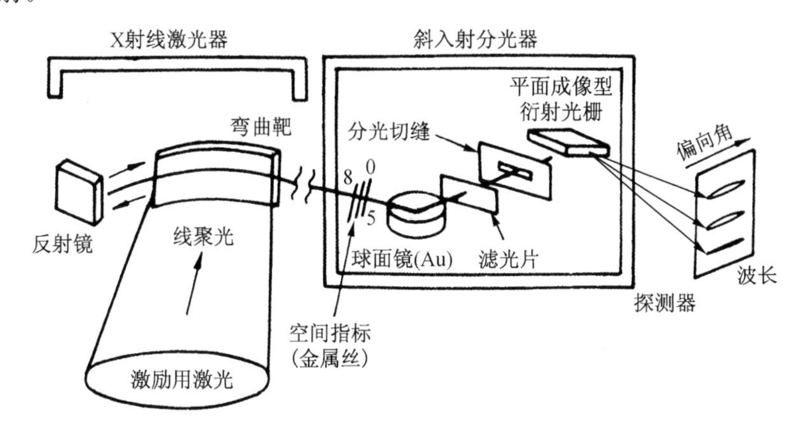

图 3.24 采用激光等离子体的软 X 射线激光器的结构

（右侧表示的是 X 射线激光谱线（X 射线强度与波长的关系）的测量系统）

右侧的斜入射分光器是测定软 X 射线激光束的实例。经过衍射光栅的光，波长被分解，从而可测定受激辐射光的波长。另外，通过右侧的偏向角方向的强度分布，可知软 X 射线光束的发散角（扩散角）。目前为止实现的等离子 X 射线激光的波长范围是 3～90nm 即从远紫外光到软 X 射线。X 射线激光束的辉度（单位面积、单位时间、单位立

体角、单位谱线线宽所发射的光子数)达到1025,与超大型同步加速器发射光装置波纹机发射的 X 射线辉度相比,提高了 5～6 个数量级。这里,谱线线宽是以 X 射线激光器的波长展宽的中心波长为中心。

2. 等离子体 X 射线激光的产生机理

等离子体 X 射线激光器振荡的必要条件是激光工作介质为高电离等离子体。等离子体中的离子状态常采用比照原子的表现方法来称呼,即对照离子的束缚电子数,一个电子时为类氢,两个电子时为类氦,三个电子时为类钾。这里,我们以最简单的具有一个束缚电子的类氢离子为例加以说明。

类氢离子在任意束缚能级间的迁移能量 $h\nu$ 可用玻尔模型表示,即为下式:

$$h\nu = Z^2 h_{\mathrm{vH}} \qquad (3.17)$$

这里,Z 是原子序数,h_{vH}是氢($Z=1$)和类氢离子的同能级间的迁移能量。按照式(3.17),使用原子序号大的物质作为增益介质,波长将会不断缩短。

那么,获得这样的高电离等离子体,需要哪些条件呢? 例如,采用复合激励方式的 X 射线激光器,需要在裸离子之前电离,即必须在下式所示的温度 kT(eV)之前加热等离子体。

$$kT = fZ^2 h_{\mathrm{vH}} \qquad (3.18)$$

这里,$Z^2 h_{\mathrm{vH}}$是原子序号为 Z 的离子化能量(h_{vH}是氢的离子化能量,为 13.6eV),f 是数值在 0.1～1 之间的常数。

增益系数 G 可用我们熟悉的下式表示:

$$G = \frac{\{n_2 - n_1(g_2)\}\lambda_2 A_{21}}{8\pi\Delta\nu} \qquad (3.19)$$

这里,n_1、n_2 分别是简并度为 g_1、g_2 的上能级及下能级的电子数密度,A_{21}是爱因斯坦 A 系数。

如果谱线线宽 $\Delta\nu$ 由多普勒加宽决定,另外由 $kT \sim h\nu$,则有:

$$\Delta\nu \sim \nu^{\frac{3}{2}} \qquad (3.20)$$

形成反转分布的条件是:

$$\frac{n_2}{g_2} - \frac{n_1}{g_2} \geqslant 0 \tag{3.21}$$

由式(3.19)～(3.21)可知，增益系数 G 遵从下述的比例规则。是否能获得某一希望的增益系数，可用上能级的电子数密度 n_2 来评定。

$$n_2 \sim \Delta\nu \sim \nu^{\frac{3}{2}} \tag{3.22}$$

另外，单位体积的自发辐射光的功率 p 用下式表示：

$$p = n_2 A_{21} h_\nu \tag{3.23}$$

由式(3.20)～(3.22)得：

$$p \sim \Delta\nu . \nu^2 . \nu \sim \nu^{4.5} \sim \nu^{-4.5} \tag{3.24}$$

因此，实现X射线激光，就必须用很强的激励功率密度打破这种严格的波长依存性。

实际应用的X射线激光器，除了类氢外，还有类锂(电子3个)、类氖(电子10个)、类镍(电子28个)等。这么多电子系的离子的比例规则比类氢要复杂得多，但是，根据它们均趋向于短波长的定性特点，必须是高温、高密度的等离子体作为激光介质。为了获得X射线激光，我们利用短脉冲激光获得所要求的温度、密度的等离子体。此时，随着激光照射后等离子体的冷却，因复合相中产生的三体复合而导致复合激励，激光照射时，加热相中产生的电子碰撞激励就是典型的反转分布机理。

图3.25所示的是以类氢离子为例的复合激励的简单原理图。短时加热等离子体时，会生成大量的离子。高温高密度等离子体的膨胀、热传导、X射线发射所引起的迅速冷却，使得等离子体中的两个自由电子和一个离子相互作用形成三体复合，导致类氢离子急剧增加。此时，在某一合适的等离子密度下，由于三体复合引发的消激励过程，处于基态上面的某特定能级间的迁移寿命变长。这样一来，上能级不断汇聚离子，而下能级的离子又不断弛豫到再下一能级，从而形成反转分布。图3.25表示的是主量子数3和2之间所产生的粒子数反转分布。

图3.26所示的是电子碰撞激励的简单原理图。这里是以电子为28个的类镍离子为例。基态是 $3d$(合成角动量 $J=0$，主量子数1和2的能级上全部被电子充满)，它禁止电偶双极子向同为 $J=0$ 的激光上

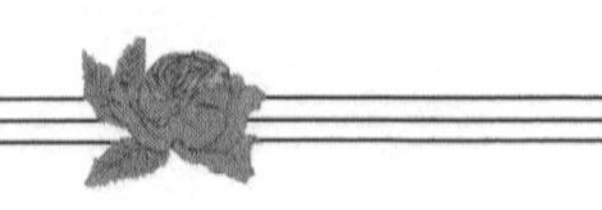

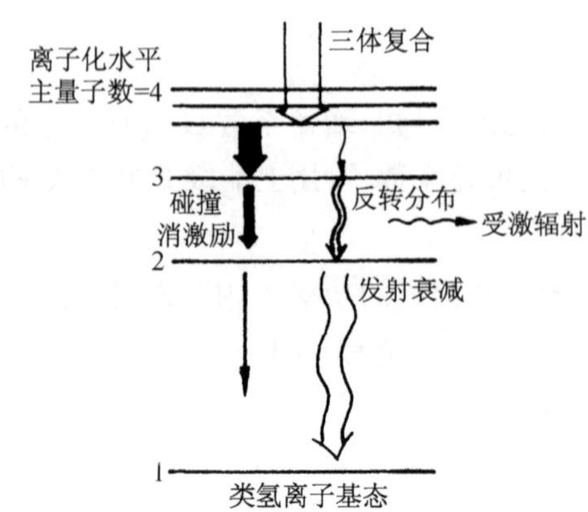

图 3.25 等离子体的复合相产生的反转分布
(类氢离子激发 射线激光器)

能级 $3d^3 4d$ 跃迁。不过,在高密度等离子体中,近似正面碰撞的单极子激发概率非常高,可引起有效激励。图 3.26 中所示的电子碰撞激励就是指这一部分。不过,该能级上的离子不能弛豫到基态。

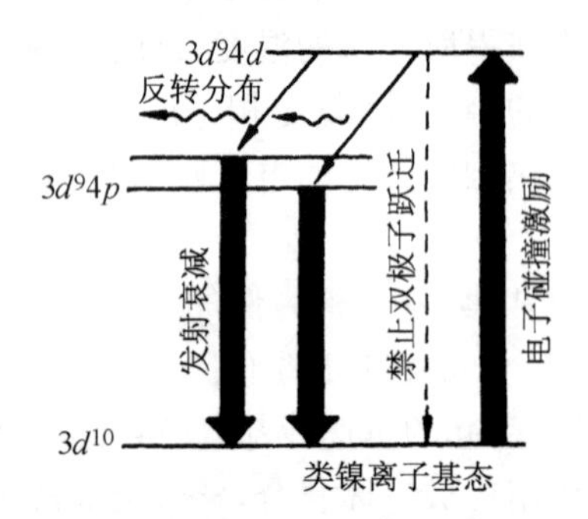

图 3.26 等离子体的加热相产生的反转分布
(类镍离子电子碰撞激励激光器)

激光下能级 $3d^9 4p(J=1)$ 允许电偶双极子跃迁,并在短时间内弛豫到基态。因此,在 $J=0$ 的 $3d^9 4d$ 能级和 $J=1$ 的 $3d^9 4p$ 能级间形成粒子数反转分布。

3. X 射线激光器的研究进展

下面介绍典型的 X 射线激光器。

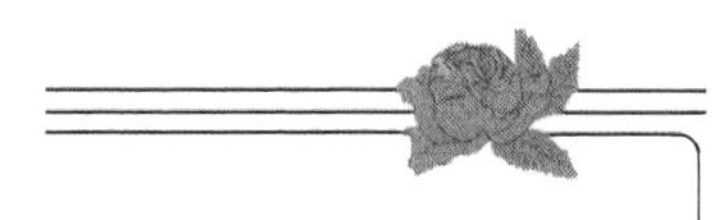

(1) 电子碰撞激励型软 X 射线激光器

该种激光器的工作原理是在离子化活跃的等离子体加热相中产生反转分布，目前，已得到了波长范围最宽、输出功率最强的 X 射线激光器。

① 类氖离子软 X 射线激光器。自 1984 年实现了受激辐射显著的类氖离子硒激光器后，出现了利用各种各样的类氖离子的 X 射线激光器。它是通过电子碰撞激励，在主量子数 3 中的特定能级间形成反转分布。现已实现了波长 10～25nm 范围的兆瓦级的软 X 射线激光器。并且，波长 8nm(银)～9nm(硅)范围内的物质增益均可观测到。利用小型毛细管放电装置的类氖离子氩激光器已达到了放大饱和区。如果波长超过 47nm 的激光得到有效应用，该种激光器有望获得普及。

另外，增大类氖离子的原子序号有助于短波化。但是，随之所需的激励激光强度将急剧增大。例如，若要获得水的临界波长(波长 2.2～4.4nm)的 X 射线激光，根据比例规则可知，照射强度需要1 016W/cm^2 以上，这就需要在激光介质生成、激励方法上有所突破。总之，必须利用超短脉冲高强度激光进行激励。

② 类镍离子软 X 射线激光器。20 世纪 80 年代中期，利巴莫研究室的马克逊(Maxon)提出了配置闭壳的类镍电子的 X 射线激光器。为了获得与类氖离子的 X 射线激光同等波长的类镍离子，需要的激光激励强度比前者要高 1～2 个数量级。电子碰撞激励使镍离子从主量子数 3 的基态激发至主量子数 4 的上能级。结果，在主量子数 4 的特定能级间形成反转分布。由此可获得波长 4nm 的高强度软 X 射线激光。这恰好是水的界面波长的长波一侧，适合做生物体的显微镜、全息摄影的光源。

另外利用短脉冲式、多重脉冲式的激励激光，改善了激励效率。例如，按上述方式，若激励能量为 50～300J，即可实现波长 6～14nm 的类镍软 X 射线激光。图 3.27 所示为测定的 X 射线激光的发射谱线。

(2) 超短脉冲高强度激光激励软 X 射线激光器

利用脉宽 1ps 以下的超短脉冲激光作为激励源的小型软 X 射线激光器的实验已经开始进行。将脉宽 1.2nm、能量:3～7J 激光作用下

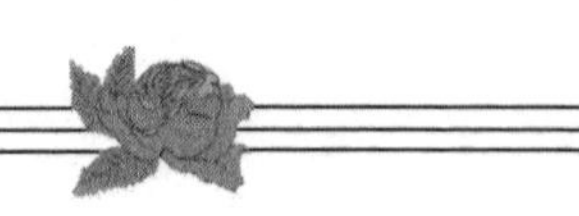

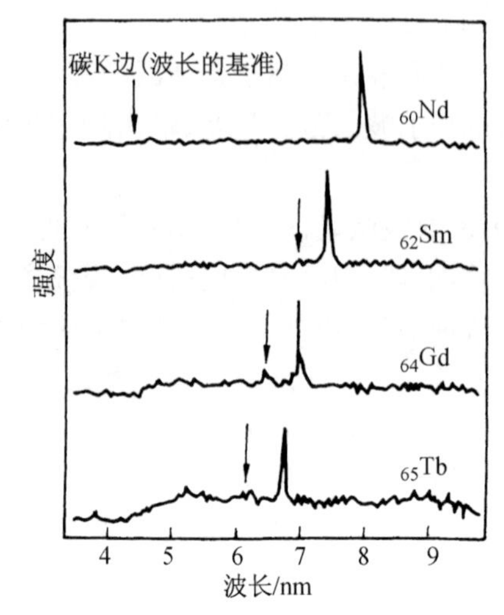

图 3.27　测定的 X 射线激光的谱线(单根的高强度谱线为测定的 X 射线激光。箭头所示的强度较低的谱线为受激辐射光。图中左上角的前头所指为碳滤光片的 K 吸收端(K 边),是确定波长的基准线)

产生的准等离子体再通过 1ps、2～4J 的激光进行加热,例如类氖的钛,可获得波长 32.6nm 的 X 射线激光,增益系数非常高,达 $190m^{-1}$。这可解释为由于过渡效应导致反转分布提高。另外,短脉冲激光的照射强度高达 3×10^{15} W/cm^2,所以,可以认为引发碰撞激励的等离子体中的电子处于非热平衡分布状态。

激光介质吸收了超短脉冲高强度激光后,在激光电场作用下产生直接电离,即原子瞬间电离。电离产生的电子的能量谱线与入射激光的偏振光方向有关。线偏振光时,产生低温电子;圆偏振光时,受电场作用产生高能电子。运用这种物理机制的电子碰撞激励方式的实验已在进行。

利用更短脉冲激光直接电离基态能级的激光实验也在进行,甚至可观测到受激辐射增强的拉曼 α 线。

激光的各种应用

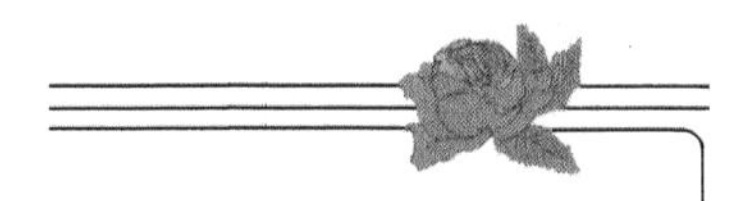

激光通信及信息处理

1. 光纤通信

波长 1.3μm、1.5μm 的半导体激光器的实现，以及光导纤维的不断改进，带动了光纤通信系统的飞速发展，目前，光纤通信网络已覆盖整个世界，图 4.1 表示了光纤通信系统的基本结构。

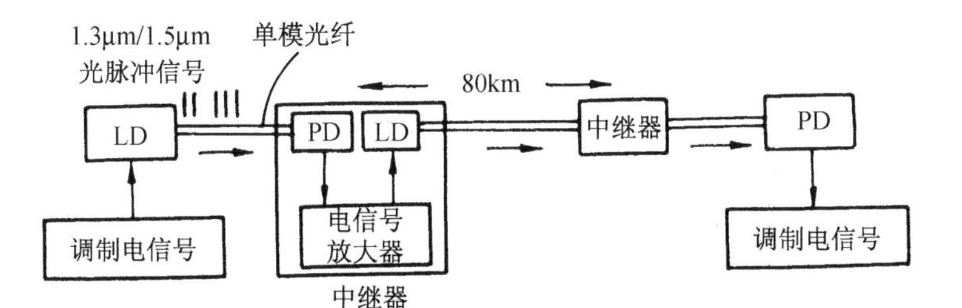

(a) 配有电信号放大器的中继器的系统

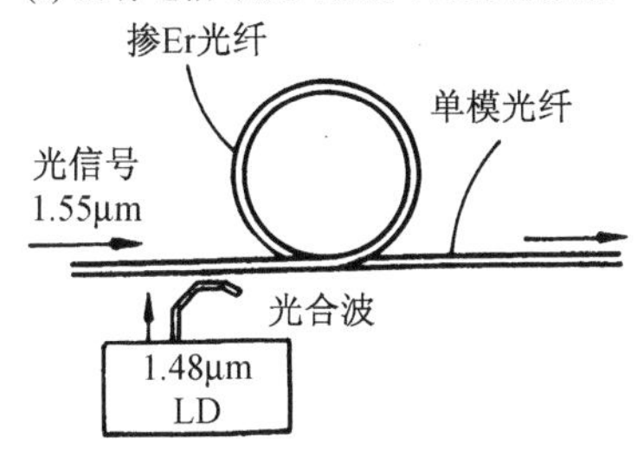

(b) 配有光纤放大器的中继器

图 4.1　光纤通信系统的基本结构

在输送信号一侧，首先将半导体激光(LD)通过电信号直接调制或用外部调制器调制，然后将调制光波经光纤传输。调制光波在传输过程中会发生衰减及劣化，因此在传输路径中插入一个光中继器，通过信号放大来补偿光纤引起的损耗。在接受信号一侧，利用光电探测器(PD)将光信号再次转换回电信号。图 4.1(a)所示的就是这种以电信号放大器作为中继器的光纤通信系统。图 4.1(b)所示的是直接将光信号放大的光纤（掺 E_r 光纤）放大器型中继器，放大的能源是波长

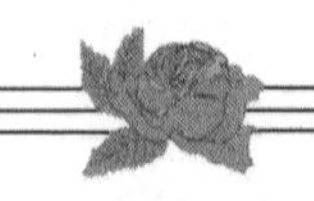

1.48μm的半导体激光。

光纤通信的特征也就是光纤本身的特征,其主要特征有:①传输损耗低;②传输带宽;③不受电磁干扰;④外径小质量轻;⑤终端设备接地即可独立工作;⑥玻璃材料资源丰富,等等。

图4.2所示是典型的石英系单模光纤的基本结构。光纤由中心部的纤芯和围绕它的包层构成,纤芯的折射率稍高于包层的折射率。由于光波的传播是受到折射率高的介质的牵引,于是光波沿纤芯定向传播。目前,最常用的是单模光纤,其外径约125μm,纤芯直径只有几微米。

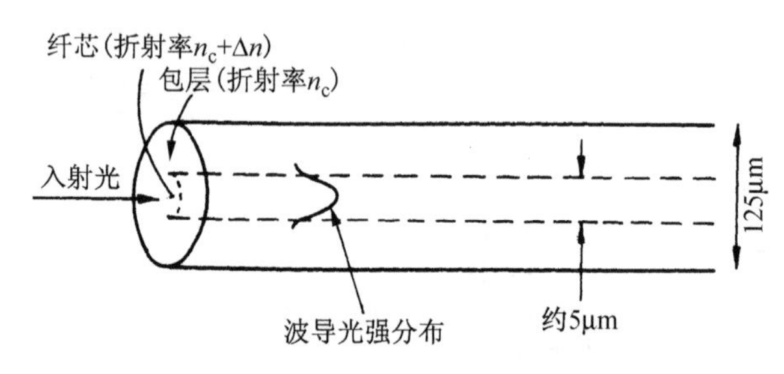

图4.2　单模光纤的结构

就光脉冲的传输而言,光纤具有两个重要的特性。一个是传输损耗。例如,波长1.5μm的光波,光纤传输损耗仅为0.2dB/km,损耗值非常小,这意味着信号传输1km的过程中只衰减了1.5%。另一个特性称做光纤色散。这一现象表现为光脉冲经过一段距离传输后,光脉冲发生变形,并且被展宽。展宽值越小,表明单位时间内越能够长距离传送更多的光脉冲(信号)。目前的光纤通信系统,使用中继器(放大器)间隔80km长的中继线,其信息传送速率达100Mbit/s。

正是因为光纤的低损耗和宽的带宽特性,特别能够满足长距离、大容量通信的需要。现在,日本的干线通信网几乎都换成了光纤,该线路使用波长1.3μm和1.5μm的激光,传送速度达400Mbit/s。此外,横跨太平洋海底的国际通信网络电缆的技术参数为波长1.5μm,传送速度5Gbit/s,中继器(光纤放大器)间距33~100km。

相信不久的将来,光纤网将联络千家万户。这一系统称为FTTH

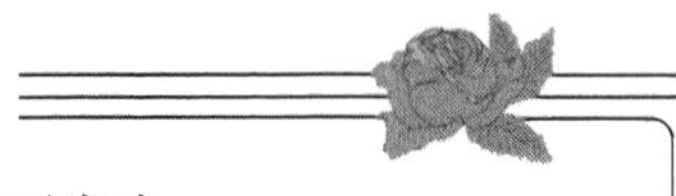

(fiber to the homo)，目前，这种光导纤维正在开发中。

2. 激光信息处理

进入多媒体时代，大容量的信息处理技术越发显得重要。作为支持这一技术的光盘存储技术尤其引人注目，它可以随时进行信息的写入/读出。

音乐、图像、计算机等输出的信息，以长短、间距不一的凹坑形式被刻录在光盘上。通过聚焦的微细激光写入、读出这些信息。激光视唱系统的基本结构如图 4.3 所示。盘面上的凹坑尺寸有九种规格，宽 0.5μm，长从 0.87μm 到 3.18μm、高 0.13μm。将一列凹坑称做纹迹，轨道间隙为 1.6μm。因此，光盘能够高密度地记录信息。

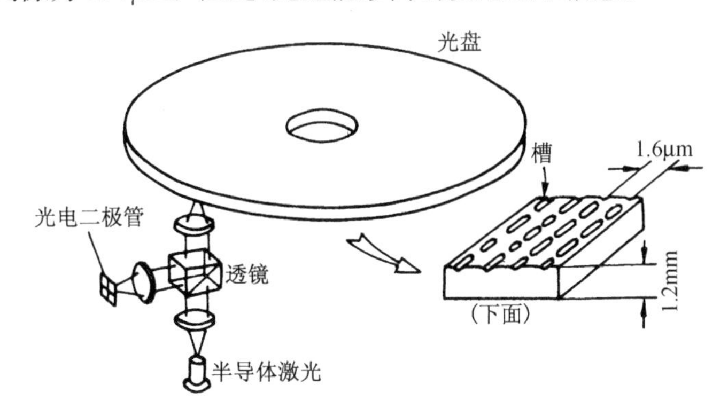

图 4.3　激光视唱系统的基本结构

若要从凹坑中读取信息，必须使聚焦后的激光尺寸小于轨道间隙。透镜的聚焦能力与开口数 NA(numerical aperture)有关。聚焦光斑的直径 D 可按下式求出：

$$D = 0.5\frac{\lambda}{NA} \tag{4.1}$$

这里，$NA=\frac{\text{透镜直径}}{2(\text{焦点距离})}$。唱盘播放时使用专门设计的透镜，$NA$ 最大为 0.5 左右。因为半导体激光的波长 λ 是 0.78μm，所以 D 约为 0.8/μm。

唱盘每秒大约转五周。唱盘旋转过程中，盘面只是微微地上下振

动，而电机轴是左右振动。因此，为了能使激光聚焦位置在正盘面之上，并且不超出一个纹迹范围搜索信息，必须使用极高精度的电子装置控制激光的位置。

前者是利用盘面反射光测量出透镜和盘面之间的距离，并将该信号反馈给调节器，通过可使透镜上下移动的伺服机构调节器控制激光焦点位置。另外，为了追踪摄影，光束实际上被分成三份，它们对盘面的反射光的比例不同，得到的追踪信号也不相吻合，将该信号反馈给能左右摆动的机构，以此控制激光位置。

只有激光光源能够聚焦成细小的光斑。若是普通的白色光源，即使是最高级的透镜也无法聚焦成像激光光源那样小的光斑。图 4.4 是激光经透镜聚焦后焦点落在盘面之上的示意图。由于凹坑处的反射光发生散射，因此返回至透镜的反射光量减少，而没有凹坑部位的反射光量却非常高。由此，可以读出 0 和 1 的数据信号。

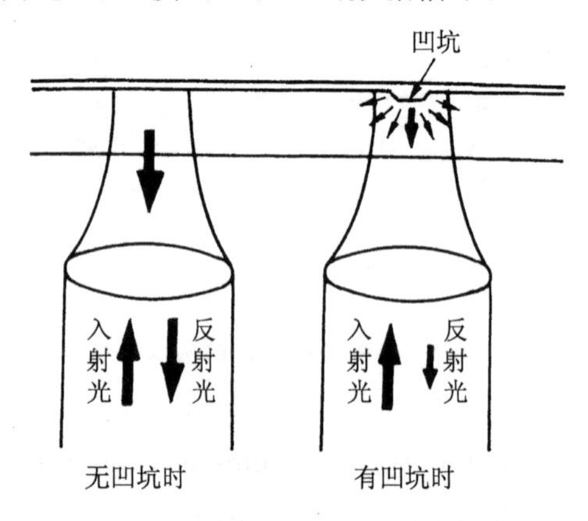

图 4.4　聚集的激光读取凹坑信息

光纤有三种类型：

① 只读型：典型的是眼下最普及的 CD 唱盘。

② 追记型：用户只能记录一次。

③ 可擦写型：用户可多次改写。

可擦写型结构中包含利用磁光效应的 MO 记录层和利用相位变化效应的 PC 记录层。表 4.1 汇总了三种类型光纤的特征。

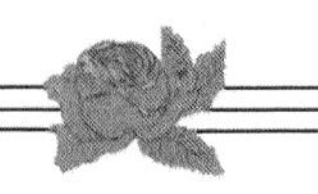

表 4.1　光盘的三种类型

类　型	种　类	特　征	用　途
只读型	CD,CD-ROM 激光光盘 DVD DVD-ROM	可大量复制	音乐、电影、卡拉 OK、计算机软件、电子辞典、地图、目录
追记型	CD-R	证据性 不必担心误删除 可追加更正	文本文件 图像文件 保存用文本文件等
可擦写型	MD CD-RAM DVD-RAM	可以反复使用 (MO、PC)	计算机的外部存储 录音、录像 短时文件等 (文本、图像)

注：总记忆容量：CD：约 650MB；DVD：2.6GB(单面)，5GB(双面)；MD：迷你型光盘，约 30MB(压缩 1/5)。

光盘不仅用于音乐，还用于图像的录制、计算机的存储等。近几年，由于高密度记录技术的进步，以及顺应多媒体时代追求图像的高清晰化的潮流等原因，开发了 DVD(数字化录像光盘)。除了图像处理，DVD 还广泛用于计算机的外部存储等，因此，DVD 已成为通用的数字光盘的略称。可以说，光盘是一件巧妙地将电子技术、机械技术、光技术融于一体的杰出作品，今后必将还会不断发展。

3. 激光印刷

许多性能优良的激光信息设备都是利用了激光束聚焦性及扫描性好的特点。我们身边常见的就有①用于打字机、计算机输出字的激光印刷机；②超市收银台常见的商品条形码读取机等。它们都是有效利用了激光束的高速扫描性。

今后，各种各样的激光信息处理机还会不断开发、完善，与信息时代俱进。

激光在材料加工中的应用

同车床、钻床一样，激光加工机也是一种生产设备，只不过以激光代替了车刀、钻头。作为激光加工机的能源，激光与普通的热源相比，具有相当高的能量密度。这是因为激光具有单色性好、发散角小的特点，能够在透镜的焦点处汇聚高输出功率的光斑。激光加工是指高功率激光集中作用于被加工物体的某一点，以实施对被加工物的高温加热、切断、焊接及熔覆等工艺，激光加工具有什么特征？激光加工有几种类型？激光加工机的结构如何？激光加工被用在哪些地方？本节将予以讲述。

首先来看一下激光加工的特征。激光加工是用激光作为热源，因此可以说是一种热加工方法。激光功率密度高，甚至可以加工高熔点、高硬度材料。另外，激光加工是非接触加工，即使加工微小的零件时也不会产生作用力。因此其适用于微细部位的加工，也能够对显像管、水晶振子这种被密封在透明容器里的产品进行焊接、修补。

下面再介绍一下激光加工的种类及其加工特点。激光加工主要包括切割、焊接、打孔、去除等加工方式。另外，还有一项为熔覆的技术，这是一种新的材料合成技术，也是一般机械加工做不到的。

激光切割具有非接触加工、切缝非常窄、邻近切边的热影响区小等特点。加工对象按照加工难易程度排序有布、木材、陶瓷、钢板、铝板、复合材料等。切断机主要有借助惰性辅助气体驱除熔融材料的熔化切割；以蒸气形式逸出的汽化切割；与氧气发生激烈的化学反应而产生另一热源的氧化熔化切割等。非金属材料主要采用熔化切割和汽化切割，金属材料采用氧化熔化切割。切割加工的质量依据切缝宽度、切断面的粗糙度、热影响区大小等来评定。

仅次于切割的另一个重要激光加工方式是激光焊接。通常所用的激光器是 CO_2 气体激光器和 Nd:YAG 固体激光器。另外，也可利用激光对钎焊料、锡焊料进行加热，所以，也有人将这一应用方式称为激

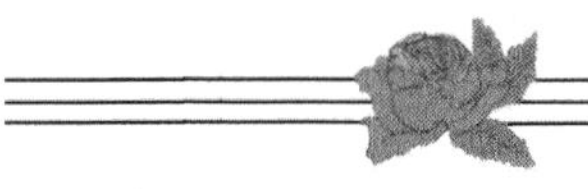

光结合。激光焊接的特点是焊接速度快、入射能量高。因此可得到焊缝窄、深熔深的焊接效果。另外，焊件的热影响区及热变形都很小。

CO_2 气体激光器最适于钢铁材料的焊接。而像铜、铝等材料，由于材料表面对激光的反射率一般都超过 80%以上，加之热传导率又比较高，通常认为这些材料的焊接比较困难。但是，最新的技术开发，使铝合金的焊接已达到了实用化水平。铝合金焊接技术的实用化更为汽车产业带来契机。正是铝合金的应用，实现了汽车车体的轻量化，有效控制了汽车的燃料消耗。

铝合金焊接技术的关键问题是防止氧化，否则将导致焊接性能的降低。因此，焊接时使用氦等惰性气体保护熔池，避免空气的进入，这一点至关重要。为此，必须使气体喷嘴设计和气体参数达到最佳化。

此外，Nd:YAG 激光器在微型焊接方面有其特殊的优势。在微型焊接领域，利用脉冲式 Nd:YAG 激光器对电子零部件进行组焊。例如，显像管电子枪组装、印相机零件、磁盘唱头、继电器触点式的焊接。

激光打孔加工的应用领域相当广。比如，用于金属拉丝的金刚石拉丝模具打孔，钟表红宝石轴承上打孔，手术用针的打孔，涡轮机叶片及超硬轴承的打孔等。

下面介绍激光的加热机理。当加工物体是金属时，激光进入金属物体的穿透深度大致为 $10^{-2}\mu m$。由此看来，大部分光能被加工物体表面吸收转换成热能。当光斑半径 $a>2\sqrt{kt}$时，光束中心的表面温度可近似用下式表示：

$$T=\frac{2(1-r)F\sqrt{\frac{kt}{\pi}}}{K} \tag{4.2}$$

这里，$(1-r)$是吸收率，F 是激光的功率密度（W/cm^2），K 是热传导率（$J/(cm\cdot ℃\cdot s)$），$k(=K/\rho c)$是热扩散率（cm^2/s），ρ 是密度（g/cm^3），c 是比热容（$J/(g\cdot ℃)$），t 是照射时间（s）。可以看出，式（4.2）与一维热传导公式相同。假如金属表面的反射率为 50%，激光脉冲宽度为 1ms，直径为 1mm，通过该式计算可知，在几焦耳激光能量的作用下，材料表面的加热温度就超过了沸点。

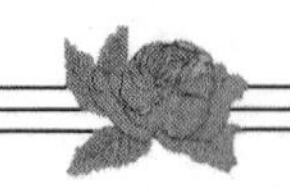

激光去除主要用于修正碳电阻的电阻值,以及水晶振子的频率。这一过程称为修整。另外,激光去除加工还广泛用于线路板划线。

如图 4.5 所示,激光加工机由激光发生器、聚焦光学系统、加工工作台、控制装置等构成的。用作激光加工的激光器主要有 CO_2 激光器、Nd:YAG 激光器、Nd 玻璃激光器、红宝石激光器等。

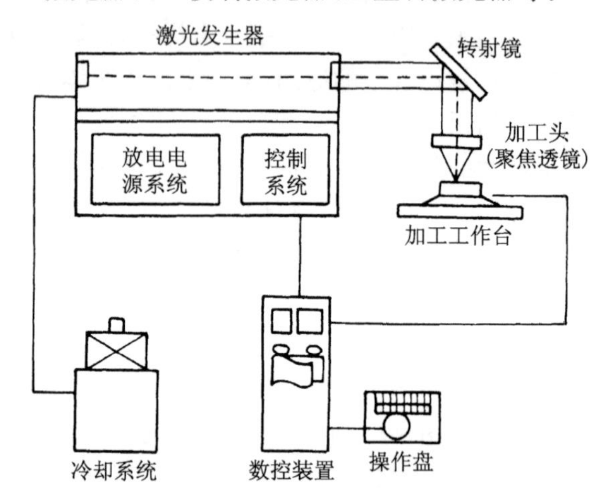

图 4.5　激光加工机的基本结构:由激光发生器、激光头(聚焦光学系统)、冷却系统、数据控制盘、操作盘等构成

我们来看一个激光加工应用的典型例子——汽车车体制造。采用传统方法加工汽车车体时,光是钢板材料费就占了车体成本的近一半。改用激光加工法后,有效地降低了材料成本。它不同于以往的传统工艺——由一块钢板制造而成。而是如图 4.6 所示,通过激光焊接将五块钢板零件连接起来,最后整体成型。该方法类似裁剪缝制西服,又称为剪板拼焊法。采用激光加工的优越性表现为:提高了原材料利用率,降低了生产成本;减轻了车体重量;提高了连接强度;由于合理选择板厚,有效节省了能量,提高了使用安全性;在车体下部采用耐腐蚀钢板,提高了使用寿命等。

激光熔覆技术的应用之一是汽车发动机活门体的成型加工。它取代了以往将烧结活门压入气缸头的方法,将粉末原料直接堆焊在发动机基体上。图 4.7 是气缸头的激光熔覆原理图,送粉喷嘴输送原料的

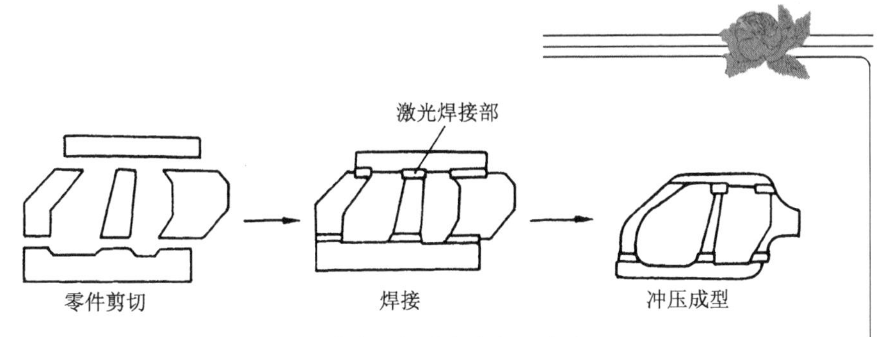

图 4.6　汽车侧板的激光加工应用

同时，受到激光谐振腔振荡发射的激光作用，结果在气缸头处形成熔覆层。通常使用 Cu-Ni-Si 合金粉作为粉末原料，以满足热传导性、耐热性、韧性、耐磨性、润滑性等性能要求。

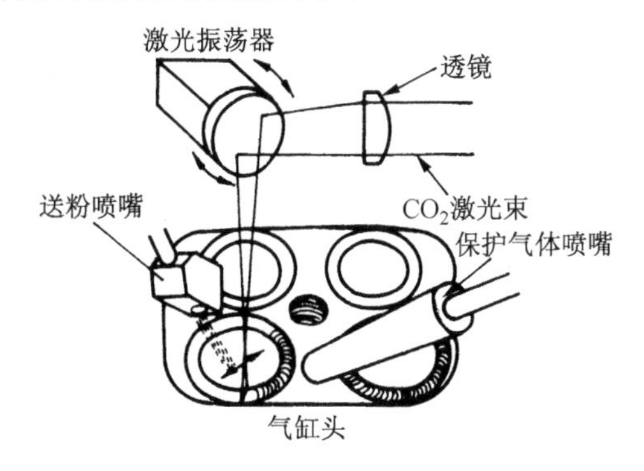

图 4.7　气缸头的激光熔覆加工原理图

激光在化学中的应用

原子、分子在某一短波长激光的照射下，会由于受到吸收的光能作用而引起电离或解离。其作用的光能相当于原子的电离能和分子的结合能。利用这种光学反应可以进行某种加工以及同位素分离。目前，有关这方面的研究正在进行。

1. 光化学反应

图 4.8 表示了各种分子的结合能与输出谱线在紫外线区的几种典型准分子激光波长的关系。图中的纵坐标表示结合能，单位用 kcal/

mol(1cal=4.186 8J。下同)或 eV 表示横坐标表示波长，图中的实线表示波长与能量的关系。例如，C-C 的结合能为 80kcal/mol(3.48eV)，换算成波长约为 357nm。那么，我们选择比它更短波长的激光，比如 XeF 激光(350nm)就可以切断 C-C 结合键。

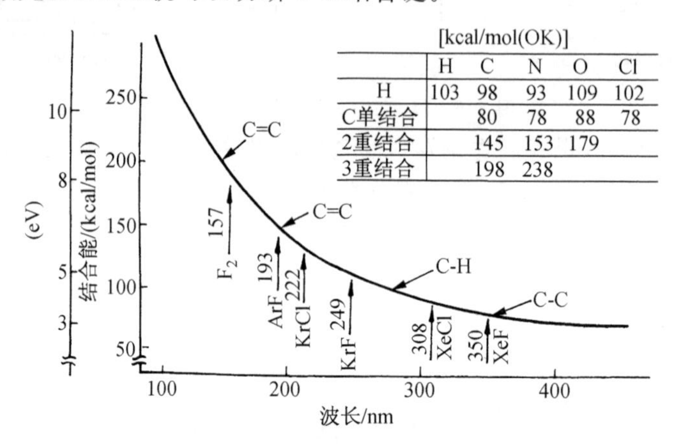

[kcal/mol(OK)]

	H	C	N	O	Cl
H	103	98	93	109	102
C单结合		80	78	88	78
2重结合		145	153	179	
3重结合		198	238		

图 4.8 分子的结合能与准分子的波长的关系

正如图 4.9 所示，准分子激光通过防护板照射在塑料上，致使吸收了光能的分子的结合键被切断，并以光分解、气化形式蒸发，称之为蒸发加工。激光蒸发加工已在刻蚀、平版印刷等各种加工领域得到应用。一般的激光加工如切断、打孔的机理里是通过光能转换成热能进行的。相反，蒸发加工却是光能直接导致化学键的断裂，因此，它具有热影响区小、加工部位非常平滑的特点。

图 4.10 是激光 CVD(chemical vapor deposition)的薄膜制造装置。将氢和 CCL_4 的混合气体导入反应槽，在准分子激光的作用下，CCL_4 产生光分解，蒸发物沉积在 Si 基板上形成金刚石薄膜。

基于这种光化学反应，诞生了许多新工艺、新技术，诸如蒸发物质沉积于基板形成超导薄膜，仅改变表面的化学键就可提高特氟隆的粘接性，陶瓷超细粒子的合成等。可以预见，它必将引起人们更广泛的关注。

2. 激光分离同位素

原子序号相同而质量数不同的元素称为同位元素，或称同位素。

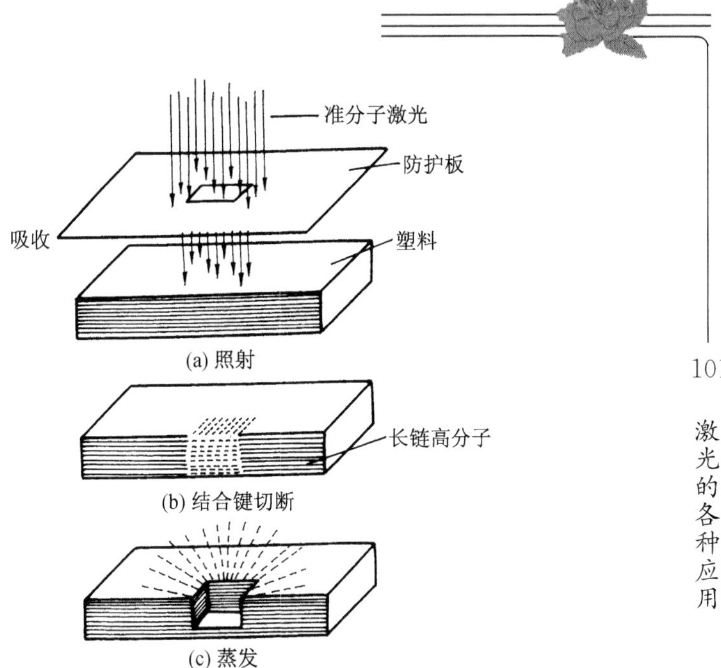

图 4.9 利用准分子激光的塑料的蒸发

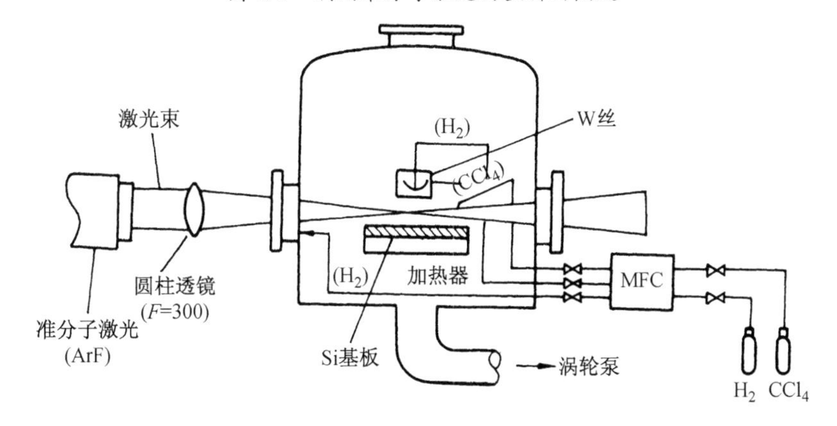

图 4.10 激光 CVD 的制作原理

几乎所有的元素都有许多的同位素。例如，氢的同位素是重氢(氘)。重氢在自然界的存在比例是 0.014 9%，称之为自然存在比。而余下的 99.985%都是氢，为了区别于重氢，有时也称做轻氢。正如表 4.2 所

示，同位素在医、药、农、原子能等领域都有广泛的应用，其重要性显而易见，它的应用前景将十分广阔。

表 4.2　同位素的应用实例

同位素	天然占有量	用　　途
^{10}B(硼)	19.61%	癌症治疗
^{13}C(碳)	1.1%	通过呼吸测试检查肝功能 检测生物体内的物质循环及脑代谢
^{15}N(氮)	0.37%	氨基酸、核酸的结构分析 土壤、植物的代谢研究
^{17}O(氧) ^{18}O(氧)	0.037% 0.20%	动植物的代谢研究
^{30}Si(硅)	3.09%	掺 P(磷)杂质半导体的制造
^{157}Gd(钆)	15.68%	反应堆核燃料的反应控制
^{235}U(铀)	0.70%	反应堆核燃料(3%浓缩)

原子、分子同位素的谱线频率略有不同，称为同位素偏移。假如两个同位素的原子核的质量分别为 M_1、M_2，那么，同位素偏移即两个同位素原子的谱线频差 $\Delta\nu$ 有如下关系式：

$$\frac{\Delta\nu}{\nu}=\frac{m\Delta M}{M_1M_2} \tag{4.3}$$

这里，m 是电子质量，$\Delta M=M_1-M_0$ 是两个同位素的质量差，ν 是谱线频率。以氢原子为例计算，氢与重氢的同位素偏移为$\frac{\Delta\nu}{\nu}=2.7\times10^{-4}$。由式(4.3)看出，原子核的质量越大，同位素偏移越小，不过，原子核的体积随质量的增大而增大，表现为原子核内的电荷再分布以及变形，因此可以观测到 10^{-5}的同位素偏移。

特定的同位素原子或包含同位素的分子受到共振波长的激光照射时，这些原子或分子因吸收了光能而被激发。如果激光的线宽小于同位素偏移，那么激光只对选中的同位素进行激发。通过定向的物理、化学控制，使只被选中的同位素原子或分子发生反应，即可将选中的同位

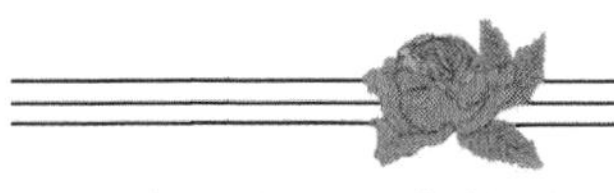

素从其他同位素中分离出来。这就是激光分离同位素。按照工作物质分类,分离方法主要有利用蒸气原子的原子法和利用气体分子的分子法。

激光分离同位素的一个最重要应用就是浓缩铀。天然铀中的大部分(99.3%)是铀238,铀235只占0.7%。若把天然铀作为原子能发电的燃料,必须将铀235浓缩至3%左右。此前采用的铀浓缩法有气体扩散法、离心分离法等,但是,它们的共同缺点是,一次分离操作只能使同位素比发生微小的变化,必须进行反复多次的分离操作才能形成巨大的级联。相反,激光分离的优点是,只需一次分离操作就可达到所需的浓缩度,目前,各国都在进行这一技术的开发。

图4.11表示了原子法激光分离同位素的基本过程。图中的水平线是原子的能级。两个同位素分别表示为 A_1 和 A_2,同位素偏移也就是能级位置的差异。利用同位素偏移,首先,在激光1的作用下,只有同位素 A_1 从能级1选择激发到能级2。之后,再附加一个光源-激光2,被选择激发的同位素 A_1 越过离子化能级 E_i,激发至高能级3。于是,激发至能级3的同位素 A_1 立即电离成 A_1^+。由于离子 A_1^+ 带正电荷,因此在外加电场作用下便会向电极做定向移动,即被电极回收。这一过程称为二级光电离过程。通常使用波长可调的染料激光作为选择激发光源,以便可以自由地控制激发波长。

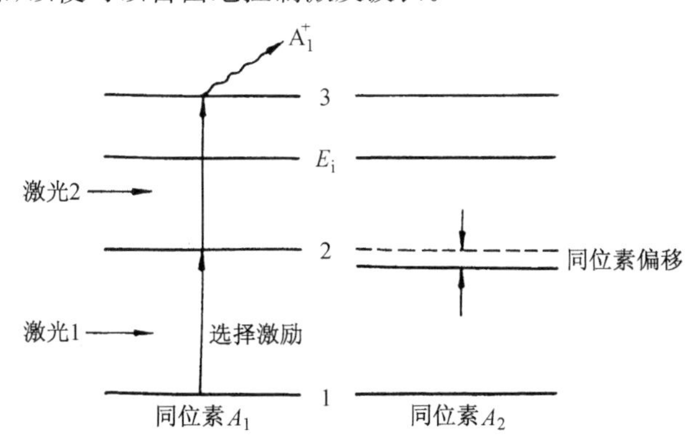

图4.11 激光二级光电离法分离同位素的原理

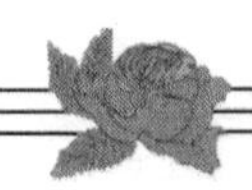

图 4.12 所示的是激光铀浓缩加工的示意图。首先，在电子束作用下，金属铀被加热至3 000K，蒸发并形成铀的蒸气云。然后，在与铀235 谱线同频的复数染料激光束作用下，铀蒸气云被选择电离，此时若给回收电极施加电压，电离产生的离子便会被回收。而未电离的铀蒸气被废物回收电极回收。

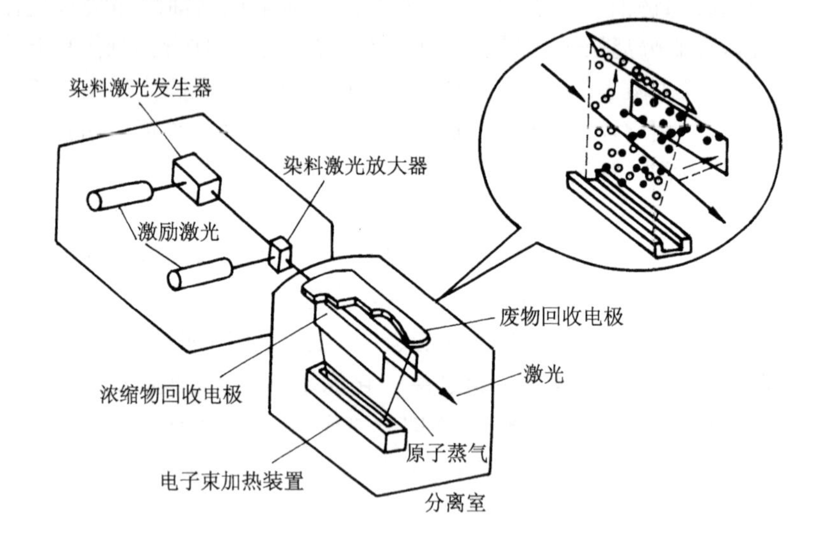

图 4.12　激光铀浓缩加工示意图

波长可调激光的选择激发不仅用于分离同位素，以提纯稀土金属，而且还可以利用光氧化还原反应，从包含众多元素的水中提取某种特定元素，有关这方面的研究正在进行当中。

激光在计量学中的应用

1. 激光计量的特点

当测定对象物受到激光照射时，激光的某些特性会发生变化，通过测定其响应如强度、速度或种类等，就可以知道测定物的形状、物理、化

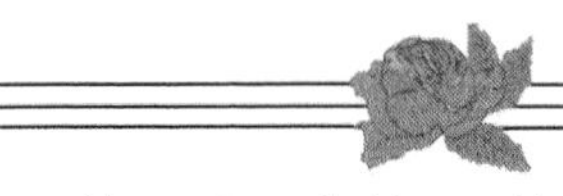

学特征，以及它们的变化量。响应种类有：光（红外、可视、紫外、X 射线）、声、热，离子、中性粒子等生成物的释放，以及反射光、透射光、散射光等的振幅、相位、频率、偏振光方向以及传播方向等的变化。

从对象物受外来影响发生变化获得信息的方法称为主动计量法，相反，从测定对象物自身发生变化获得信息的方法称为被动计量法。激光计量属于主动测量法。它的特点是光与测定对象物非接触，可以远距离工作。

激光可干涉性（相干性）高，所以振幅、相位、频率、偏振光方向以及传播方向等具有非常高的精度。因此，在极限性的物理计量方面，激光计量的灵敏度、精度比其他的计量法高几个数量级，具有无与伦比的优点。表 4.3 表示了激光计量涉及的领域。

表 4.3　激光计量的领域

(1) 光检测	(7)测定流量
(2) 干涉计量	(8) 环境计量
(3) 激光分析	(9) 宇宙的计量
(4) 光纤传感器	(10) 非破坏性检查
(5) 测定距离	(11) 激光显微镜
(6) 测定位置、方向	(12) 激光冷却

2. 激光干涉计量

激光干涉计量的原理是利用激光的特性——可干涉性（相干性），对相位变化的信息进行处理，是一种最典型的激光计量方法。通常利用基准反射面的参照光和观测物体反射的观测光产生的干涉（物体粗面干涉），或者是参照光和通过观测物体后相位发生变化的光之间的干涉（物体相位干涉），就可以非接触地测定被测物体的距离以及物体的大小、形状等，其测量精度达到光的波长量级。因为光的波长非常短，因此测量精度相当高。

然而，光是一种高频电磁波，直接观测其相位的变化比较困难。但如果使用干涉技术将相位差变换为光强的变化，观测起来将容易得多。比如气体之类的相位物体，通过反射光波、透射光波相对入射光波的相

位变化，即可得知气体的浓度、密度、温度等信息。

由此看来，激光干涉计量法可以实现波长量级的精密计量，将表面形状、透明物体的内部、连续体的密度、应变转换为图像即可进行二维分布的计量。

下面，我们以代表性的干涉仪——迈克耳逊干涉仪（Michelson Interferometer）为例，讲述激光干涉计量的基本原理。迈克耳逊干涉仪的结构如图 4.13 所示。从光源发出的激光经过透镜 L_1 变为平行光束，并由半透明镜（分光镜）M 分成两路。两路光束分别被平面镜 M_1 和 M_2 反射，反射回来的光在半透明镜处产生干涉，形成干涉条纹。利用透镜 L_2 将该干涉光汇聚并传输给光电探测器 D，便可以看到干涉条纹。

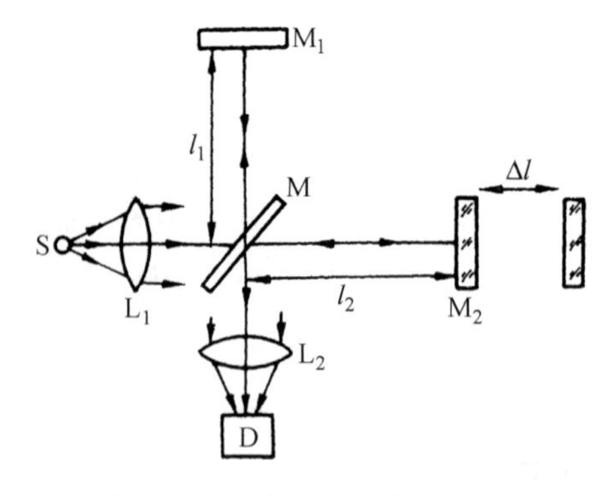

图 4.13　迈克耳逊干涉仪的结构

如果将平面镜 M_1 固定，移动平面镜 M_2，当移动至 M_1 的光程 l_1 和 M_2 的光程 l_2 的差值是波长整数倍的一半距离即 n（$=2\Delta l$ 时，将引起 D 上的干涉条纹的移动，通过计数移动条纹数 n，以及已知的激光波长即可测量出 M_2 的移动距离。如果 M_2 是凹凸的反射物体，那么即使 M_2 不动，Δl 也会由于物体表面的凹凸而发生变化，可看到二维图案的干涉条纹。同样，利用已知的波长，通过该干涉条纹图样，可观测到物体表面的形状。如果在光路 l_2 中插入透明的相位物体，同样能够测定该相位的位置或时间性的变化。它用于光学元件的应变计量或等离子体的密度计量。

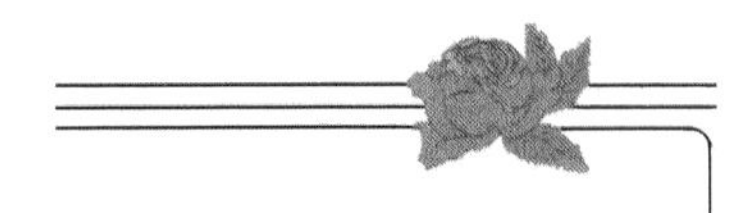

3. 激光环境计量(激光雷达)

使用激光的雷达称为激光雷达(laser radar),或光雷达(optical radar, optical lidar, light detection and ranging)。阿波罗计划利用设置在月球的反射镜,精确测定了地球到月球的距离,激光雷达也因此而闻名。图 4.14 所示为激光雷达的结构图。

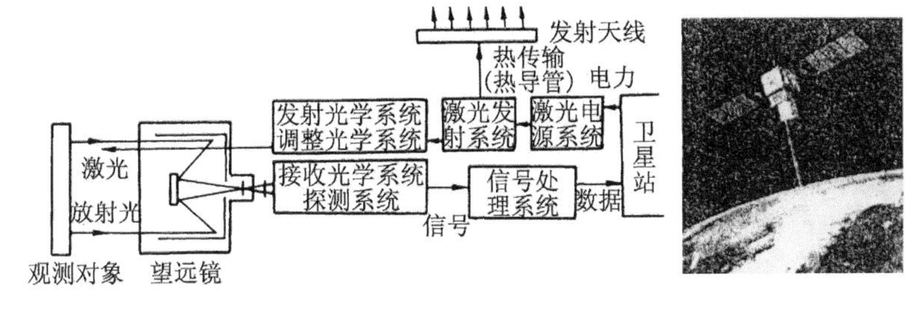

图 4.14 激光雷达

激光雷达对大气中的微粒子的探测灵敏度非常高,利用分光方法,可以测定特定的大气成分的分布,因此成为大气环境计量的最有效手段。如果使用皮秒级的脉冲激光,其空间分辨率可达到 10cm 以下。当光传播遇到折射率不连续处时,将以该处作为新的光波源产生反射,即发生散射现象。

按照光子的能量是否发生变化,散射分为非弹性散射和弹性散射两种类型。弹性散射又有瑞利散射和米氏散射之分。相对于激光波长而言,散射体的尺寸非常小(空气中的分子)时,称为瑞利散射;与激光波长相当(空气中的悬浮粒子)的散射,称为米氏散射。瑞利散射强度与照射激光波长的四次方成反比,所以,通过改变波长的测量方式就可以和米氏散射区别开。相应地,非弹性散射也有拉曼散射和布里渊散射两种。正是利用这些散射计量技术,激光雷达在大气环境观测中的应用非常活跃。

空中发射的激光束能够对距离数 100km 外的空中悬浮物(气体、微粒子)进行主动性的远距离计量。通过计量散射光,就可以测定空气中是否有乱气流(米氏散射),以及 CO、NO、N_2O、SO_2、H_2S 等各种大气污染物的种类及数量(拉曼散射)。所有这些物质的鉴定主要是通过观测瑞利散射、米氏散射或拉曼散射进行的。

拉曼散射是指光遇到原子或分子发生散射时，由于散射体的固有振动以及回转能和能量交换，致使散射光的频率发生变化的现象。拉曼散射所表现出的特征，因组成物质的分子结构的不同而不同，因此，将接收的散射光谱线进行分光，通过光谱分析法可以很容易鉴定分子种类。

通过激光雷达，我们可以获知空气中的悬浮分子的种类和数量以及距离，利用短脉冲激光可以按时间序列观测每个脉冲所包含的信息，即可获得对象物质的三维空间分布及其移动速度、方向等方面的信息。由此看来，激光雷达技术在解决环境问题方面占据着举足轻重的位置。

激光雷达不仅用于从地表向空中的观测，还可以用于从宇宙对地球大气进行观测。该技术的核心是：搭载有激光雷达的人造卫星从宇宙向地球发出激光，并在宇宙中接收来自大气的反射光或散射光，对其进行分析，再利用电波将分析结果传回地面。正是激光雷达技术的进步，甚至可以跨越国界获取全球范围的大气信息，激光雷达成为解决环境问题的最有利的工具。

由于激光的带宽（没有频率展宽）较窄，所以采用合适波长的滤光器可将背景光和激光以及散射光准确地区分开，并能够去除对高灵敏度计量有害的背景光成分。因此，使用激光系统即使在白天也可以进行高 SN 比的信号处理。又因为激光光束发散角非常小，所以目标选择度非常高。因此，即使低输出功率（几毫瓦）的激光，也可以在白天进行 10km 以上的距离测定以及大气成分的光谱分析。

4. 激光陀螺仪

激光陀螺仪可以精确地测定旋转角速度。目前已被用于航空机、汽车的导航系统。图 4.15 是激光陀螺仪的原理图。

激光陀螺仪呈圆形，两束激光在圆中逆向传播。激光的工作波长按照光圆周传播的总距离为波长的整数倍关系自动调整。这里，如果使整个装置以角速度绕圆的中心轴旋转，当旋转同方向的激光束绕圆周一周时，其传播的光程距离比静止时的稍长，而旋转反方向的激光束的光程距离比静止时的稍短。于是，两列波因干涉产生差拍（频率差的

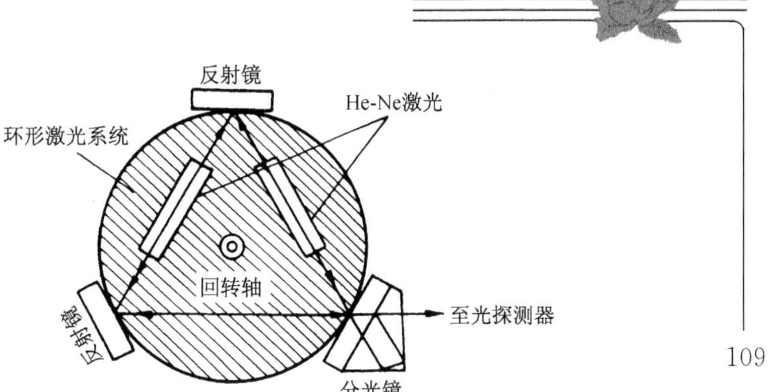

图 4.15　激光陀螺仪的原理图

节拍)。通过测定该差频可知旋转角速度。差频可用 $\Delta f=\dfrac{4\omega S}{\lambda L}$ 表示。

例如,整体装置的激光波长 $\lambda=632.8\text{nm}$,三角形的单边边长为 0.1m,当以旋转角速度 $\omega=0.1°/h(=4.85\times10^{-7}\text{rad})$旋转时,三角形的面积为 $S=\sqrt{\dfrac{3\times10^{-2}}{4m^2}}$,所以,

$$\Delta f=\frac{4\omega S}{\lambda L}=0.044\text{Hz} \tag{4.4}$$

结果表明,即使放置非常缓慢,也能够充分计量。图 4.16 是光纤陀螺仪的例子。光纤绕制 N 圈、面积为 S,相位差 $\Delta\Phi$ 与旋转角速度 ω 呈线性关系,即 $\Delta\Phi=\dfrac{8\pi S\omega N}{c\lambda}$。这是一种小型、坚固的光纤陀螺仪。

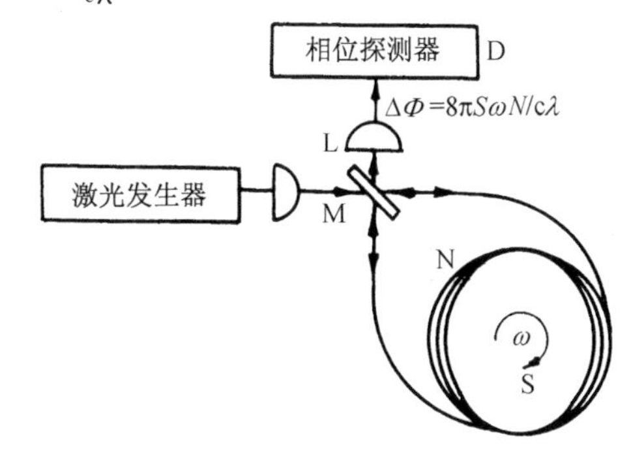

图 4.16　光纤陀螺仪的原理图

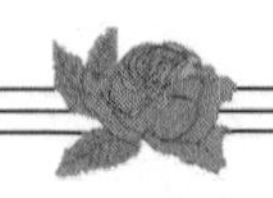

激光在土木、建筑中的应用

很早以前，像激光测距仪、激光瞄准仪就已经广泛应用在土木、建筑领域中，并产生了许多相关技术，如对两端挖进的海底隧道的连通进行精确测量。但是，这些技术都是将激光作为计量器具使用，真正的工程当中的应用还无法做到。在这之前，人们曾设想过利用激光来挖掘隧道，该技术于1960年在美国研制成功，但却一直没有达到实用化的水平。但是，随着近几年激光大功率化的迅猛发展，这一技术正尝试用在土木、建筑工程过程中。目前，已经完成了基础性的研究开发，实用性的应用研究还在继续进行。激光在土木、建筑方面的应用大致可以分为以下几类：①激光表面处理及剥离；②激光切断及解体；③激光挖掘。它们所需要的激光功率分别是几千瓦、几十千瓦、几百千瓦。

现在的激光器已经能够达到这样的功率输出水平，但是，实际使用于土木、建筑现场的装置还必须具备紧凑型可搬运、环境适应性好、易维护等特点。最重要的一点是能够用光纤传输激光。另外，包括设备装置费在内的成本必须要低。为此，除了目前用于试验的 CO_2 激光器之外，人们已在考虑利用半导体激光激励式固体激光器(DPSSL)作为今后实用化的重点。

1. 激光表面处理及剥离

利用激光的局部、瞬时加热性以及能量可控制性，可以对建筑物及其材料进行各种独特的加工及处理。比如可以对木材、水泥、泥浆、天然石材、陶瓷砖瓦等建筑材料的表面进行炭化或镜面化，从而提高材料的机能及装饰性。

另外，随着激光技术的进步，基于激光表面剥离技术的激光表面清洗技术有所发展，并成为一项专门的技术。到目前为止，已经进行了清洗建筑物表面污染物的试验性工作，比如，巴黎圣母院装饰性外壁表面污染物的清洗，实践证明取得了非常好的效果。该项技术还被用于航空机的表面涂料去除，绘画的表面清洗等方面，它能够将粘附于表面的

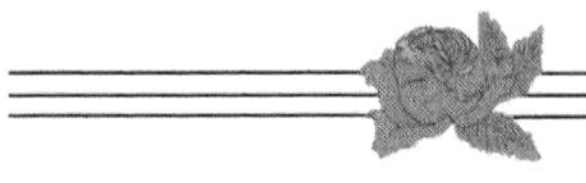

牢固而复杂的污染物除掉,且对基体毫无影响,仅此一点就称得上是划时代的技术,如图 4.17 所示。

图 4.17　清洗物品表面的污染物

特别是,如果将该技术用在原子能设备的建筑物表面去污上,更能体现出它的优点。解体 100×10^4kW 的原子能发电设备时,能去除为遮挡内部放射性生成物而建造的构筑物混凝土量程沸水反应堆为 16 000m^3,压水反应堆为11 000m^3。如果不去除地面、墙壁的污染而解体建筑物的话,将产生大量的放射性污染废弃物。如果在建筑物解体前清除受污染的混凝土地面、墙壁的表面,污染混凝土废弃物量大约可减少到原来的 1/50～1/200。此外,全部去污后的建筑物的解体可用一般大厦的解体方法,解体作业变得简单而迅速,这无论在经济性还是安全性上都产生了巨大的功效。激光去污法的最大特点是,几乎不会产生去污作业带来的二次废弃物,并且易实现自动化及远距离操作,因此,有效地降低了从业人员遭受放射线的辐射伤害。

图 4.18 是激光去污机头部的简单示意图。我们可以把它想像成是清扫器的头部。在激光照射下,污染物被蒸发,过滤器将汽化物质回收。该装置沿对象物表面自行移动的过程中进行去污。激光由光纤远距离传输过来。

激光表面处理法所需的能量密度比较低,输出功率几千瓦的光纤式 YAG 激光器就能够做到,可以预测,该技术的实用化将指日可待。

2. 激光切断及解体

激光切断、解体建筑物的特点是没有反作用力。与原来的加工方式相比,具有无可比拟的优点。作为一种建筑机械,可做到小型化、轻

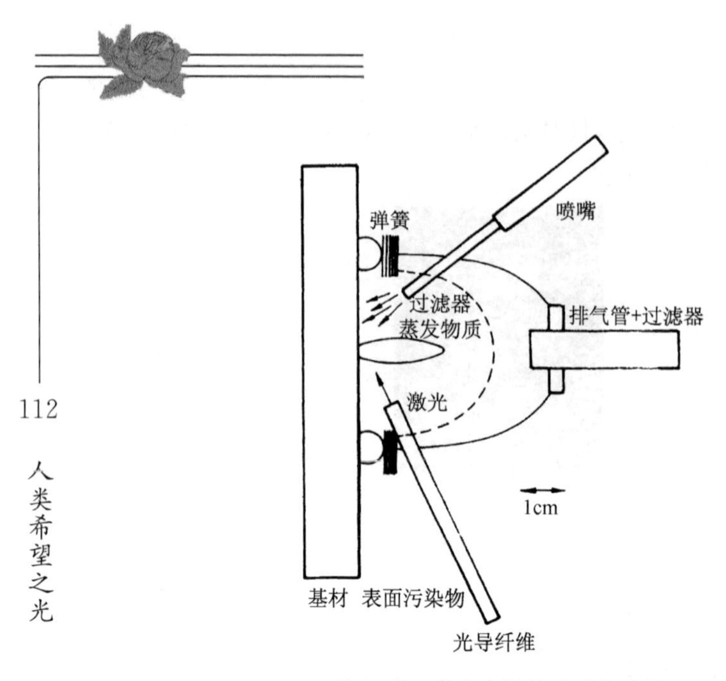

图 4.18 激光去污机的头部结构

量化;作为一种加工手段,能同时切断混合在混凝土中的高密度钢筋混凝土,切缝非常窄,减少了微细粉尘的发生量,可远距离操作,确保了安全性等。因此,完全可以用于大厦的解体及反应堆生成物防护壁的解体。该项研究从 1980 年就已开始进行。

到目前为止,用于切断的激光器主要是 10kW 级的 CO_2 气体激光器。但是去除切断过程中生成的粘性很高的玻璃质地的熔渣非常困难,因此,功率是 10kW 级的激光切断的深度只能达到 200mm,最近作了各种改进后,切断深度可达 300mm。若要进一步实用化,必须开发出可搬运、利用光纤传输、可现场操作、确保安全的高功率激光器。

3. 激光挖掘

现在的隧道挖掘均采用 TBM(tunnel boringm machine)装置。该装置是在铁筒中安装旋转机,通过钻头的旋转运动推进式挖掘隧道。TBM 的缺点是:属于非通用设备,不能重复使用,挖掘钻头消耗非常大,加工中极高的反作用力导致了装置的巨型化。

相反,激光挖掘属于非接触加工,不存在钻头消耗,具有通用性强、

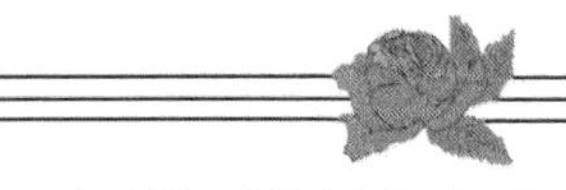

可重复使用的优点。并且在加工中无反作用力，可以做到装置的小型化。

在20世纪60年代至70年代激光器开发的初期阶段，关于隧道、油田挖掘的研究非常盛行，但由于当时的激光器输出功率小，达不到实用化的挖掘深度。近年来，激光器的输出功率越来越高，几十千瓦的加工用激光器已很容易得到。以该技术的发展为背景，激光岩盘的挖掘研究已呈现复苏的迹象。

若要得到与TBM同等的挖掘速度，激光的输出功率必须达到几百千瓦。该数值是激光溶解岩石的实验结果，或者说是基于此实验的计算结果。花岗岩和泥岩的情况大相径庭。硬质岩石的情况下，由于激光的局部、瞬时加热性，周围产生许多的皲裂纹，显然提高了挖掘效率。利用这一效应，可以降低激光的使用输出功率。另外，还有类似利用岩石中所含的结晶水的过热及热应力破碎岩石等各种方法。可以预测，通过今后的进一步研究，激光挖掘必将成为新的工程方法。

图4.19所示是未来激光挖掘系统的图例。利用几百千瓦级的激光，可以进行更高速、更精密的隧道挖掘。根据切凿的岩盘状况控制激光输出，并利用激光对隧道内壁进行一次表面处理。这种小型激光挖掘系统，在使用寿命期间，可以对各种地域进行多次的隧道挖掘。可以推测，激光挖掘系统技术必将在今后10～20年成为现实。

图4.19　未来的激光挖掘系统，该装置具有轻便、通用性好、可在各工程现场灵活搬运的特点，必将得到广泛应用

激光在医学中的应用

激光首次应用于医疗领域是在发明激光的第二年，即在1961年实施了激光凝结治疗视网膜剥离手术。此前的治疗方法是利用氙气灯，而激光的出现也只不过是更换了光源而已。此后的一段时间没有更大的进展，直到20世纪70年代开发出了CO_2激光手术刀，激光在医疗领域的应用获得迅猛的发展。图4.20为激光治疗仪与临床应用。

到目前为止，随着各种激光器的开发，激光已用于各种各样的治疗，如表4.4所示。

表4.4 各种激光的医疗应用实例

激　光	波　长	治疗科目(病例)
CO_2激光器	10.6μm	整形外科(色素斑、血管瘤、皮肤癌) 骨外科(骨切开) 胸外科(心血管手术) 脑外科(髓膜肿瘤、听神经肿瘤) 耳鼻喉外科(支气管系统及声带治疗) 口腔外科(舌切除、口腔癌) 眼科(晶体摘除) 牙科(蛀牙除菌) 妇科(宫颈癌、阴道癌) 泌尿外科(肛门及外生殖器癌) 消化外科(大肠、盲肠的吻合、消化道切断) 一般外科(乳腺癌、肿瘤切除、皮肤移植)
氩离子激光器	488nm 514nm	眼科(眼底治疗:视网膜剥离、白内障) 脑外科(听神经肿瘤) 整形外科(酒色斑、各种整形) 内科(胃溃疡) 皮肤科(除痣、老人斑、纹身) 耳鼻喉外科(支气管系统及声带治疗)

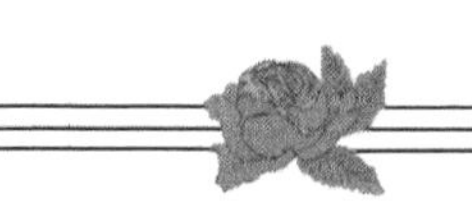

（续表）

激　光	波　长	治疗科目（病例）
YAG 激光器	1.06μm	内科（非切开凝结治疗消化道出血、息肉切除） 泌尿外科（去除膀胱肿瘤、障碍物及结石） 妇科（子宫出血） 激光针灸（光刺激效应）
红宝石激光器	694nm	整形外科（皮肤障碍） 眼科（青光眼） 牙科（去牙石、窝洞整形）
染料激光器	波长可调	眼科（青光眼） 内科（内窥镜选择凝结）
氪原子激光器	351nm 531nm	组织选择凝结、光化学治疗
氮分子激光器	337nm	生物学基础研究、光化学治疗
He-Ne 激光器	633nm	激光针灸（激光刺激效应）
ArF 准分子激光器	193nm	眼科（角膜曲率矫正）

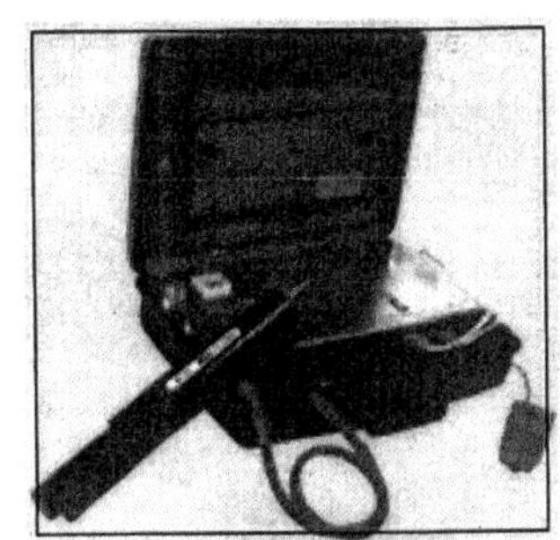

CO_2 激光治疗仪

激光的临床应用

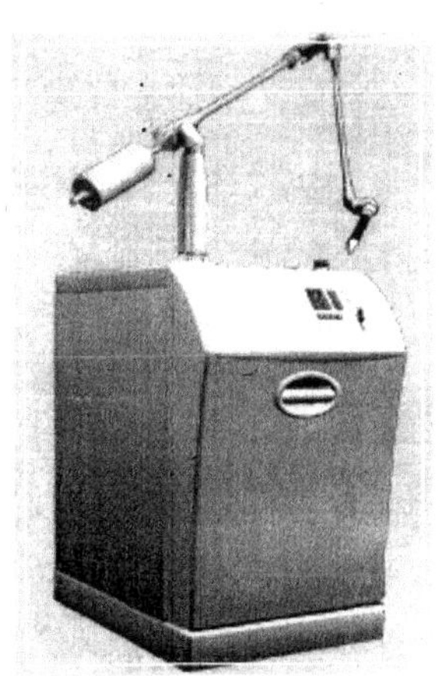

YAG 激光治疗仪

图 4.20　激光治疗仪与临床应用

激光的医疗应用大致可以分为两类：

① 利用激光的热效应。

② 利用激光光子能量的光化学效应。

前者的典型用例是利用红外激光手术刀进行外科手术，后者是利用紫外激光诊断、治疗癌症。不用说，其他类型的激光在医疗领域都有所应用。图 4.21 上部表示的是各种激光器，下部是对应在医疗领域的实际用例中所用的有效波长区。当光遇到生物体中的分子时，分子内会因为光波长(波长越短，光子能量越大)的不同而发生各种变化。如图 4.21 中所示的分了解离、激发、振动、旋转等。生物体受到激光照射产生的宏观现象，从微观角度看，实际上就是源于这些分子内发生的变化。本节将介绍激光是如何应用于医疗领域的。

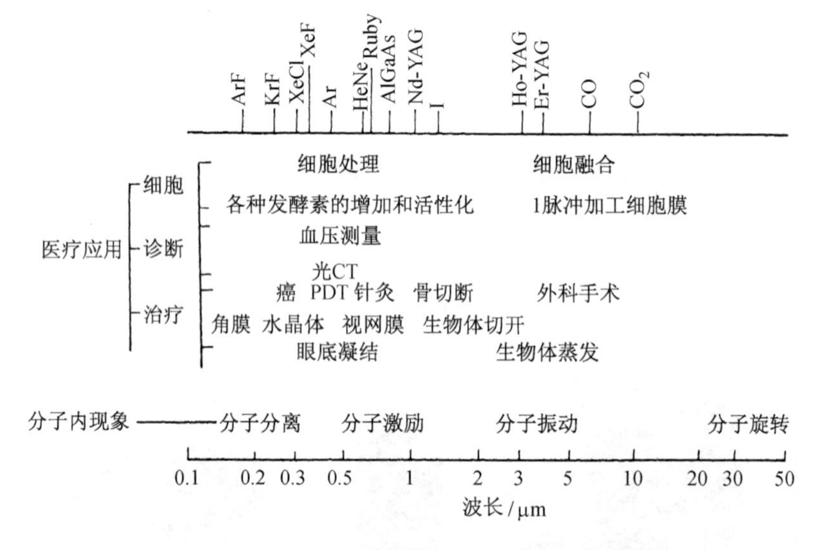

图 4.21 光波长及相应在医疗领域的应用实例

1. 激光是如何被水吸收的

医疗的对象当然是生物体(人体)。激光进行治疗时，被生物体吸收的激光多少要发生变化。我们知道，人体是由骨之类的硬组织和皮肤、脏器官之类的软组织构成的，体重的 60%～70%是水。人体的各种组织中究竟含有多少水分，如表 4.5 所示。软组织中，除脂肪以外的

其他组织含水量均在60%以上。而软骨虽然是硬组织却含有较多的水分。即使被认为是非常坚固的致密骨和牙齿的牙釉质也含有10%以上的水分。因此,各种波长的激光是否被人体吸收,也可以说成是否被水吸收。

表4.5 人体结构组织的含水量(单位:%)

硬组织	软骨	73
	海绵骨	30
	致密骨	15
	牙釉质	11
	珐琅质	2
软组织	肾脏	83
	血液	83
	神经组织	78
	脑	75
	肌肉	75
	肝脏	70
	皮肤	65
	结合组织	60
	脂肪	20

为此,我们需要了解各种波长的激光是如何被水吸收的。有关研究结果如图4.22所示。横轴表示激光的波长,纵轴表示该波长的激光到达的深度(穿透深度),或者是每单位长度的吸收量(吸收系数)。穿透深度是指入射光的能量变为1/e(e是自然对数的底)的深度。这就如同可视光(0.4~0.7pm)入射到水的极深处。我们都切实感受过这样的事,用手遮住手电筒的可视光源,红光会沿指缝泄漏出。另外,0.7μm以上波长的远红外光很容易被水吸收,Er:YAG激光、CO激光、CO_2激光的吸收系数都非常大。

2. 激光医疗器械(激光手术刀)

正如前面所述,波长10.6μm的CO_2激光是极易被水吸收的红外光,这也正是它作为手术刀使用的原因。像皮肤这样的软组织受到激光照射时,激光的能量只是被皮肤表面吸收,并没有穿透到深处。但

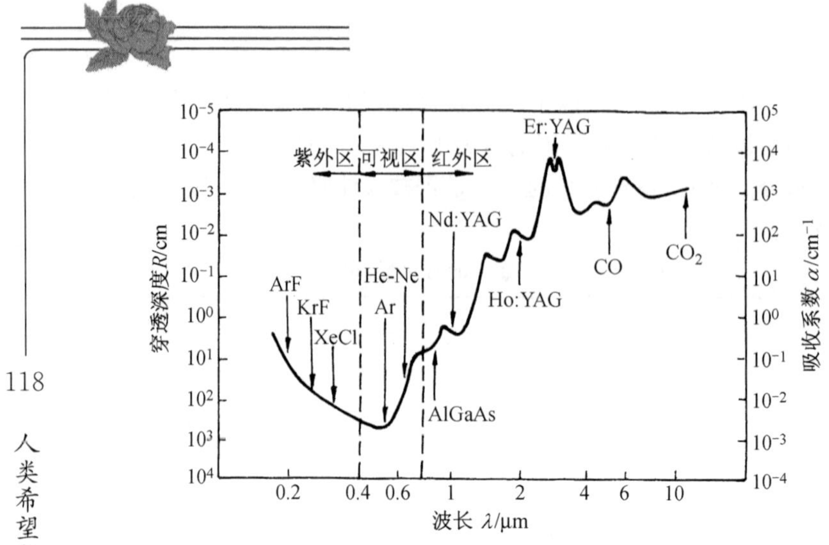

图 4.22 光在水中的穿透深度和吸收系数

（箭头指向表示各种激光的波长位置）

是，由于角质层以下的组织比皮肤表面的角质层含水量高，这里的水分会瞬时蒸发膨胀，使皮肤破裂，从而可进行切开、切除手术。

CO_2 激光手术的优点是可以进行所谓的无血手术。这是因为像毛细血管（直径小于 1μm）这样的细血管在激光照射下，由于热效应导致血管收缩断裂，而断裂处又会立即凝结。因此，即使切开布满毛细血管的脏器官如肝脏时，也不会出血。此外，该手术不接触人体便可实施，省去了金属手术刀杀菌消毒的麻烦。但是，激光手术也有缺点，由于切开是在热作用下进行的，因而无法避免切开处周边的炭化现象。

最近，激光手术刀已不限于 CO_2 之类的红外激光，就连发射紫外线的准分子激光器也被用作手术刀使用。它是利用了紫外激光的光化学效应分离、切断生物体中的高分子，切口非常锋利，并且切口处炭化可控制在最小限度内。但是，由于热效应少，所以做不到无血手术。因此，通常用于含血管少的骨、牙的切断及钻孔。

图 4.23 的一组照片是骨在脉冲式 KrF 准分子激光器的照射下，骨组织表面蒸发随时间的变化情况。这一过程的激光持续作用时间为23ns，不难看出，光照射结束几十纳秒后，骨成分开始蒸发，几微秒后表面便形成孔洞。这样，在重复脉冲激光作用下，即便是紫外线激光也能

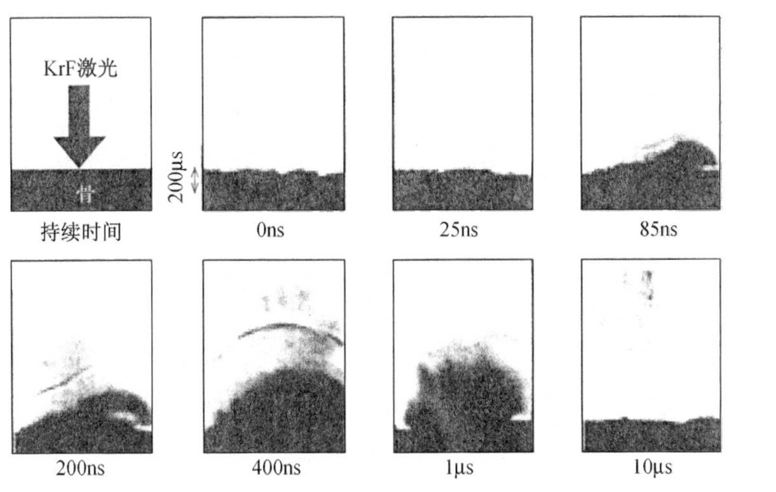

图 4.23 KrF 准分子激光作用下的骨组织蒸发
（照片下的数字是从激光开始照射所经过的时间）

够将骨切断。

3. 激光诊断及治疗

激光不仅可作为外科手术刀使用，而且还有其他各种用途，如表 4.4 所示。

我们知道，癌细胞是非常活跃的细胞，它比正常细胞的繁殖速度快得多。肉眼看不见大小的癌细胞，通过内窥镜或 X 射线等可以发现，但是，早期的癌细胞却难以发现。通常认为早期癌症的治疗比较简单，这意味着癌症早期发现更重要。癌细胞非常活跃，比正常细胞更容易摄取某种物质。于是，就有了利用光来吞食敏感物质（称为光感受性物质），即让该敏感物质有效地吸收激光，来杀化癌细胞的方法。这种治疗方法称为 PDT（photo dynamic therapy 光线力学性治疗）。

典型的光感受性物质是一种称做血叶啉诱导体的色素，它具有图 4.24 所示的复杂结构。该色素溶液通过静脉注射注入人体，它比正常细胞更容易被癌细胞侵吞，虽说肉眼看不到它被人体的哪个部位吞食，但用紫外光照射时，只有被侵吞的部位发出荧光，由此可诊断癌变部位，但是，此时照射的激光强度不能过强，否则会对非癌部位造成损伤。

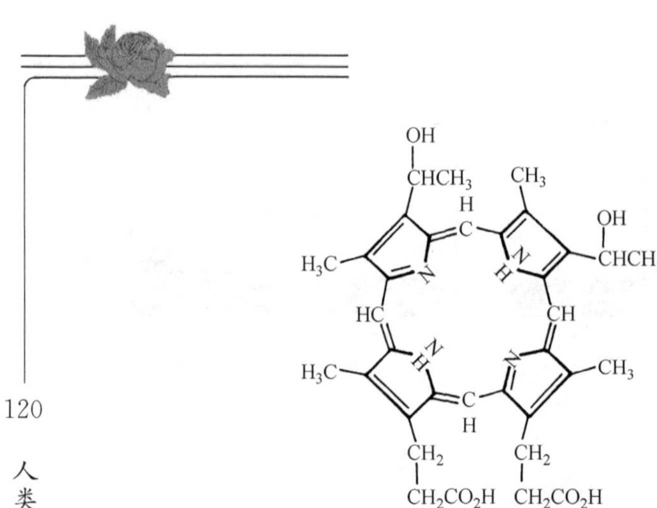

图 4.24　血叶啉诱导体的结构

图 4.25 表示了荧光产生的机理。HpD 的电子状态有一重态(S：singlet)和三重态(T：triplet)。一般 S 态寿命较短，T 态寿命较长。寿命的长短与迁移的难易有关。短寿命的情况，容易向下能级跃迁，长寿命的情况刚好相反。S-S 间的跃迁为容许跃迁，S-T 之间的跃迁为禁止跃迁(实际是部分容许跃迁，只是迁移率很低)。

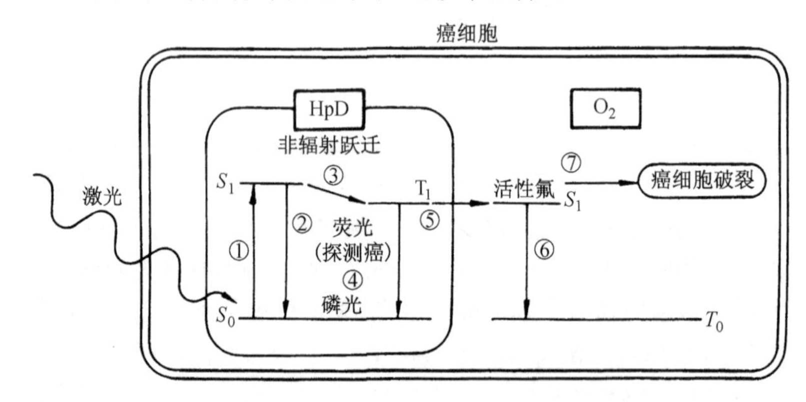

图 4.25　被癌细胞吞食的 HpD 的作用

处于基态 S_0 的 HpD 吸收外来光后跃迁至激发态 S_1(过程①)。激发至 S_1 态的 HpD 发出荧光并立即返回到基态 S_0(②)，或是不发射光子而移至 T 的激发态 T_1(③)。由于 T_1 的寿命较长，所以经过④迁

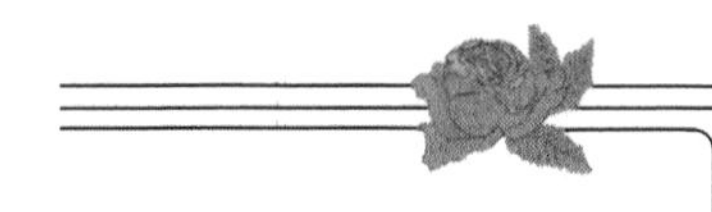

移至 S_0 时伴随有长时间的磷光发射。

为了做到激光杀死癌细胞，可以用高强度激光集中照射诊断为癌肿的部位。究竟癌细胞是如何被杀死的呢？目前还不十分清楚，不过有以下几种解释。

被癌细胞吞食的 HpD(特别是被细胞质中的线粒体吞食)，由于高强度的激光照射，T_1 增多。这一状态的 HpD 不仅经过了④，在长寿命的期间里，还发生了⑤：即将其能量转移给周围的氧分子。与普通分子不同，氧分子的基态是三重态 T_0，所以，它从 HpD 的 T_1 获取能量后即从 T_0 跃迁至一重态 S_1。处于 S_1 的氧分子同臭氧和氧化氢一样，是一种非常容易参与反应的活性氧。该活性氧还有一个反应过程，就是经过⑥返回到 T_0，不过，由于 S_1-T_0 的迁移率很低，所以 T_1 寿命较长。在该寿命期间内，激光可以和细胞中的分子发生化学反应，使细胞的代谢能力降低，从而杀死了癌细胞(⑤)。

在 PDT 中，光感受物质起着重要的作用。HpD 在 400nm 附近有一个较大的吸收带，如果使用这一波长区域的激光进行照射，效果将更好。最近，人们正在研究另外一些适合于现有激光波长的光感受物体，以及更容易被癌细胞吞食的色素。

以上只是着重介绍了激光手术刀和激光治疗癌症。除此以外，激光还可用于其他方面的治疗，比如，在内窥镜下对脏器官进行大手术、利用半导体激光器或 He-Ne 激光器的低输出功率进行病痛治疗、利用准分子激光器矫正角膜曲率、利用氩离子激光器除痣治疗、利用红宝石激光去除牙石。可见，激光医疗适用于人体的各个部位。

激光在军事中的应用

1. 激光测距

有一句脍炙人口的诗："飞流直下三千尺，疑是银河落九天"(李白《望庐山瀑布》)，把庐山瀑布直泻而下，仿佛从天而落的奇观形象地描写了出来。我们姑且不去欣赏诗与景的绝伦美妙，但想知道，怎样才能

得出庐山瀑布的高度是否三千尺。

这实际上是一个距离测量问题。准确而快速地测定任意两个空间点的距离，对人类活动的许多方面都具有十分重要的意义。因此，测距技术的研究和发展几乎与人类文明同样久远。自人类文明开始以来，相继产生了直接比较测量法，几何测量法，雷达、激光测距仪等。首先，我们用最原始也是日常生活中广泛采用的直接比较测量方法（如用尺子量人的身高）是难以量出庐山瀑布的高度的，因为我们无法保证从瀑布始处到落处的丈量是在同一直线上进行，即便我们能从瀑布始处徒步到达落处。

我们当然可用几何测量法（如交会作业法）测出这个高度值。但由测地需要而发展起来的这种几何测量法存在这样一些问题：第一，这种方法（以交会作业法为例）仍需对基线进行比较操作测量，其精度取决于基线和角度的测量精度；第二，这种方法在复杂地形地貌区域进行时往往困难重重，这是因为两观测点不一定能同时看到指定被测点，即使能同时看到，但由于从不同观测点看到的被测点的外貌有差别，很难相互指认同一交会点；第三，用这种测量方法测量时需要较长时间，难以用来测定活动目标。

用雷达来测量瀑布高度则无需对基线进行比较操作测量。雷达是在第二次世界大战中由于战争的迫切需要，同时也由于电磁理论和电子技术的快速发展而研制出来的。它的出现是测距技术的历史性突破。它采用电磁波来测量，使人类首次实现了在一个固定点上迅速测定不同方向上各种目标的瞬时距离。但这种测量方式也存在一些问题，如雷达发射的电磁波波长较长、波束较宽、空间分辨率较低，比较适合于对单调背景目标的探测。波束宽虽有利于大空间角范围的搜索和跟踪，但也带来了易受干扰和攻击的严重缺点。

用激光来测量瀑布高度则可使精度得到提高。激光由于它亮度高、单色性好和方向性好，是人们渴望得到的理想测距光源。因此，它刚诞生不久就被用于测距。可以说，激光测距是激光最早、也是最成功的应用领域之一。在原理上，激光测距虽然只是雷达测距在光频段的自然延伸，没有什么新的突破，但我们要说，它表征了测距技术的又一

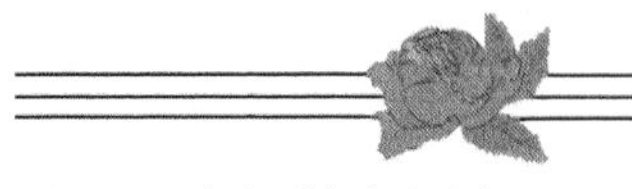

次重大进展，因为正是它的出现才使人类实现了以厘米级精度测定地球到月球这样遥远的距离。

(1) 激光测距原理

目前，激光测距系统虽然类别很多，功能也千差万别，但从工作方式上看不外乎两类：脉冲激光测距机和连续波激光测距机。

① 脉冲激光测距机。脉冲激光测距机利用脉冲法测距：首先用脉冲激光器对目标发射一个或一列很窄的光脉冲(脉冲宽度小于50ns)，光达到目标表面后部分被反射，通过测量光脉冲从发射到返回接收机的时间，可算出测距机与目标之间的距离。假设所测距离为 H，光脉冲往返时间为 t，光在空中的传播速度为 c 则：

$$H = \frac{ct}{2} \tag{4.5}$$

在脉冲激光测距机中，H 是通过计数器计数从光脉冲发射到返回接收机期间进入计数器的钟频脉冲的个数来测量的。假设在这段时间内，有 n 个钟频脉冲进入计数器，钟频脉冲之间的时间间隔为：

$$H = \frac{cn\tau}{2} = \frac{c}{2f}n = h\,n \tag{4.6}$$

式中 $h=\frac{c}{2f}$，表示每一个钟频脉冲所对应的距离增量。

脉冲激光测距机由激光发射机、激光接收机和激光电源组成。激光发射机由Q开关脉冲激光器、发射光学系统、取样器及瞄准光学系统组成。激光接收机由接收光学系统、光电探测器、放大器(包括低噪声放大器和视频放大器)、接收电路(包括阈值电路、脉冲成形电路、门控电路、逻辑电路、复位电路等)和计数器(包括石英晶体振荡器)组成。激光电源提供激光器所需的能量。图4.26为脉冲激光测距机的原理方框图。

脉冲激光测距机工作时，首先用瞄准光学系统瞄准目标，然后接通激光电源，储能电容器充电，产生触发闪光灯的触发脉冲，闪光灯点亮，激光器受激辐射，从输出反射镜发射出一个前沿陡峭、峰值功率高的激光脉冲，通过发射光学系统压缩光束发散角后射向目标。同时从激光全反射透镜射出来的极少量激光能量，作为起始脉冲，通过取样器输送

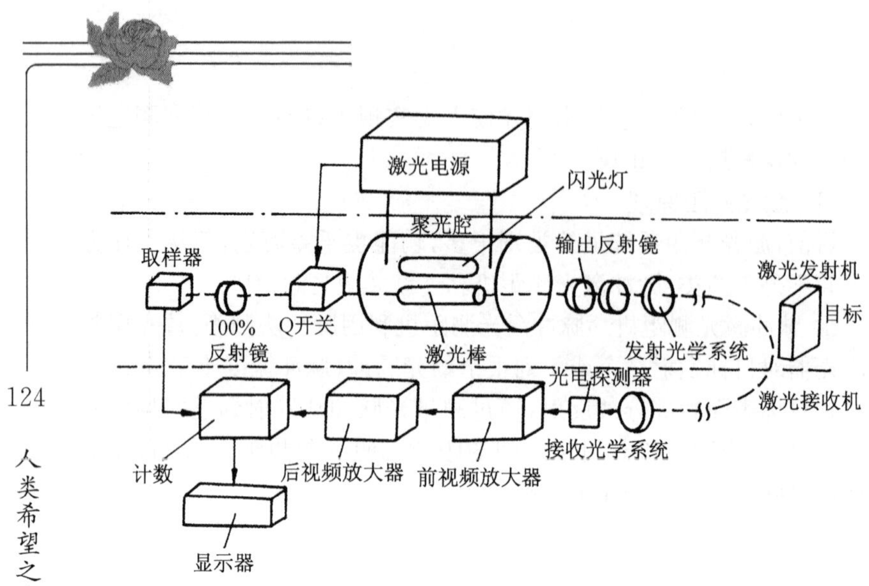

图 4.26 固体脉冲激光测距机原理方框图

给激光接收机，经光电探测器转变为电信号，并通过放大器放大和脉冲成形电路整形后，进入门控电路，作为门控电路的开门脉冲信号。门控电路在开门脉冲信号的控制下开门，石英振荡器产生的钟频脉冲进入计数器，计数器开始计数。由目标漫反射回来的激光回波脉冲经接收光学系统接收后，通过光电探测器转变为电信号和放大器放大后，输送到阈值电路。超过阈值电平的信号送至脉冲成形电路整形，使之与起始脉冲信号的形状（脉冲宽度和幅度）相同，然后输入门控电路，作为门控电路的关门脉冲信号。门控电路在关门脉冲信号的控制下关门，钟频脉冲停止进入计数器。通过计数器计数出从激光发射至接收到目标回波期间所进入的钟频脉冲个数而得到目标距离，并通过显示器显示出距离数据。整个测距过程很短，一般仅需 1～2s。

脉冲激光测距机能发出较强的激光程，测距能力较强，即使对非合作目标，最大测程也能达 30km。其测距精度一般为±5m 或±10m，高的可达 0.15m。脉冲激光测距机既可在军事上用于对各种非合作目标的测距，也可在气象上用于测定能见度和云层高度，或可应用在人造地球卫星的精密距离测量上。

② 连续波激光测距机。这种激光测距机采用相位法测距：首先向

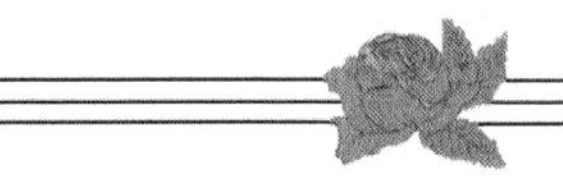

目标发射一束调制过的连续波激光器(由受调制的连续波激光器发出),光达到目标表面后被反射,通过测量发射的调制激光束与接收机接收的回波之间的相位差,可得出目标的距离。测量相位差或相位移的方法有两种:多波长法和频率调制法。

多波长法的测量原理如图 4.27。经电光高稳定振荡器调制后的连续波激光器,可发出按正弦规律变化的光强信号。这个信号通过光学发射系统射向目标,被目标反射后经接收光学系统、探测器和放大器到达相位传感器。同时,振荡器发出的参考信号也到达相位传感器。通过相位传感器测出两者的相位差或来自目标的信号的相位移 ψ,就可得到要测的距离 H,两者的关系为

$$H = \frac{\lambda_m}{2\left(N + \frac{\psi}{2} - \frac{\psi_0}{2}\right)} \tag{4.7}$$

式中:λ_m 为调制波长;N 为调制的波长数;ψ_0 为测量系统本身固有的恒定相位移,$(\psi-\psi_0)$是由于距离产生的相位差。相位传感器测得的这个相位差,通常只能测出 2π 之内的值。若目标距离大于调制波长 λ_m,则$(\psi-\psi_0)$大于 2π,N 就表示了与距离 H 相对应的$(\psi-\psi_0)$为 2π 的多少整数倍数。这时,常常会出现难以确定 N 究竟应取多少的问题。为了解决这个问题,可依次用几个波长(即几个不同的 λ_m 去调制激光器,并测量每个波长的$(\psi-\psi_0)$,即采用多个(调制)波长的方法来确定距离。

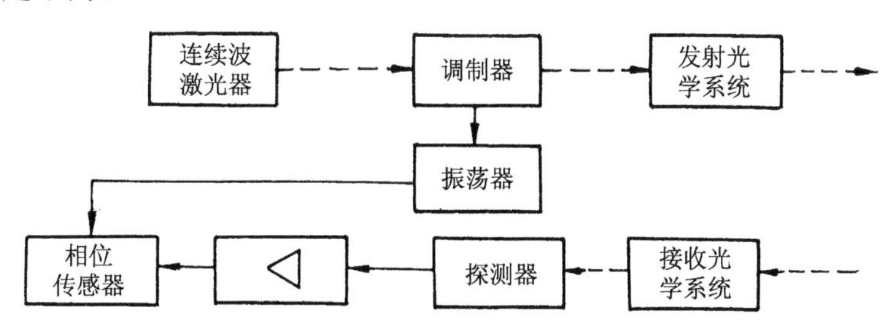

图 4.27　多波长法测量原理方框图

频率调制法的测量原理如图 4.28。与多波长法利用电光调制器调制激光器输出的幅度不同,这种方法采用微波调制激光器载波的幅

度，微波频率在激光束往返于目标的时间内连续变化。发射光学系统发射的调制激光，经目标表面反射后到达激光接收机，到达激光接收机的这个回波信号与微波发生器的瞬时信号在混频器中混频。在混频器中由于回波信号的时间延迟产生了与距离有关的频差，微波调制频率与回波频率不再相同。通过检测这频差，就可得到目标距离。

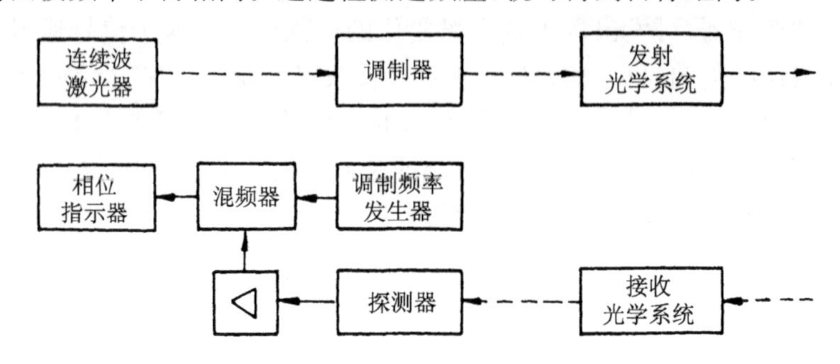

图 4.28　频率调制法测量原理方框图

与脉冲激光测距机比较，连续波激光测距机发射的(平均)功率较低，因而测距能力要差一些。例如，对非合作目标，相位测距的最大测程只有 1～3km。但连续波激光测距机的测距精度高，可达 2mm。因此，连续波激光测距机大多用来对合作目标进行较为精确的测距。典型的应用有：自动目标跟踪系统中的精密距离跟踪，如导弹飞行初始段的测距和跟踪；要求高精度的距离测量，如大地测量等。

③ 测距方程。无论脉冲激光测距机或连续波激光测距机，都需接收到一定强度的从目标反射的激光功率才能正常工作。因此，研究激光测距机接收到的从目标反射回的功率 p_r 与所测距离 R 之间的关系，对提高激光测距机的性能具有重要的指导意义。测距方程就描述了 p_r 与 R 的关系，它与待测目标特性(形状、大小、姿态和反射率等)密切相关。

习惯上常用目标的雷达截面积来表征目标特性。当这个面积所截获的雷达照射能量各向同性地向周围散射时，在单位立体角内散射的功率恰好等于目标向接收天线方向单位立体角内散射的功率。假设用 I 表示入射到目标处的功率密度，I_r 表示接收机处实际接收的功率密

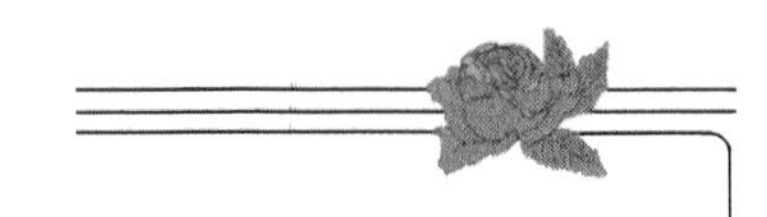

度，则有

$$I_\sigma = I_r 4\pi R^2 \tag{4.8}$$

下面，以脉冲激光测距为例，针对两种简单的目标情况，说明 p_r 与 R 的关系。

• 漫反射小目标情况。当目标离激光发射机很远时，激光束在目标上的光斑面积通常大于目标的有效反射面积。此时，p_r 与 R 的关系，即测距方程为：

$$p_r = \frac{p_t A_r \sigma T_t T_r T_a^2}{4\pi\theta_t^2 R^4} \tag{4.9}$$

式中：p_t 表示激光发射机发射的功率；θ_t 表示发射光束的光束发散角；A_r 表示激光接收机的接收孔径面积；σ 是目标的雷达散射截面积；T_t 是发射光学系统的透射率；T_r 表示接收系统的透过率；T_a 表示大气或其他介质的单程透射率。

• 镜反射大目标情况。在这种情况下，目标上的激光光斑面积小于目标的有效反射面积，目标表面只有部分截获有激光束，这相当于实际情况中的近距离镜面目标探测。假设光垂直入射。这种情况的测距方程为：

$$p_r = \frac{p_t A_r \rho T_t T_r T_a^2}{4\theta_t^2 R^2} \tag{4.10}$$

式中：ρ 表示目标的反射率；其他各量的含义与漫反射小目标的情况相同。

• 最大可测距离。激光测距机并非对接收到的任何小的功率都能“感知”它有一个最小可感知或可测的功率。假设这个最小可测功率为 $p_{\min}$，则由测距方程可得到最大可测距离 $R_{\max}$。例如在漫反射小目标情况下，令 $p_r = p_{\min}$，由式(4.9)得：

$$R_{\max} = \left(\frac{p_t A_r \sigma T_t T_r T_a^2}{4\pi\theta_t^2 p_{\min}}\right)^{\frac{1}{4}} \tag{4.11}$$

在镜反射大目标情况下，同样令 $p_r = p_{\min}$，由式(4.10)

$$R_{\max} = \left(\frac{p_t A_r \rho T_t T_r T_a^2}{4\theta_t^2 p_{\min}}\right)^{\frac{1}{2}} \tag{4.12}$$

由上述方程可知，最大可测距离与众多因素密切相关。为增大可测距离，须提高测距机的发射功率 p_t，增大接收孔径的面积 A_r，加大目标的有效反射截面积，增大发射光学系统和接收光学系统的透射率 T_t 和 T_r，减小发射光束的发散角 t，提高接收灵敏度即减小接收机的最小可探测功率 p_{min} 数值。另外，可测距离还与大气的透射率密切相关：晴朗的天气，透射率 T_a 大，可测距离远；恶劣的天气，透射率 T_a 小，可测距离会大大缩短。

（2）激光测距机的军事应用

激光测距机按军事应用可分为：步兵、地炮激光测距机；高炮激光测距机；坦克激光测距机；机载激光测距机；舰载激光测距机。

① 步兵、地炮激光测距机。

地面武器射程和威力的增大、机动性的提高，使作战双方都力求在最大有效射击距离上首发命中目标。因而，对射击保障器材的作业速度和精度提出了更高的要求。普通的光学测距器材测距误差较大，已无法满足这一要求。激光测距机具有精度高、速度快、单站测距、轻便灵活等特点，已逐步取代了普通光学测距机。

据美军炮兵部队的试验，用一台脚架式激光测距机，可使炮兵前进观察员测定目标位置的精度从 500m 提高到 25m。

步兵、地炮激光测距机主要有手持式、脚架式和直接安装到直瞄武器上三种形式。目前大多数手持式激光测距机可配用脚架和测角装置，而且还可与夜视器材组合使用。

• 手持式激光测距机。它体积小、重量轻、携带方便，大致可分为两类：一类形如一具标准的 7×50 军用望远镜，重量在 2kg 左右，作用距离达 10km，测距精度 5m 或 10m，可装备步兵、炮兵分队，装甲车辆和直升机；另一类体积更小，重量在 1kg 以下，最大作用距离可达 4～5km，电源为一次性使用的锂电池，主要装备迫击炮分队和反坦克导弹分队，用于近距离测距。

• 脚架式激光测距机。它主要用于炮兵观察所，通常带有测角装置。它由于有脚架依托，测距的准确率高。其重量一般在 2～20kg，作用距离一般为 150～20 000m，精度为 5m 或 10m。

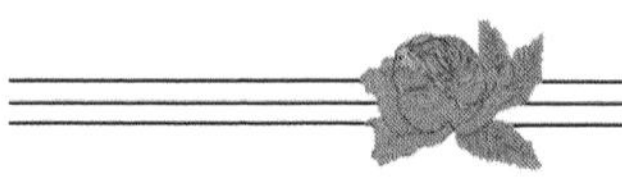

示例 1：美国 AN/GVS-5 型手持激光测距机。其外形和大小类似双筒望远镜，可手持也可安装在三角架上供炮兵前进观察员使用。此机可与微光夜视仪和热像仪等组合使用，进行夜间观察和测距。其作用距离为200～9 990m，测距精度为±10m，距离分辨力为 10m，工作温度为－46℃～＋71℃，平均无故障时间大于30 000次，重量 2.27kg，激光工作波长为 1.06μm。其结构和原理分别如图 4.29 和图 4.30 所示。

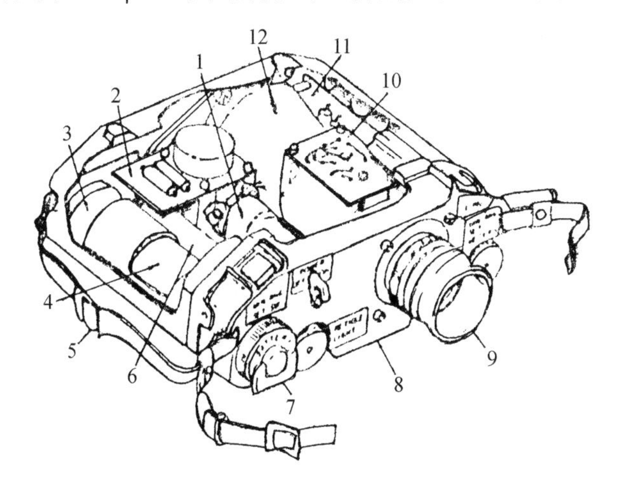

图 4.29　AN/GVS-5 型激光测距机结构图

1-激光发射机组件　2-触发电路组件　3-脉冲形成电路电感器

4-电池　5-手持带　6-脉冲形成电路电容器　7-背带

8-视频放大器/距离计数器/显示器组件　9-瞄准目镜

10-探测器/前置放大器组件　11-电源部件　12-光学部件

示例 2：美国 AN/GVQ-10 型和 AN/GVSQ-184 型激光观测系统（IOS）。前者主要用于固定阵地观察，可进行昼夜观察、测距和指示目标，由美国无线电公司研制。整个系统由激光测距机、微光观察仪和双目望远镜三部分组成。微光仪在星光下可观察1 500m远的目标，双目望远镜可识别8 000m远的人。系统全重 170kg，比较笨重。它被安装在三脚架上，两个人 20min 内可架设起来，适合于在基地防御中对远距离目标进行精确测量。它的作用距离最大可达30 000m，测距精度为±5m。图 4.31 是 AN/GVQ-10 型激光测距机的外观图。

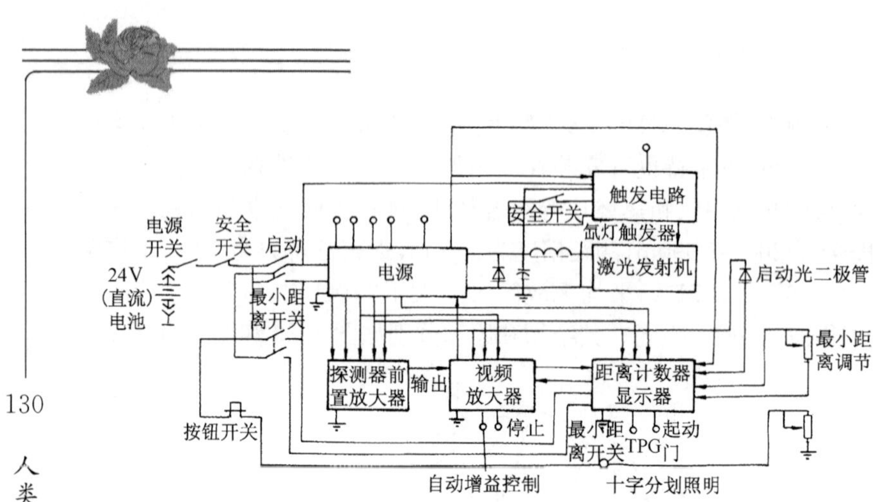

图 4.30　AN/GVS-5 型激光测距机原理图

图 4.31　AN/GVQ-10 型激光测距机

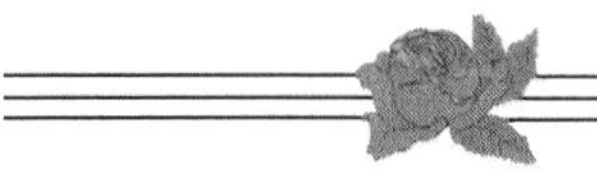

AN/GVSQ-184 型是在 AN/GVQ-10 型基础上改进而成的第二代产品，它用掺钕钇铝石榴石激光(Nd:YAG 激光器发出的激光)代替了红宝石激光，采用了集成电路的最新技术，可同时测量视场内三个目标的距离，并可为激光制导武器照明目标。

② 高炮激光测距机。

20 世纪 70 年代以来，国外普遍重视发展对付低空快速目标的小高炮防空火力系统，与这种武器相匹配的光电火控系统发展很快，对空激光测距机在光电火控系统中得到了广泛应用。

目前，对空激光测距的应用大体有两种类型：一种是与光学或光学陀螺瞄准具、模拟或数字计算机组成的简易火控系统，用以对付低空目标；另一种是与微光、红外、电视等光电跟踪系统组成的综合光电火控系统，作为雷达火控系统的补充手段。

对空火控系统用的激光测距机，其基本原理与一般激光测距机相同。但在测距能力、重复频率、发射功率及光束发散角等方面较之地炮或坦克激光测距机要求更高一些。表 4.6 是典型的对空测距机与地炮测距机主要性能的对比。

表 4.6　对空与反坦克测距机性能比较

性　　能	对空测距机(防空)	地炮测距机(反坦克)
发射功率(MW)	5～10	～1
重复频率(脉冲/秒)	5～20	0.1～1
发散角(毫弧度)	1.5～3	0.5～1
测距能力(km)	～20	～10

示例 3：美国 20mm 高炮。该测距机与光学瞄准镜、混合式计算机组成火控系统，配用在 20mm 或更大口径的高炮上。光学瞄准镜与激光测距机共用光学部件，放大倍率和视场可由炮手选择。混合式计算机由计算距离和距离变化率的数字式计算机组成。为了跟踪快速运动目标，提高跟踪精度，该系统用光学瞄准镜和包含在计算机内的跟踪辅助电路对等速直线运动的目标进行自动跟踪，还可以对非等速直线

运动的目标进行跟踪。该机最大作用距离4000～10000m，测距精度为±2.5m，采用掺钕钇铝石榴石激光即Nd:YAG激光器。图4.32为该机工作示意图。

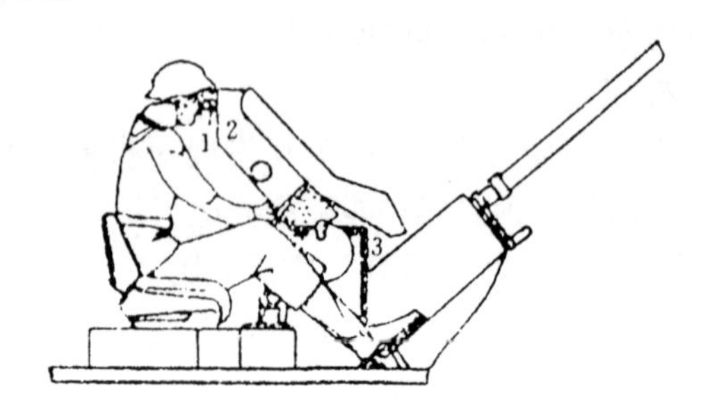

图4.32　美国20mm高炮

③ 坦克激光测距机。

坦克激光测距机为坦克炮射击提供精确的目标距离数据。该数据或直接输送给坦克弹道计算机，以控制坦克瞄准镜目镜中瞄准标记的偏移，或通过瞄准镜内的弹道分划赋予火炮射角。

坦克激光测距机有两种安装方式：一种是安装在车体外炮塔上或火炮防盾上，这种方式由于易受敌方炮火的摧毁，已逐渐被淘汰；另一种是目前广泛使用的将其安装在车体内与瞄准镜组合的方式。

坦克激光测距机的光束发散角不宜过大。光束发散角大，传播到目标时的光斑直径就大，目标可能只能部分截获激光束，其他部分就会被目标前面或后面的假目标漫反射回来，造成假目标回波。如果光束发散角达0.7μrad，就可能产生多个目标回波。光束发散角一般应在0.5μrad以下。

即使激光束的光束发散角小，目标可截获光束能量的90%以上，但由于目标的激光反射率较低(如15%)，加上大气传输的能量衰减和散射损失，激光测距机的峰值功率必须在1.4～1.9MW之间。考虑到激光束通过瞄准光学系统时还会损失能量，激光发射机发射的功率应更高。

示例4：美国M-1坦克激光测距机。它安装在M-1坦克的炮长瞄准镜内，配用于M-1坦克的火控系统，为该系统的数字式弹道计算

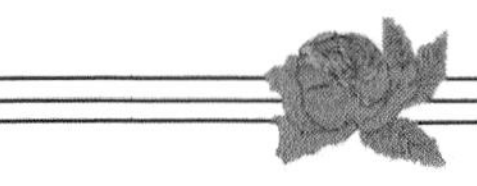

机提供距离信息。M-1坦克激光测距机与M-1坦克稳定的潜望式炮长昼夜瞄准镜合为一体,构成激光测距昼夜瞄准镜。白天,激光测距机使用瞄准镜的昼用瞄准分划;夜晚和能见度差时,激光测距机使用瞄准镜的夜用热成像瞄准分划。该测距机作用距离为200～7 990m,测距精度为±10m,距离分辨力为15m,平均无故障时间为1 800h,重量为11.3kg。图4.33和图4.34分别是M-1坦克激光测距机的外形图和透视图。

图4.33　M-1坦克激光测距机外形图

④ 机载激光测距机。

地面防空系统的迅速发展,使得对战场进行支援的飞机必须采取低空、高速的攻击方式,并且要求有足够高的命中率。

安装在空地作战飞机上的脉冲激光测距机主要用于:在低空的空地攻击中提供目标距离信息,输入机载火控计算机解算出武器投放参数;在低空飞行中提供导航测距信息;当机载激光测距机以高重复频率方式工作时,还可由距离变化的速率推算出飞机相对于目标(地面)的速度。

与手持式或车载激光测距机相比,机载激光测距机的基本原理与组成大致相同。但由于机载激光测距机是在高速运动和大幅度机动条件下使用,它相应地应具有某些不同的特点。首先,机载激光测距机的

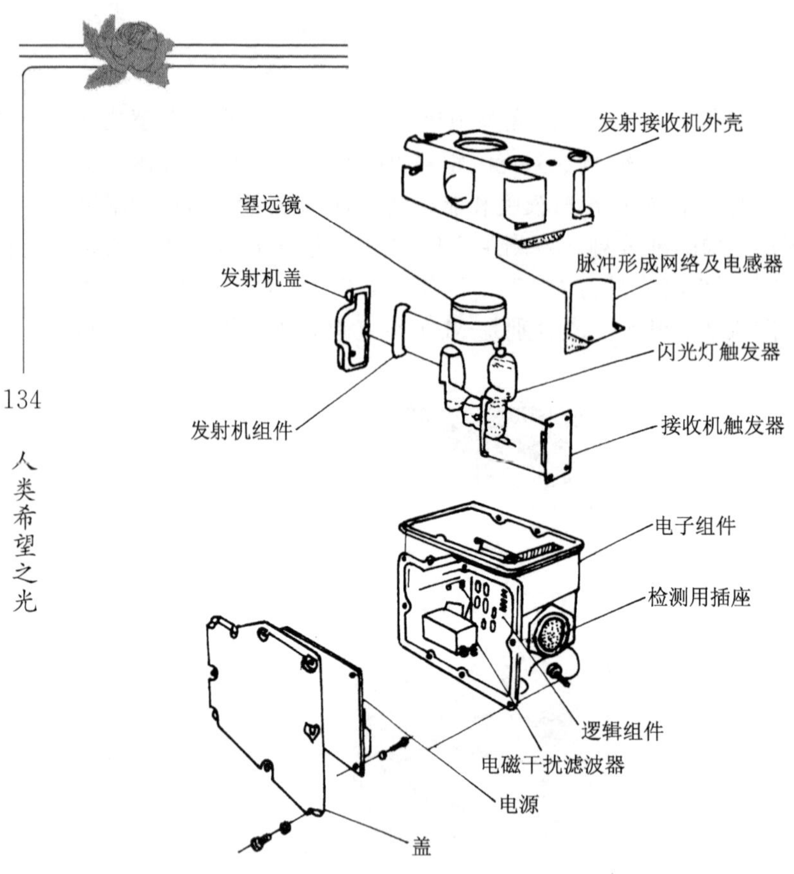

图 4.34　M-1 坦克激光测距机透视图

激光脉冲应具有较高的重复频率,通常为 1～10Hz。低重复频率测距机用于导航,激光器可采用强迫空气冷却。高重复频率(10Hz)测距机可用来为航空火控系统提供目标距离信息。

其次,激光由于波束窄,在高速飞行时很难准确对准目标。为解决这个问题,设计了专门激光束控制器件。20 世纪 70 年代曾经试验过一维光束控制器,即由小型马达驱动一块棱镜,控制激光束在俯仰方向上的偏转,以瞄准目标。20 世纪 80 年代,普遍采用了二维光束控制器。在这种控制器中,目标方位和俯仰位置信号是由机载惯性导航系统输给两个伺服马达的,用以驱动激光器前面的两块棱镜,使输出激光束在方位和俯仰两个方向上对准目标,完成测距。

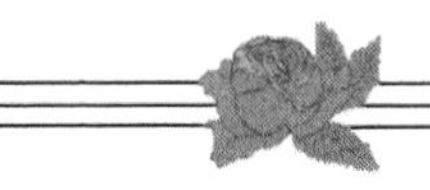

示例5：瑞典L.M.埃里克森公司的机载激光测距机。该激光测距机用于空-地攻击中，可提供精确的目标距离参数。它采用组件结构，包括激光发射机、接收机、测距计数器和光束偏转装置等四个组件，全部组件可在场外更换。因此，它结构紧凑、体积小、使用方便。光束偏转装置是由马达驱动的两块反射镜组成，可用以控制激光束的方向，跟踪瞄准的目标。该测距机可与各种瞄准系统和武器投放系统交联，可由所交联的火控系统和惯性导航系统输入光束偏转指令，构成激光惯导/攻击系统。

⑤ 舰载激光测距机。

海军使用的激光测距机，多数是在炮兵或陆军等其他兵种使用的激光测距机的基础上稍加改进而成的。其作用距离与陆军炮兵使用的激光测距机的基本相当，主要性能要求也大体相同。

• 水面舰船用激光测距机。海军用激光测距机主要有两种：水面舰船用激光测距机；潜艇潜望镜用激光测距机。前者主要是与电视跟踪器、红外跟踪器、微光夜视仪及电子计算机等组成舰用光电火控系统，可作为中、小型舰船的主要火控系统。用其装备大型舰船时，只能作为辅助火控系统。

由激光测距机、红外跟踪器等组成的光电火控系统大体上可分为三类。

▲ 激光测距机和电视跟踪器组合系统。这类系统一般靠搜索雷达捕获目标或由目标指示器提供目标概略位置，然后进行自动跟踪或手动跟踪。

▲ 激光测距机、电视跟踪器、红外跟踪器组合系统。这类系统不仅具有夜间工作的能力，而且还具有穿透烟雾的能力，适于跟踪低空、超低空目标和近海目标。它通常具有自选能力，在白天、晴天一般选用电视跟踪、激光测距；在黑夜、雨天就选用红外跟踪、激光测距。

▲ 激光测距机、电视跟踪器、红外跟踪器和跟踪雷达组合系统。它不仅能探测和跟踪超低空或贴近海面飞行的目标，而且可昼夜使用，隐蔽性好，不易受干扰。这是一种完备的、较为理想的舰船火控系统。

水面舰船用的激光测距机，其测距范围一般在300～20 000m之间，

最大作用距离均在9 995m以上。这种激光测距机近距使用时一般配用小口径火炮，其作用距离大于或等于小口径火炮的最大射程即可；远距使用则配有主炮，作用距离20 000m左右。舰用激光测距机通常安装在舰桥上，高出海平面不到20m，由于地球曲率的影响，作用距离大于20 000m已无多大意义。

示例6：瑞典EOS-400型电视跟踪器/激光测距机。这种系统用于水面舰船对水面目标或空中目标进行电视跟踪和激光测距。它由昼用电视摄像机、微光电视摄像机、激光测距机等组成。这种装置在舰上分三部分配置。

▲ 电视跟踪器、激光测距机置于舰船甲板上面一个平台上。平台方位和俯仰角速度为±175°/s，方位角度不限，俯仰角度−30°～80°，角度传感器用多速同步器，采用速率陀螺在两个轴上稳定，电视跟踪器最小对比度小于10%，跟踪距300～1 000m，跟踪速度至少是100μrad/s。

▲ 控制/显示装置，通常置于甲板下面操作室里。

▲ 跟踪装置，置于舰上一个普通位置。这种装置不仅能捕获目标，而且对捕获的目标能进行自动跟踪、记忆跟踪，控制一门或几门火炮对水面目标或空中目标的射击。

这种系统中的激光发射机的性能情况如下：激光器为Nd:YAG激光器，波长是1.06μm，重复频率为10次/s，光束发散角为1.5μrad。

• 潜艇潜望镜用激光测距机。由于激光测距机具有测距迅速、简便、精度高等优点，一些国家海军的现代潜艇攻击潜望镜上已加装了激光测距机，并将之与像增强器、热像仪等组合使用。

潜艇攻击潜望镜用的激光测距机有两种组合方式。

▲ 将激光测距机和像增强器组装在潜艇望远镜镜管中。在这种方式中，激光测距机的发射机、接收机、电源等安装在潜望镜的锥管中，距离显示器安装在目镜上方，触发按钮、激光通/断开关安装在潜望镜操作手柄附近。

▲ 将激光测距封装件安装在潜艇潜望镜的底部。这种组合方式的优点是，即使激光测距机不能使用，也不影响潜艇潜望镜的正常使用，而且整个激光测距机安装、拆卸都方便。

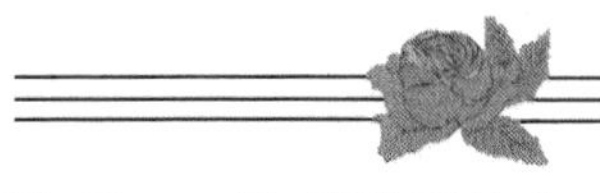

潜艇潜望镜用的激光测距机，作用距离可达6km。这对潜艇的攻击与生存，都起着重要的作用。

示例7：英国潜艇潜望镜/激光测距机。英国人将该激光测距机与像增强器一同组装在潜艇潜望镜中。这种组合系统可昼夜使用，所测距离数据既可数字读出，又可直接馈给潜艇火控系统。

在这种组合系统中，激光测距机的发射机、接收机、低压电源、高压电源、储能电容器和测距组件装在潜望镜的锥管部位，距离显示器安装在目镜上方，触发按钮、激光通/断开关安装在潜望镜操作手柄附近。这种组合方式的优点是，能使潜艇潜望镜视场大，既能保留观察直观的优点，也能发挥激光测距精度高、时间短的长处。在这种系统中，激光在传输光路中通过的光学元件少，光能损耗少，但由于受潜艇行驶中对潜望镜造成的振动等因素的影响，激光束会产生漂移，加之激光束发散角极小，装在潜望镜锥管中的激光测距机会出现难以捕获目标的情况。

⑥ 军用激光测距机的特点。

• 精度和测程。对战场目标进行测距（或用于非合作目标）的军用激光测距机主要是脉冲激光测距机，连续波激光测距机主要用于合作目标。20世纪80年代初期到中期，广泛装备或应用的军用激光测距机大多是中程Nd:YAG激光测距机，接收元件多用硅雪崩光电二极管，最大测程在8～10km，最小测程为150～500m。测距精度为±10m或±15m，光束发散角为1μrad。

• 小型化、标准化和固体组件化。采用体积小、重量轻、成本低、不耗电的被动染料Q开关和灵敏度高、工作电压为几百伏的低压硅雪崩光电二极管，以及中、大规模集成电路，可实现激光测距轨的小型化、低成本，以及激光接收机的固体组件化和元部件的标准化。美国利用上述技术，已于20世纪70年代中期及后期配制出一批小型低成本的军用手持激光测距机。

• 多功能。目前研制和装备的多功能激光测距机有两类：激光测距指示器和激光测距跟踪器。它们已于20世纪80年代初开始装备部队。激光测距指示器是一种既可精确测量目标距离，又可为激光制导武器指示攻击目标的武器。激光测距跟踪器是一种具有测距和跟踪双

重功能的仪器。此外，还可将激光测距机与其他仪器组装在一个壳体内，完成多种功能，如激光测距夜视仪。

(3) 激光近炸引信

引信是武器系统的重要组成部分，其作用是探测、分辨目标，使战斗部适时起爆，以最大限度发挥其威力。激光近炸引信可以准确地确定起爆点，使弹头适时起爆，并具有良好的抗电磁干扰的能力，可靠、安全，因而已在多种武器系统中应用。

根据工作原理，激光近炸引信可以分为两大类：被动激光引信和主动激光引信。

① 被动激光引信。

被动激光引信不携带激光光源，用机载、车载、舰载或地面固定的激光照射器同时照射弹体和目标。当引信接收到的目标反射光和直接照射光之间具有预定的时间迟滞时，即产生起爆指令信号。

② 主动激光引信。

主动激光引信内装激光器（一般是半导体激光器），通过发射光学系统发射一定形状的激光束，如圆锥形、圆盘形、扇形激光束，当目标在预定距离内时，目标反射的激光能量被接收光学系统接收，驱动电子系统产生起爆信号。

目前的各种激光引信，基本上依靠距离选通或几何距离截断这两种工作原理，实现在预定距离上产生起爆信号。

① 距离选通型主动激光引信。

其原理方框图如图 4.35 所示。经调制器产生的电脉冲激励的激光器，发射出激光脉冲。激光脉冲通过光学系统形成特定形状的激光束。激光束射到目标上后，一部分激光能量被反射回来，经接收光学系统汇聚在光电探测器上。光电探测器输出的电信号，经过放大，馈送到选通器。调制器产生的调制脉冲，馈送给延迟器，经适当的延迟后，驱动选通器。于是，通过选择适当的延迟时间，可以使预定距离内的目标反射的激光所产生的电信号通过选通器到达点火线路，而在此距离之外的目标所产生的电信号不能通过选通器，从而实现在预定的距离起爆。

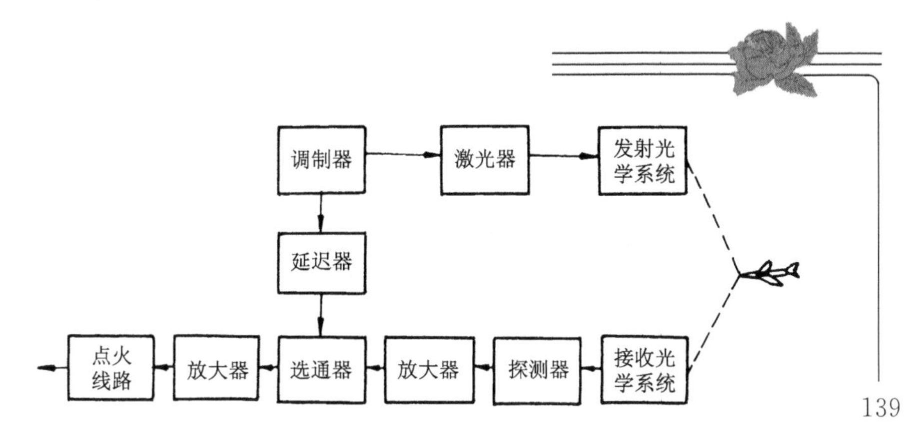

图 4.35 距离选通型激光近炸引信的工作原理方框图

根据引信的用途，距离选通型激光引信可以采用不同的结构，图 4.36 是一种用于光学制导导弹的距离选通型激光近炸引信的结构。

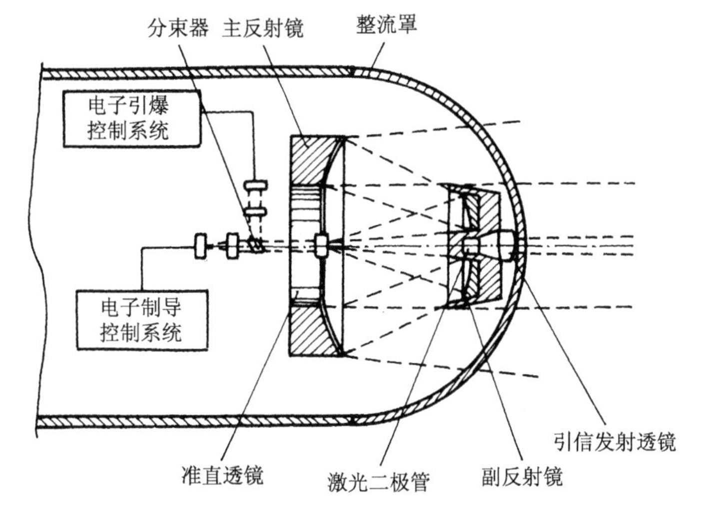

图 4.36 与光学制导导弹导引头组合在一起的激光近炸引信

② 几何距离截断型主动激光引信。

其原理方框图如图 4.37 所示。激光发射系统和激光接收系统的间距为 D，激光发射系统的激光束与接收系统的视场在图中阴影区内重叠。只有目标位于阴影区域内时，探测器才能接收到目标反射回来的激光辐射，产生电信号，馈送给点火线路，产生起爆信号通过调节重叠区的位置，即可控制起爆点。

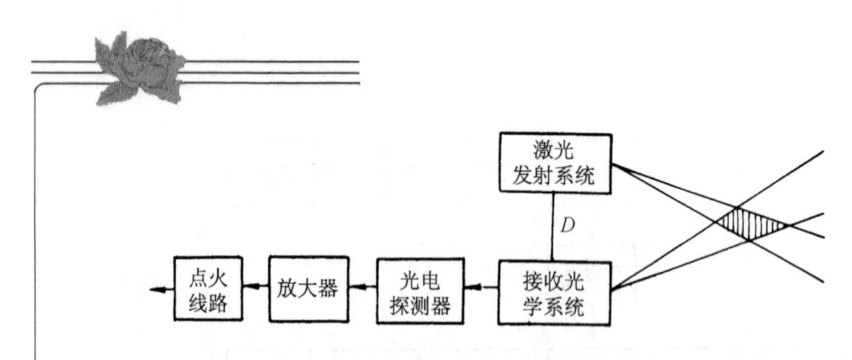

图 4.37 几何距离截断型激光近炸引信作用原理方框图

几何距离截断型激光近炸引信，可采用不同结构的光学系统，形成不同形状的激光束和接收机视场。

激光近炸引信会受到各种背景干扰或人为干扰。这些干扰可能使引信早炸、误炸，因此必须采取措施提高激光引信的抗干扰性能。在光学设计上，可采用小视场接收、双视场接收、光谱分辨和偏振分辨等技术措施。在电子系统设计中，可采用编码调制、逻辑分辨等手段，提高抑制回波信号和分辨真假目标的能力。

例如，美国航弹光学近炸传感器。这是一种主动激光近炸传感器，适于配用在普通高阻和低阻航弹上，作为一组件插接到触发短延时引信上。当航弹以 76.2～335.33m/s 的速度接近目标时，传感器在斜距为 7.62±1.52m 时产生起爆信号。光学近炸传感器由发射机、接收机和信号处理系统组成，根据激光脉冲的往返时间测得斜距，依靠距离选通原理进行工作。

国外激光近炸引信的研制工作大约始于 20 世纪 60 年代末到 70 年代初。20 世纪 70 年代后半期，采用 DSU-15/B 型激光近炸引信的 AlM-9L 型"响尾蛇"空-空导弹进入美军装备。20 世纪 80 年代初，瑞典埃里克森公司在瑞典空军的支持下，研制出可用于多种型号"响尾蛇"导弹的激光近炸引信。上述这些引信，都是采用砷化镓(GaAs)半导体激光器的主动激光引信，激光器峰值功率在数十瓦左右，作用距离比较近，适于在战术武器上使用。为了使激光引信能探测距离比较远的目标，以用于先进的防空系统和弹道导弹系统，美国还研究了将 Nd:YAG 激光器用于激光引信。对这种 Nd:YAG 激光器的要求是，脉宽在 10ns 左右，脉冲重复频率大于 1kHz，峰值功率大于 100W。

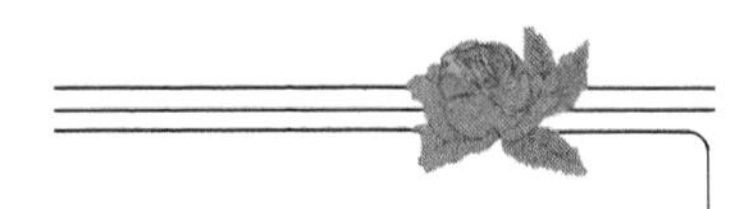

2. 激光雷达

大家常听说“雷达”一词，它一般是指微波雷达，是利用无线电波发现目标并测定其位置的设备。微波雷达一般由发射机、天线、接收机和显示器等组成。按照无线电波的发射波形，(微波)雷达可分为脉冲雷达和连续波雷达两大类，脉冲雷达应用较广。脉冲雷达的发射机产生高频脉冲，由天线集成无线电波束，按一定方向间歇地发射出去。通常，天线不断旋转，波束扫过空间而搜索。波束碰到物体时，其中一部分被反射回来，又被原天线接收到，经接收机检波、放大后，物体的距离、方向、高度等信息便在显示器上显示出来。根据电波由发射出去到反射回来所经历的时间就可估测距离；按照距离和天线所指的仰角就可测算高度。连续波雷达一般采用调频无线电波，依发射波与反射波之间的频率差来测定距离。应用雷达，可不分昼夜地进行远距离探测，但易受干扰而使效能降低。雷达广泛应用于侦察、警戒、导航、跟踪、瞄准、制导和地形测量、气象探测等方面。图 4.38 是微波雷达的方框图。

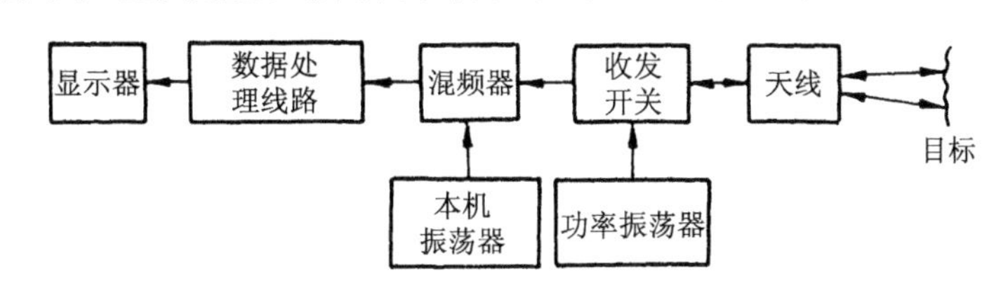

图 4.38　微波雷达方框图

(1) 激光雷达是以激光为探测工作物质的雷达

与(微波)雷达工作在电磁波的(无线电波段的)微波段不同，激光雷达工作在电磁波的光波段，以激光作为探测目标的工作物质。但激光雷达在原理、结构和功能上与微波雷达有许多相似之处。在工作原理上，激光雷达也是利用电磁波(激光)先向目标发射一探测信号，然后将其接收到的从目标反射来的信号与发射信号作比较，以获得目标的有关信息，如目标位置(距离、方位和高度)、运动状态(速度、姿态和形状)等，从而对飞机、导弹等目标进行探测、跟踪和识别。当然，由于光的波长比微波短好几个数量级，激光雷达又具有某些重要的特性。

在结构上，激光雷达是在激光测距机的基础上，配置激光方位与俯

仰测量装置、激光目标自动跟踪装置而构成的。一部普通的激光雷达常由发射部分、接收部分和使此两部分协调工作的机构组成。发射部分主要有激光器、调制器、光束成形器和发射望远镜；接收部分主要有接收望远镜(配有收发开关时，收发共用一个望远镜)、滤光片、数据处理线路、自动跟踪和伺服系统等。图 4.39 是激光雷达的方框图。

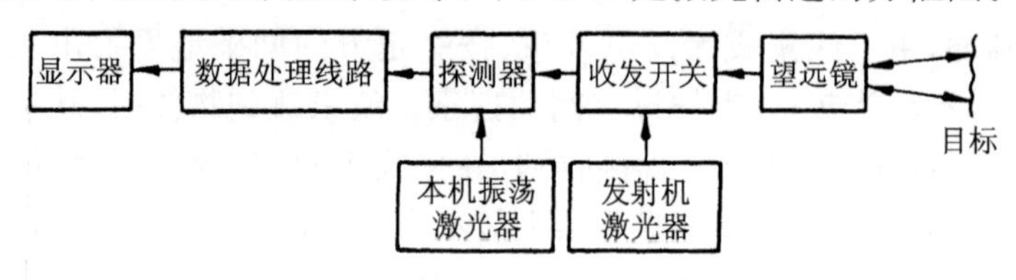

图 4.39　激光雷达方框图

比较图 4.38 和图 4.39 可知，激光雷达与微波雷达结构相似，如激光雷达中的望远镜、激光器等对应于微波雷达中的天线、振荡器等。而且，激光雷达与微波雷达的数据处理线路基本相同。

与微波雷达类似，激光雷达种类很多。按照激光发射波形或数据处理方式，激光雷达可分为脉冲激光雷达、连续波激光雷达、脉冲压缩激光雷达、动目标显示激光雷达、脉冲多普勒激光雷达和成像激光雷达等；根据架设地点不同，激光雷达可分为地面激光雷达、舰载激光雷达、机载激光雷达和航天激光雷达等；视应用情况，激光雷达还可分为火炮控制雷达(简称火控雷达)、指挥引导激光雷达、靶场测量激光雷达、导弹制导激光雷达等。

(2) 激光雷达的特点

激光雷达由于其工作波长短，拥有一些微波雷达所不具有的优缺点，其优点有：

① 分辨力高。首先，激光雷达的角分辨力高，如一台望远镜孔径为 100mm 的 CO_2 激光雷达，其角分辨率可达 0.1μrad，即可分辨 3km 远处相距 0.3m 的目标，并可同时(或依次)跟踪多个目标；其次，速度分辨力高，如一台工作波长为 10.6μm 的 CO_2 激光雷达，对于运动速度为 1m/s 的目标能轻而易举地加以确认；第三，距离分辨力高，可达 0.1m 的距离分辨率。距离和速度分辨率高，意味着可通过一定的技

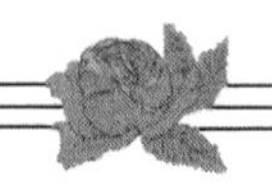

术手段(距离—多普勒成像技术)来获得目标的清晰图像。分辨力高，是激光雷达的一个显著优点，其多数应用就是基于这个优点。

② 抗干扰能力强。与工作在无线电波的微波雷达易受干扰不同，由于(激光)光波不受无线电波的干扰，激光雷达几乎不受无线电波的干扰，适合工作于日益复杂和激烈的各种(微波)雷达电子战环境中。

③ 隐蔽性好。激光方向性好，激光光束非常窄(一般为 10^{-2}～1μrad)，只有在发射的那一瞬间和在激光束传播的路径上才能接收到激光，因此，要截获它非常困难。

④ 体积小、重量轻。比较两者(激光雷达和微波雷达)中功能相同的一些部件，激光雷达的部件远小(或轻)于微波雷达的部件，如激光雷达中的望远镜相当于微波雷达中的天线，望远镜的孔径一般为厘米级，而天线的口径则一般为几米至几十米。

有瑜就有瑕，激光雷达也不例外。与微波雷达比较，激光雷达的不足之处有：

① 受天气和大气影响大。激光一般在晴朗的天气里，衰减较小，传播距离较远；而在坏天气(如大雨天、浓烟浓雾天等)里，衰减就大，距离传播就近。例如，工作波长为 10.6μm 的 CO_2 激光，是所有激光中大气传输性能较好的，坏天气对它的衰减是晴天天气对它衰减的 6 倍左右，地面或低空使用的 CO_2 激光雷达的作用距离在晴天为 10～20km，在坏天气则降为 3～5km，在恶劣天气甚至降至 1km 内。而且，大气湍流还会使激光光束发生畸变、抖动，因而使激光雷达的测量精度降低。当然，在高空，特别在大气层外、宇宙空间，由于空气稀薄或不存在大气，激光雷达的作用距离会大大提高，可达几千千米。

② 搜索、捕获目标困难。激光光束由于很窄，只能小范围搜索、捕获目标；而微波则由于波束宽，可大范围搜索、捕获目标。

(3) 组合激光雷达系统

为充分利用激光雷达的上述优点，克服其缺点，正在研制的激光雷达多设计成组合的系统，如将激光雷达与红外跟踪器或前视红外装置(红外成像仪)、电视跟踪器、电影经纬仪、微波雷达等组合成系统。与单独的激光雷达比较，这种组合系统其有明显的优点：兼具各分系统的

优点，各系统能相互取长补短。例如，在使用激光雷达与微波雷达组合系统时，首先利用微波雷达实施远距离、大空域目标捕获和粗测，然后用激光雷达对目标进行近距离精密跟踪测量，这样就克服了单独的激光雷达目标搜索、捕获能力差的缺点；而在微波雷达电子战剧烈的环境中，则使用激光雷达，这样又可弥补微波雷达易受干扰和攻击的不足。

(4) 激光雷达的工作原理

如上所述，激光雷达通过先向目标发射一探测激光信号，然后将其接收到的从目标反射回来的信号与发射信号作比较，就可获得目标的有关信息，如目标位置(距离、方位和高度)、运动状态(速度、姿态和形状)等，从而对飞机、导弹等目标进行探测、跟踪和识别。那么，激光雷达是怎样得到目标的这些信息的？关于目标距离的测量原理，可参看本章“激光测距”这一节。下面，我们简单叙述激光雷达的目标速度测量、目标跟踪和目标成像的原理。

① 目标速度。

目标速度的测量原理可分为两大类：一是通过测量目标单位时间内距离的变化率，直接得到速度，二是通过测量目标回波(被目标反射或散射回的激光)的多普勒频移 fd 来间接得到速度。前者较简单，后者较精确。下面简单介绍一下后者。

按照物理学，多普勒频移 fd 与目标径向速度 u(沿测量仪与目标连线方向的速度)激光波长 λ 的关系为：

$$fd = \frac{2u}{\lambda} \tag{4.13}$$

因此，只要测出了多普勒频移 fd，因激光波长 λ 是已知的，目标的径向速度 u 也就得到了。

有两种方法可用来测量 fd，一种是用相干接收机直接测量载频的多普勒；另一种是测副载频的多普勒，即对发射激光进行副载频调制，回波信号先用非相干探测接收，随后用相干参考信号与副载频进行相干混频，并对之解调而测得 fd。由于载频多普勒远高于副载频多普勒，因而前者的速度分辨率远高于后者。但副载频多普勒比较容易实现，对激光源的频率稳定性要求可放低。

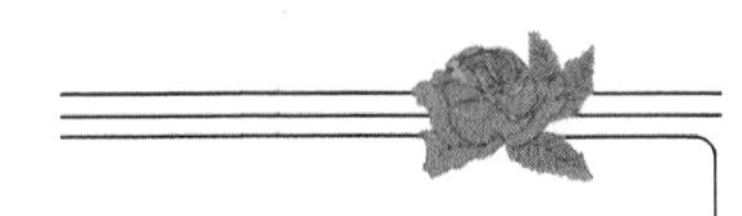

② 目标跟踪。

像微波雷达一样，激光雷达也可对目标进行距离、速度和角度跟踪。由于激光束非常窄，激光雷达在跟踪目标之前，首先必须大体瞄准目标，使目标进入搜捕视场内，即首先必须对目标进行粗瞄准。这既可通过在激光雷达架上装一反射镜，由反射镜扫描来实现；也可由微波雷达或红外跟踪器等外加引导手段来实现。

正是由于激光束极窄（激光方向性好，传播时发散远比微波传播时小），激光雷达具有很高的角跟踪精度。下面我们简单介绍一种激光角跟踪方法即圆锥扫描角跟踪方法的基本原理。

使激光发射机发射的激光束偏离望远镜中心光轴一个角度，并用扫描机构控制光束，使其绕望远镜光轴旋转。发射光束最大辐射方向在空间画出一个以望远镜轴为中心的圆锥体（圆锥扫描由此得名）。当望远镜对准目标时，假设回波信号没有瞬态起伏，则接收机输出为一串等幅脉冲（发射激光为脉冲调制波形时），或为等幅波（发射激光为连续波时）。若目标与望远镜轴相偏离，随着光束旋转在不同的角位置，接收机输出的信号幅度会呈现周期性正弦调制。此信号就构成了角度跟踪的偏差信号。该偏差信号经自动控制设备放大、变换后，驱动望远镜转动，使误差信号向减小方向变化，直到对准目标。其剩余偏差即表现为跟踪精度。

使光束作圆锥扫描的光束偏转器有机械式的、声光式的、电光式的和电子式的，其中机械光束偏转器较成熟。

③ 目标成像。

像微波雷达一样，激光雷达也可对目标扫描成像。按步骤进行线扫描，就可在一定时间内形成一定线数的图像。进而可扫描出整个画面。然后，将这些像元按顺序组合起来，就可形成目标的图像。

激光雷达成像接收机大多可采用前视红外装置，构成红外激光成像雷达。前视红外装置是根据目标温度产生的热辐射与背景辐射之间的对比度来成像的。这种激光雷达的激光束扫描视场一般为0.1rad×0.1rad，比接收机视场约小一个数量级。激光束在对目标扫描成像的同时，还能进行测距和其他测量。

(5) 激光雷达的军事应用

激光雷达能弥补微波雷达的某些不足之处,甚至能完成微波雷达难以胜任的任务,在军事上的应用非常广泛。

① 武器鉴定试验。

激光雷达的良好工作易受不良天气的影响。但对一些可选择天气好时再工作的任务,如武器的鉴定试验,就不必担心天气的影响。事实上,对试验武器的有关性能参数进行测定,是激光雷达的一项重要军事应用,外军最先发展的就是靶场激光雷达。激光雷达不仅相对于微波雷达有优点,而且与传统的光学测量设备比较,也具有实时测量、自动跟踪、单站定位和直接测速等特点。激光雷达目前已用于导弹、飞机等目标的姿态测定,导弹发射初始段和低飞目标(飞机、炮弹等)的跟踪测量等,还用于卫星、导弹等再入目标的跟踪测量等。

• 目标姿态测定。测定导弹、飞机等目标的飞行姿态,是对这些目标进行研制和改进时必须要完成的一项重要任务。用拍摄目标表面涂印的条纹标记的传统光学方法进行测定,测定精度低,且作用距离有限。用激光雷达则可精确测定目标的姿态,它通过测量置于目标上的角反射器的方向测定目标的姿态。

• 再入目标测量与识别。用微波雷达对再入大气层的导弹、卫星进行跟踪测量时,会出现下列困难:因微波无法穿透再入体周围的等离子鞘(含有大量电子、质子及其他带电粒子且围绕再入体的鞘形区域),会出现信号中断的现象;微波由于波束宽,跟踪、识别目标的数量有限;难以实现快速、高精度的跟踪测量。用激光雷达测量和识别再入目标就可以克服这些困难:首先,激光能穿透等离子鞘;其次,由激光雷达的特点可知,激光雷达的分辨力高,可同时(或依次)跟踪多个目标;第三,激光雷达的跟踪精度也能满足对再入目标的测量与识别要求。例如,美国的"火池"激光雷达在对卫星的跟踪试验中,跟踪角精度达 0.2 角秒。

• 导弹发射初始段和低飞目标测量。初始段的试验导弹容易出故障,必须精确测量这段的飞行数据。这段内飞行的导弹和其他低飞目标,由于飞行高度低,微波雷达对其跟踪测量时存在盲区,传统的光

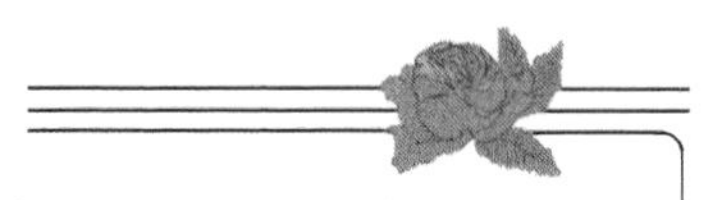

学测量设备则不能实时输出数据，即使给出，其测量精度也不高。用激光雷达测量，就能实时输出数据，且精度也高。事实上，激光雷达在试验靶场的最早应用，就是对导弹的发射初始段进行测量。

例如，美国的典型靶场激光雷达——精密自动跟踪系统(PATS)曾成功地跟踪了70mm火箭炮和105mm炮弹的全程。据称，利用10台左右的PATS接力测量，可测量巡航导弹的全程，测距精度可达10cm，测角精度可达0.02μrad。下面，我们来了解PATS的构成、工作过程及性能指标等。

PATS是一种激光跟踪和测距系统，可用于各种试验靶场，实时测定飞行合作目标的空间位置和飞行姿态，并可用来校准微波雷达。它的研制大致始于20世纪60年代中期，经过五年左右时间的试验，于1971年正式投入使用，现已成功地用于飞机、导弹、炮弹及炸弹等目标的跟踪测量。PATS的主要组成部分有：Nd：YAG激光发射机，脉冲激光接收机(跟踪用硅四象限探测器、测距用锗雪崩光电管)，红外电视摄像机及其监视器，伺服控制的反射镜以及数据处理器和记录器。图4.40是PATS的方框图。

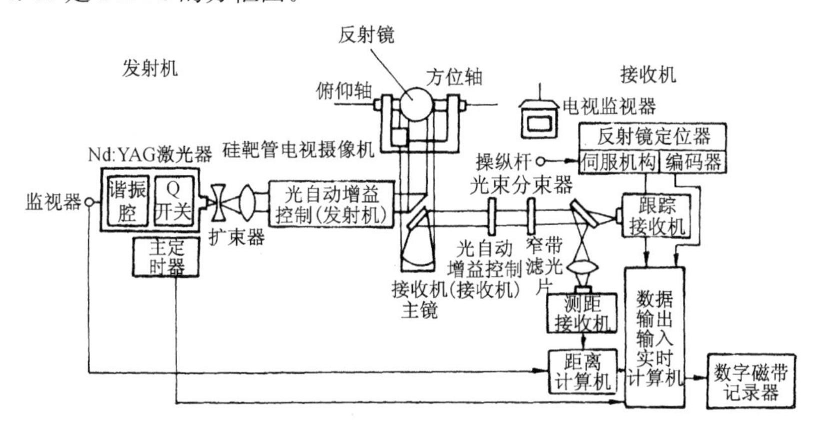

图4.40　精密自动跟踪系统(PATS)的方框图

PATS工作时，操作手通过操纵杆转动反射镜，同时注视电视监视器，捕获目标。目标一旦进入视场中心，PATS便对其锁定和跟踪。PATS也可由微波雷达引导来捕获目标。从目标反射的回波分别聚焦

在跟踪和测距的探测器,距离计数器通过测量每个脉冲的往返时间来获得距离数据,目标的角位置由16位编码器给出。

PATS配有一台微机,它起下述作用:以每秒100次的速率编排并记录方位、俯仰、距离和时间数据于磁带上,以便事后处理;作坐标变换,以便输出高精度的实时位置数据和速度数据,便于绘图和数字显示;作坐标变换,使PATS可能接受外部定位设备(如远处的雷达)的导引;用程序保证目标或其他关键区域在安全标准范围内的安全控制。

PATS装在高机动性能的挂车内,到达预定地点后很快(1h内)就可投入运转。其中激光器的线路和所有的光学部件都装在封闭的组件中,而整个组件则装在跟踪架上。采用分块支撑和屏蔽装置,使系统即使在92km/h的风速中,也能稳定工作,精度也能得到保证。

PATS的有关性能情况如下。作用距离为100～40 000m;目标上须装有角反射器或适当的涂层;采样速率为100次/s;跟踪精度为:距离±0.6m,方位优于0.1μrad,俯仰优于0.1μrad;分辨力是:方位为0.025μrad,俯仰也为0.025μrad;平均无故障时间:90h;对工作环境的要求是:工作温度为−17.8～48.9℃,风速为0～93km/h。

② 武器火控。

激光雷达能弥补微波雷达存在低空盲区、易受电子干扰、测量精度不高等不足。因此,激光雷达被广泛应用于各种武器系统中,用于地对空监视和目标探测(点防御)、地对地监视和目标探测(坦克战)、空对地目标探测(近空支援和封锁)等。

目前,许多武器上已配有含Nd:YAG激光测距机的光电火控系统,火控用的激光雷达就是在此基础上发展起来的。现在,已研制出能在几千米内对目标进行精密跟踪测量的激光雷达,如舰载炮瞄激光雷达能跟踪掠海飞行的反舰导弹,使火炮可在安全距离以外拦截目标。

号称"终极"武器的高能激光武器,其精密瞄准跟踪系统是武器的关键组成部分。这种武器由于靠激光直接打在目标上并停留一定时间来摧毁或破坏目标,所以,对瞄准跟踪系统的速度和精度要求很高。单独的微波雷达系统一般难以满足要求,高性能的激光雷达系统自然成了高能激光武器精密瞄准跟踪系统的重要组成。

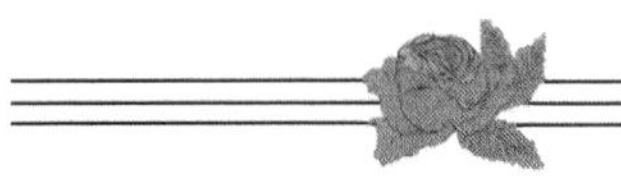

下面以美国“机载多功能 CO_2 成像激光雷达”为例来说明激光雷达在武器火控方面的应用。

现有的地形跟踪微波雷达，在飞机的全天候和低空飞行中起着非常重要的作用，但这种雷达难以胜任低于 50m 飞行时的安全保障任务。为此，美国空军与麻省理工学院合作，研制机载多功能 CO_2 成像激光雷达。这种雷达计划安装在 A-10 攻击机上（见图 4.41），也可装在直升机或地面战车上。它能准全天候工作，在近空飞行中能回避地形和障碍物，捕获、识别目标，并能为激光制导导弹指示目标。

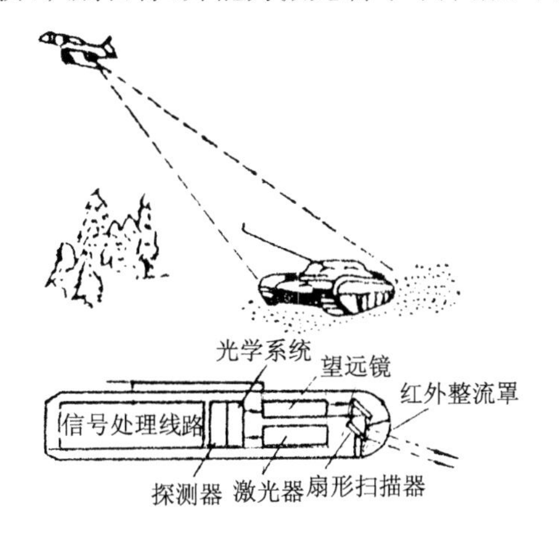

图 4.41　拟装在 A-10 飞机上的激光雷达舱

图 4.42 是机载多功能 CO_2 成像激光雷达的方框图。这种雷达实际上是成像激光雷达与前视红外装置的组合系统。它工作时，激光器输出连续波，光束经光束成形器后成为扇形，被望远镜发射至飞机前下方的地面，利用飞机的向前运动和瞄准器中扫描器的水平摆动，对目标区进行扫描搜索。搜索过程中来自目标的反射信号被同一光路接收后，与本机振荡激光器发出的激光混频，成像于外差探测器上。通过分析探测器输出的电信号，可实现动目标指示。一旦探测到动目标，瞄准器就会对准目标方向，激光器转为脉冲方式工作，同时像平面扫描器开始工作，对目标进行逐点光栅扫描。于是可获得高分辨率的目标图像，对目标进行识别；通过测量脉冲的延迟时间，还可得到目标距离。结合

目标图像，又可得到目标的方位、俯仰角。

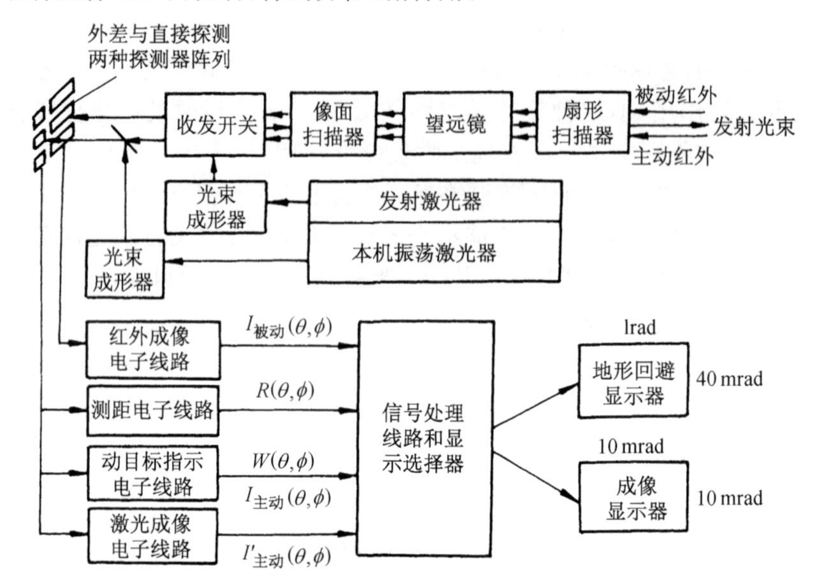

图 4.42　机载多功能 CO_2 成像激光雷达的方框图（θ,ϕ 是景物像素的角坐标）

这种雷达的作用距离为 3 000m；分辨力距离是 0.15m，速度是 2.2m/s，角度是 0.08μrad；扫描角速度为 34rad/s。

③ 跟踪识别。

20 世纪 70 年代以来，外军开始重点研制与武器配套的非合作测量激光雷达。这样，激光雷达对目标的跟踪识别应用，范围就变得很广，如空中侦察（目标侦察、地图、海图测绘）、敌我坦克识别、导弹制导（指令、驾驶、主动或半主动回波制导）、航天器与载人飞行器的跟踪识别、高空机载早期预警、卫星海洋监视和光通信的目标瞄准跟踪、技术情报搜集（观测目标结构、性能等特征，以监视对方技术发展）等。

下面以美国的“火池”相干单脉冲 CO_2 激光雷达为例来说明激光雷达的跟踪识别原理和应用。

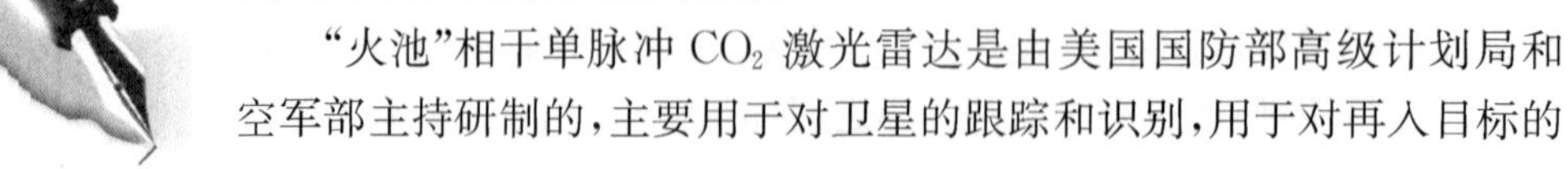

“火池”相干单脉冲 CO_2 激光雷达是由美国国防部高级计划局和空军部主持研制的，主要用于对卫星的跟踪和识别，用于对再入目标的

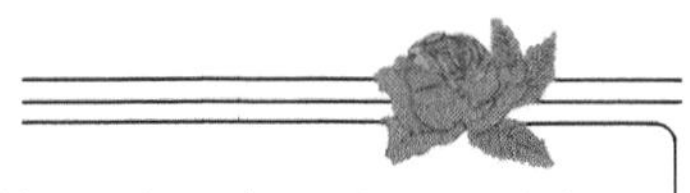

跟踪测量和高能激光武器的精密瞄准跟踪系统。图 4.43、图 4.44、图 4.45 分别为这种雷达的方框图、配置图和实验室区的收发光路图。

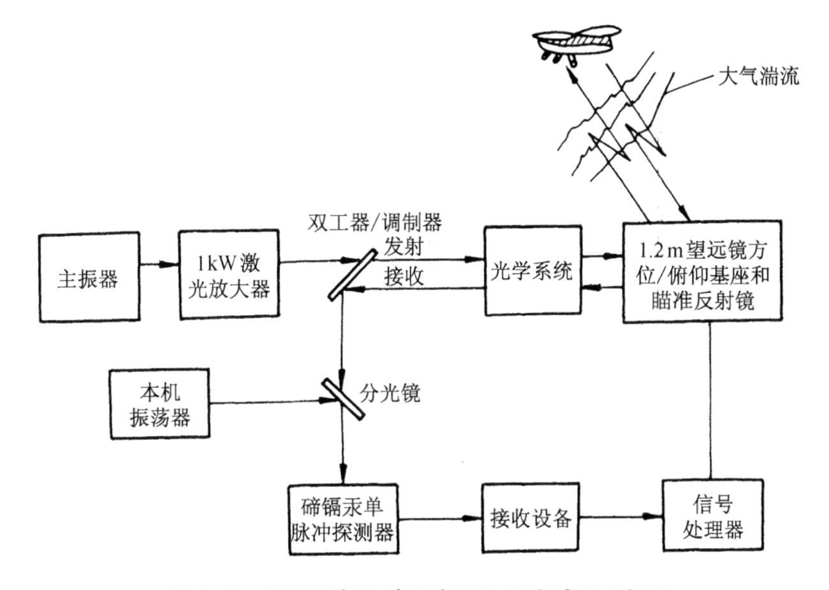

图 4.43 “火池”相干单脉冲 CO_2 激光雷达方框图

从图 4.45 可知,“火池”相干单脉冲 CO_2 激光雷达工作时,单频主振器输出稳频 10.6μm 的红外光束,其中一部分被分光镜引至 Δf 环(含差频探测器、本机振荡器等的部分光路)中,其余部分经机械斩波器圆盘(有几条缝或孔的镜子)的一个孔或缝进入放大器。这部分光在此放大至峰值功率 1kW 左右后,再由斩波器调制,经望远镜发射出去。光路中的各反射镜可由伺服控制系统微调,保证激光雷达快速捕获、跟踪目标。

扫描过程中被目标反射的回波(包含目标反射的可见光)被同一光学系统接收,通过斩波器(这时作为双工器)后,经一个小的离轴抛物面镜精确调整,反射至渡越时间校准器。这个校准器是一个伺服控制的反射镜,能进行角度修正,以补偿跟踪运动目标时发射光束与接收光束之间的有限渡越时间(即发射光束必须比接收光束有个提前量,其大小取决于目标的横向速度)。至此,红外激光与可见光基本上是共线的,

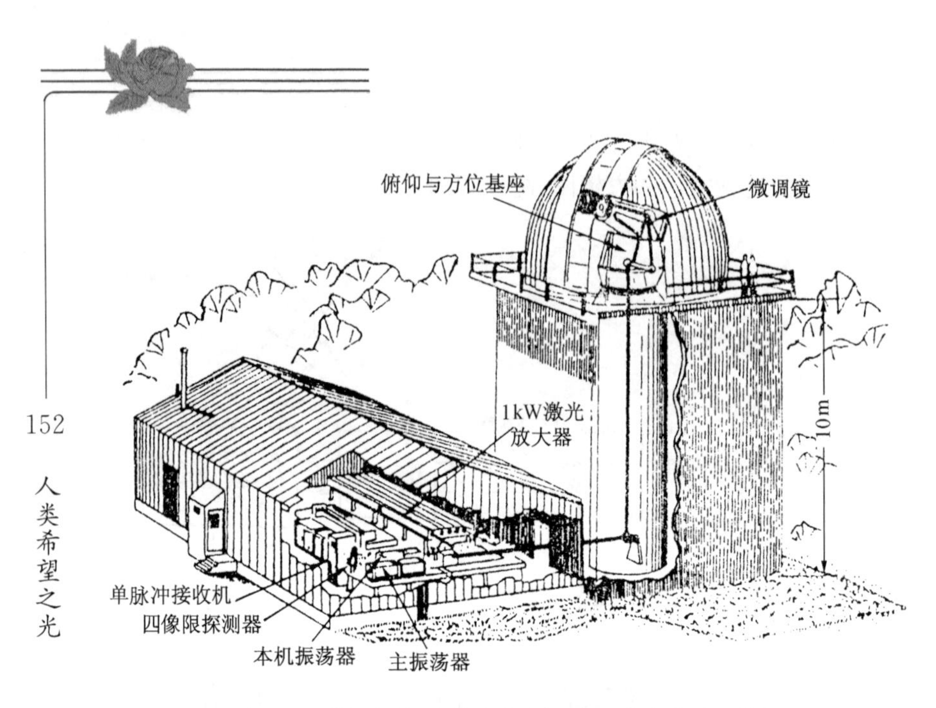

图 4.44 “火池”相干单脉冲 CO_2 激光雷达系统配置图

两者经二色镜分别进入四象限探测器和微光电视摄像机。借助电视图像,可将红外激光瞄准目标。红外激光与本机振荡激光在探测器中混频,光电探测器的输出电信号经接收电子线路处理后,产生方位和俯仰控制信号。

与其他激光雷达比较,“火池”激光雷达采用了不少新技术,如采用两个环路(微调镜跟踪环路和望远镜机架跟踪环路)、附加误差处理机等,使其技术性能有很大提高。因此,“火池”激光雷达的研制成功被誉为激光雷达发展史上的一个里程碑。它在跟踪1 000km远的合作目标卫星的试验中,跟踪精度达 1μrad(即 0.2 角秒),这比 AN/FPQ-6 雷达高 50 倍。它瞄准跟踪洲际弹道导弹的作用距离为1 500km,跟踪精度为 0.2~0.1μrad。

④ 指挥引导。

这种激光雷达主要用于航天器会合、对接;恶劣天气里飞机的起飞与精确着陆;卫星对卫星的跟踪、测距和高分辨力测速,从而测量地球、月球和行星的重力场异常现象等。

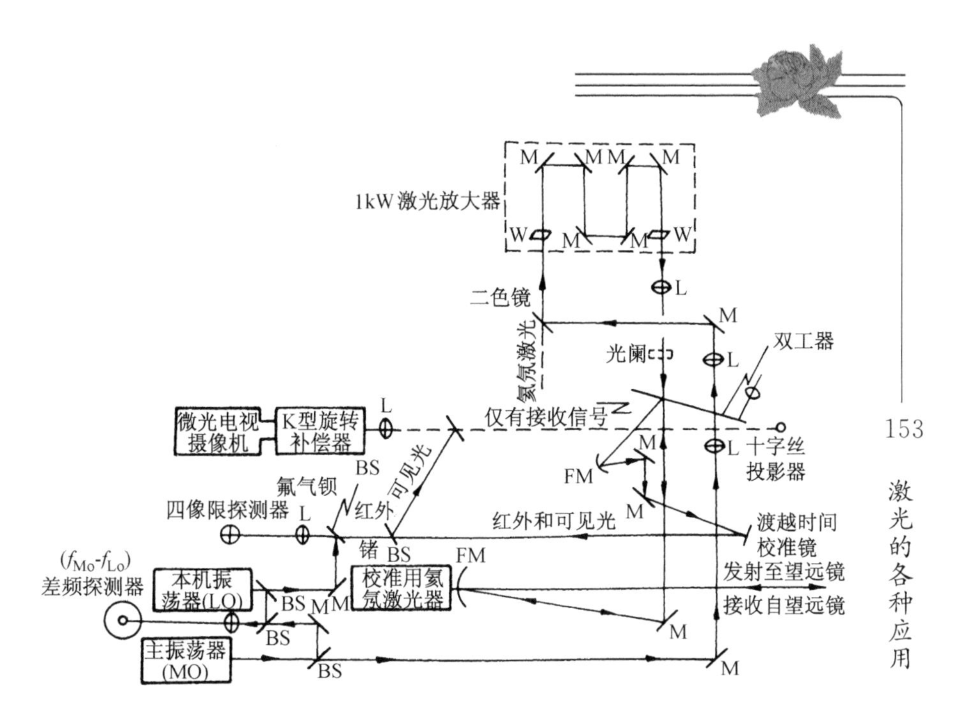

图 4.45 “火池”相干单脉冲 CO_2 激光雷达收发光路图

首先，我们来介绍美国研制的“激光障碍物和地形回避警戒系统”(LOTAWS)。历史上，常有飞机撞电线(电话线或动力线)而坠毁，据统计，1975～1980 年间仅北约就有 226 架飞机发生这种事故，死了 56 人。LOTAWS 就是在这种背景下着手研制的，它是一种多功能的 CO_2 激光相干雷达。它除可装在直升机、固定翼飞机上用于地形和障碍物回避、多普勒导航、悬停以及武器火控外，也可用于巡航导弹制导和坦克等兵器的火控系统。

LOTAWS 的工作原理与一般激光雷达大同小异，图 4.46 是这种激光雷达的方框图。

LOTAWS 的最大特点是有一个程序可控、多调制方式的 CO_2 激光器(见图 4.47)，能发射七种不同的调制波形，使系统具有多种功能，如导航、目标截获与跟踪、敏感振动；目标识别(三维成像和试验性三维成像)；地形跟踪、地形回避与障碍物回避；在地形跟踪、地形回避与障碍物回避中测量目标距离；运动目标指示与测距。在图 4.46 中，垂直虚线左边是激光谐振腔，右边是多调制方式程序可控器。谐振腔中的

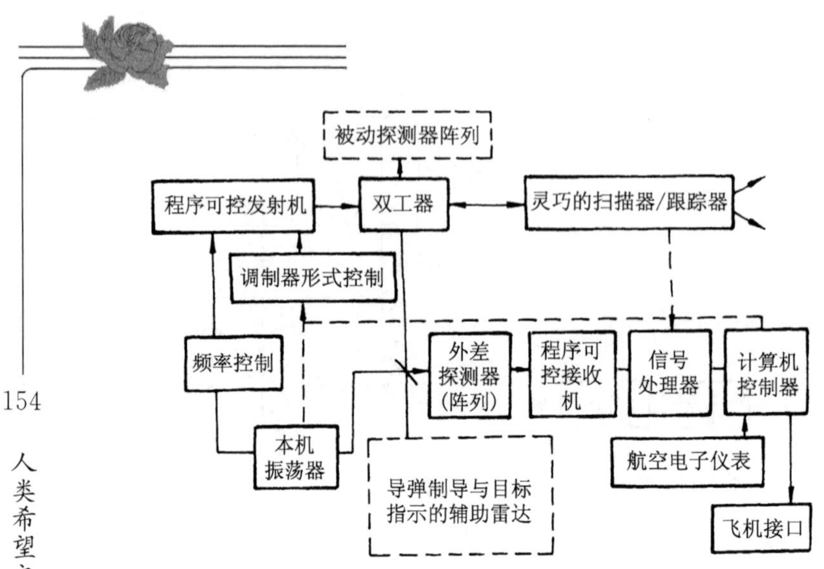

图 4.46 LOTAWS 的方框图

电光调制器包括低损耗的双折射晶体。程序可控电压源与调制器电极相连,根据需要,通过施加不同调制波形于晶体上,就可从谐振腔得到相应的调制波形输出。LOTAWS 的作用距离为1 000～10 000m,分辨力为 0.01m/s。

其次,我们再简单介绍美国的"宇宙飞船载扫描激光雷达"。它主要用于宇宙飞船会合、对接时的精确制导。它采用同步扫描的收发机(见图 4.48),其关键部件是发射机中的压电驱动反射镜和接收机中的电磁偏转线圈。这种雷达工作时,在压电晶体上加一额定电压,就可控制激光束的发射方向,同时,通过在偏转线圈上加一特定电流,使接收视场位于激光束的视线角方向,实现同步扫描。图 4.49 是这种雷达实验样机的方框图。

⑤ 大气测量。

大气对激光尤其某些波长的激光有较为强烈的吸收和散射,这是在开发和应用激光雷达时必须重点考虑的问题。这可分为两个方面,一是尽量减少激光的大气吸收和散射,以提高激光雷达的有关性能;二是利用大气对激光的吸收或散射来测量大气。事实上,激光雷达在大气测量方面的应用可谓非常广泛:如化学、生物毒剂,目标废气等的侦

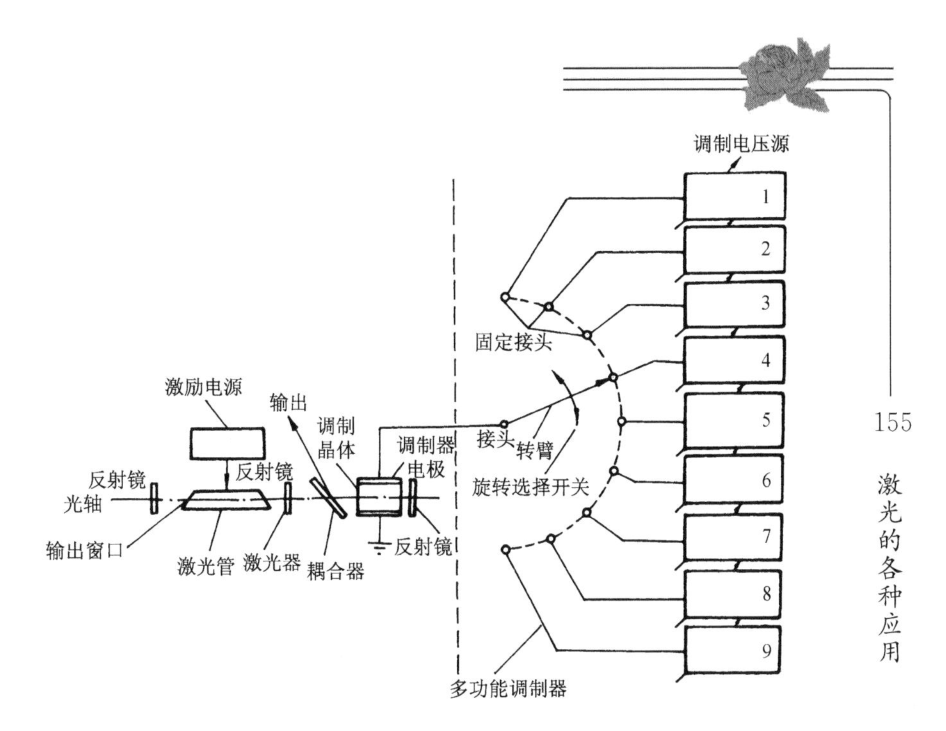

图 4.47 程序可控的 CO_2 激光器

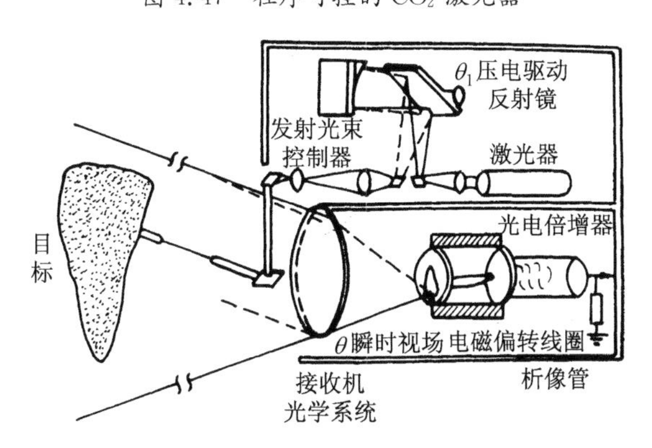

图 4.48 扫描激光雷达的同步扫描收发机

测;环球风监测和其他参数测量;局部风速测量(以利导弹等武器校准);晴空大气湍流探测(以利飞机安全飞行)等。

• 化学毒剂侦测。采用传统的现场取样侦毒设备侦测毒剂,样品收集费工,分析时间长,测量灵敏度不高,难以满足作战要求。而采用

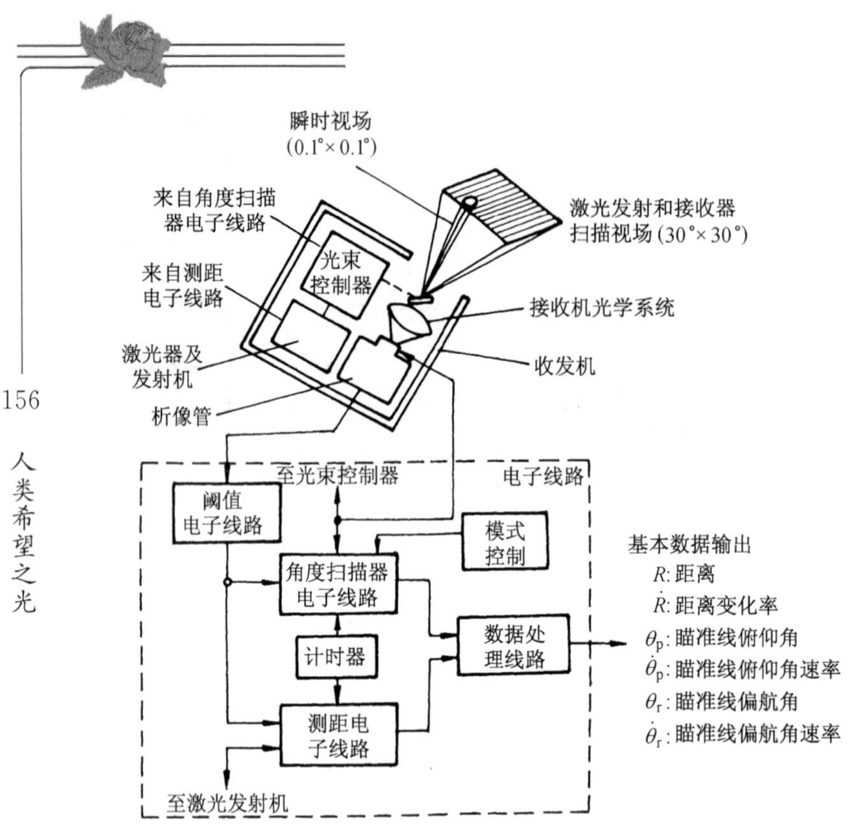

图 4.49　扫描激光雷达实验样机方框图

激光侦测化学毒剂设备就可克服上述缺点。这种设备的研制综合应用了激光雷达技术与激光光谱技术，它探测灵敏度高，能远距离、实时测量化学毒剂的种类、浓度及浓度随时间和空间连续变化的详细情况，还可将结果以图形显示出来。

激光侦测系统一般采用灵敏度高的外差探测差分吸收法，其原理是：用激光发射机向毒剂扩散区同时发射两种不同波长的激光。一方面，由于每种毒剂分子都具有特定的吸收光谱，对其中一种波长的激光与之相遇的待测毒剂分子恰能吸收；而对另一波长的激光，这种毒剂分子则完全不吸收。另一方面，大气中还悬浮着许多其他粒子，它们对激光产生后向散射，即回波。这种回波信号被接收机收到后，在探测器上与本振光(本机振荡激光)混频。混频时产生的中频信号经放大输入数

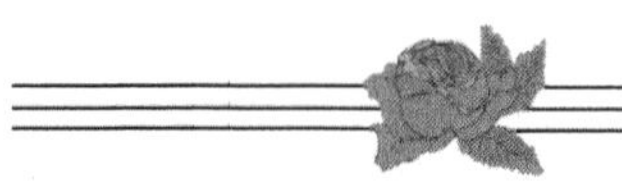

据处理线路或直接显示。通过检测被待测毒剂分子吸收过的激光回波信号与毒剂分子不能吸收的激光回波信号之差，就能得到待测毒剂分子对激光的吸收程度，于是可得毒剂分子的浓度。通过调谐激光波长，使激光发射机输出不同波长的激光，就可识别不同种类的毒剂。

20世纪70年代，美国、英国等国家开始研制激光侦毒系统。采用的光源主要是CO_2激光器，这是由于大部分化学毒剂的吸收谱线在9～11μm波段，而这种激光器的工作波长恰在此波段的缘故。

例如，美国空军在"机载多功能CO_2成像激光雷达"的基础上研制"遥感相干CO_2激光雷达"，这种激光雷达计划用于低浓度的化学战剂或大气污染物。

相对于机载多功能CO_2成像激光雷达，遥感相干CO_2激光雷达主要修改了两个部件，一是接收机的电子线路，二是激光器。改进后的接收机电子线路，使系统能以一个波长同时测量若干距离内多处气溶胶的后向散射，如1983财政年度制成的电子线路，使系统可搜集、记录30.5m距离间隔内60个取样的信号强度。激光器经改进后则至少能发射两个波长，以便系统能以双波长差分吸收进行测量，如1983财政年度研制了波长为9～11μm的迅速可调的CO_2激光器。此外，去掉了光束成形器，将探测器单元数从12个减至1个。该系统的外场试验表明，系统对0.5m处气溶胶的测量值与理论值相当吻合。图4.50和图4.51是遥感相干CO_2激光雷达的样机方框图和试验样机部件配置示意图。

• 气象观测。与气象微波雷达比较，气象激光雷达能观测到更多、更详细、更精确的气象现象。它能测出从几十米低空到几十公里高空范围内云层的存在、方位、距离、底部及顶部高度，因而获得云层的截面结构；能发现极薄的不可见卷云和对飞机飞行危险性很大的晴空湍流；能测量局部风速，用于校准武器，提高武器的命中精度；能对环球风场进行测量，用以改善长期天气预报等。

下面我们介绍英国的"激光真实空速系统(LATAS)"。它实质上是圆锥扫描的机载多普勒激光雷达，主要用于风切变探测、气压误差校正及作为自动节流阀速度传感器。它还可在飞机着陆时，使激光束同

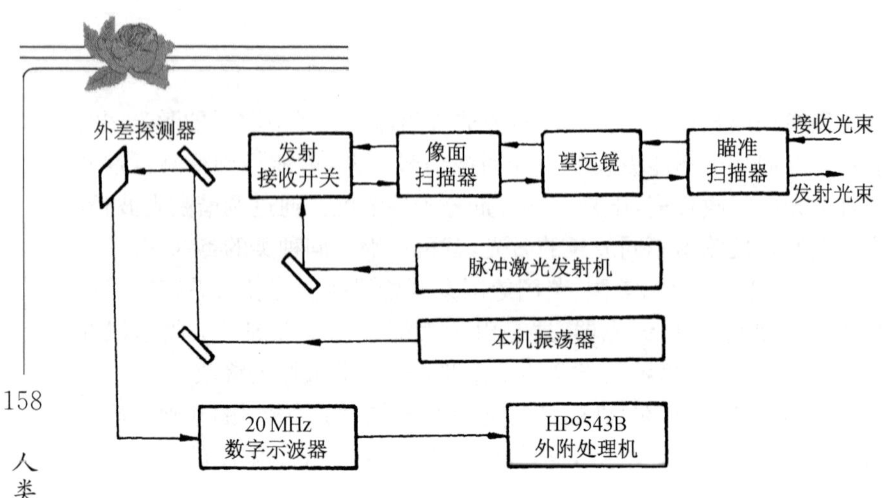

图 4.50　试验样机方框图

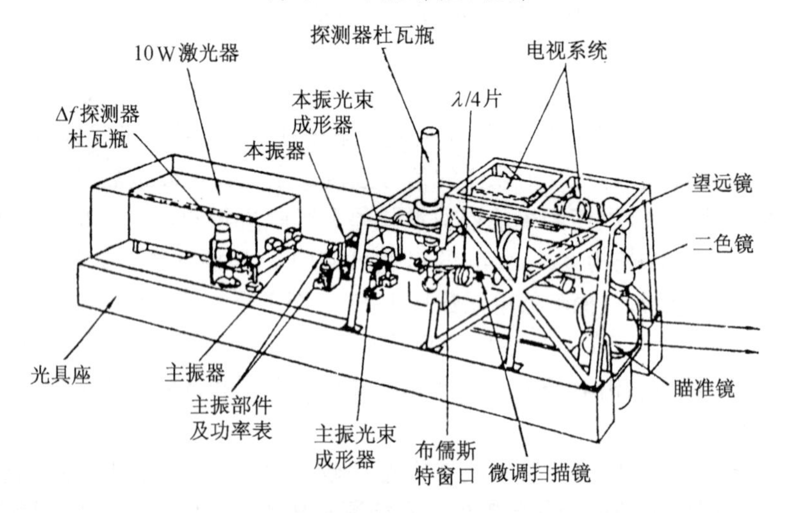

图 4.51　试验样机部件配置示意图

时扫描地面和轮子，通过两者的回波信号控制轮子的转动（而不滑行），因而大大减少轮胎磨损。

图 4.52 是系统方框图。光学头里装有激光器及其电源、光学系统、由高压空气制冷的探测器及其放大器。紧邻光学头，装在飞机非加压部分的有激光器的热电制冷器、探测器的高压储气瓶。光学头置于25℃的恒温箱里。多普勒信号由表面声波频谱仪测出，记录在飞机记

录器系统里并显示在操作台的示波器上。多次试验表明,LATAS 可测量飞机前方 250m 处风的切变。

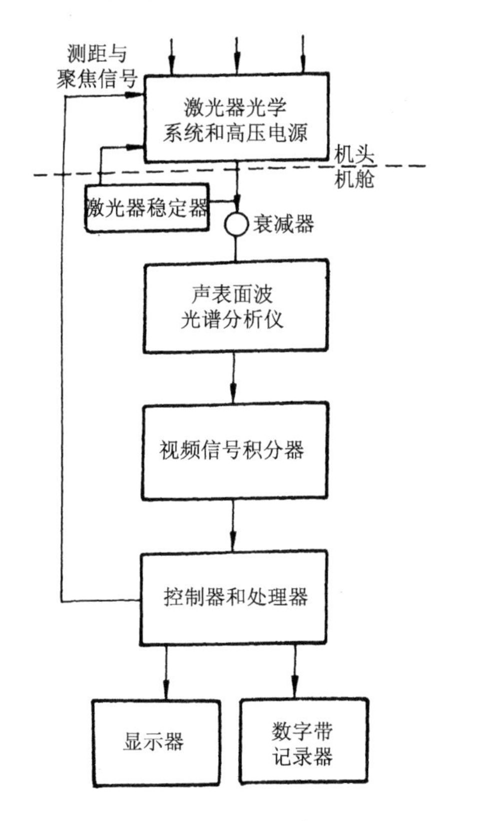

图 4.52　LATAS 方框图

3. 激光制导

(1) 什么是激光制导

所谓制导,是指控制和导引飞行器,使其按照选择的基准飞行路线进行运动的过程。一般可分为:

① 自主制导:制导信息不是指挥站或目标所发送的能量,完全由安装在飞行器内部的设备动作来制导飞行器。

② 遥控制导:利用装设在飞行器内部和外部的设备,在指挥站(可设在地面或别的飞行器上)制导该飞行器,驾束制导和指令制导都属遥

控制导。

③ 寻的制导:利用来自目标的信息,测算出目标的位置,控制器根据计算出来的信号动作而使飞行器导向目标。

④ 全球定位系统(GPS)制导:利用飞行器上安装的GPS接收机接收四颗以上的导航卫星播发的信号来修正飞行器的飞行路线。

⑤ 复合制导:综合利用几种制导方式的优点于飞行全过程的制导。

按照制导时的信息载体电磁波的特性,制导又可分为(微波)雷达制导、红外激光、毫米波制导和激光制导等。所谓激光制导,是指以激光作为传递信息的工作物质的制导。激光常被用于寻的制导、驾束制导。

在寻的制导中,激光制导主要采用半主动方式,即导引头(它安装在弹上,被用来自动跟踪目标并测量弹的飞行误差)与激光照射器是分开放置的,前者随弹飞行,后者置于弹外。激光照射器用来指示目标,故又称激光目标指示器。导引头通过接收目标反射的激光照射器照射的激光,引导导弹飞向目标。激光主动寻的制导是一种激光照射器和导引头都装在弹上的制导,它要求目标与周围背景对激光的反射率相差很大,这只有在目标上设置了后向反射镜这样的合作目标才有可能,因此在实际应用上就受到很大限制。被动寻的制导是导引头装在弹上、通过接收敌方激光信号而引导弹头飞向目标的制导。由于激光束极窄,敌方激光信号是很难捕捉和跟踪到的,所以这种制导实际上也难以实现。

图4.53是激光半主动寻的制导系统构成的示意图。激光发射机作为信号源装在地面、车船或飞机上,发射激光束为制导武器指示目标,故称为激光照射器或激光目标指示器。在激光目标指示器中除了激光发射机,还需要有发送激光和观察瞄准目标的光学系统以及对目标进行跟踪的装置。当目标作快速机动或激光目标指示器装在飞机上时,对目标跟踪的问题就更加复杂。一般说来,寻的制导用的激光目标指示器可不具备测定目标距离的性能,但有些指示器附加了激光接收系统,可以完成测距,而在发射制导武器之前将目标距离信息送入火控

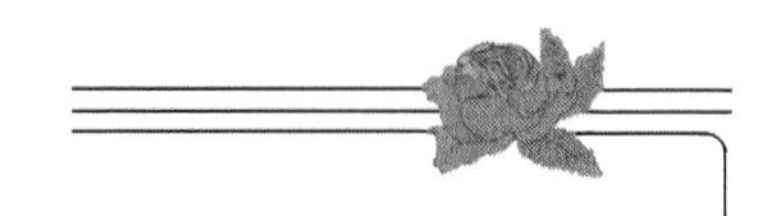

计算机来控制武器的发射。

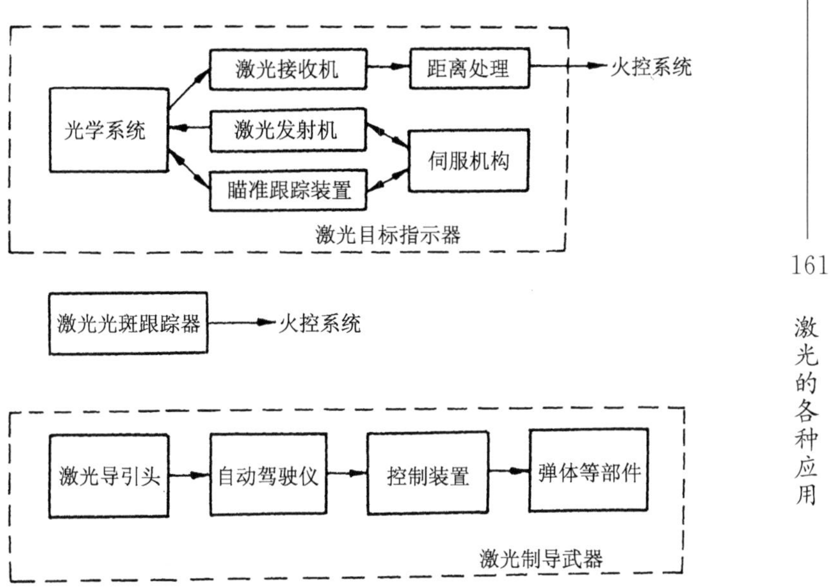

图 4.53　激光半主动寻的制导系统构成

半主动寻的制导的弹上设备除了战斗部、气动稳定翼、发动机等外，核心部分是激光导引头和控制部件。许多导弹还装有自动驾驶仪来提高稳定性和控制精度。

此外，在激光半主动寻的制导中，当制导武器的跟踪装置与激光目标指示器分在两处时，需要一种激光光斑跟踪器来确定激光目标指示器所指示的目标位置，从而为武器跟踪寻的装置提供目标信息。如用地面激光目标指示器配合机上空投激光制导航弹时，投弹飞机上须装有激光光斑跟踪器。

驾束制导是利用微波束或激光束导引导弹飞向目标的遥控制导技术，其工作过程是：制导站雷达（或激光器）向目标发射一束旋转波束，导弹沿波束的旋转轴飞行，弹上设备自动测出导弹偏离波束旋转的参数并形成制导指令，弹上控制系统根据指令导引导弹飞向目标。利用激光束导引导弹飞向目标的制导称为激光驾束制导。

图 4.54 是激光驾束制导系统构成的示意图。激光照射器在这里的作用与寻的制导系统的不同,它发射的激光束不仅要指向目标,而且要使弹沿激光束的中心飞行。这种照射器除有激光发射机外,也需有光学系统和跟踪装置。这里的光学系统比寻的制导系统中的要复杂些。例如,为了确定弹偏离激光光束中心的大小,常对激光束进行空间编码,这样光学系统中就要包含调制器或扫描器及变焦装置。

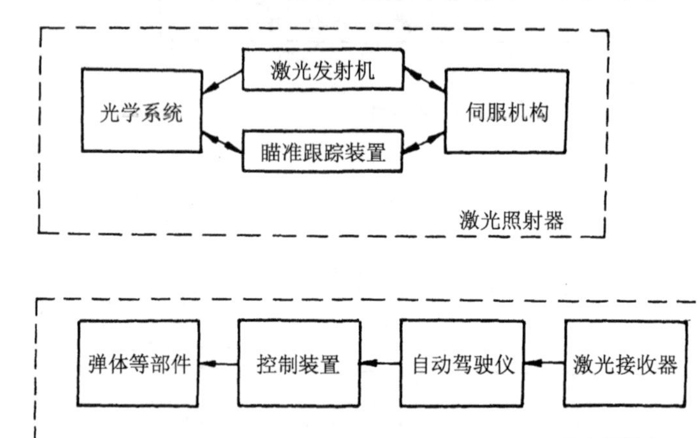

图 4.54　激光驾束系统构成

在激光驾束制导的弹上没有导引头,但在尾部有能够确定弹在激光光束中位置的部件,这通常是靠光电型的激光探测器来完成的。此外还应有控制部件,有的还装有自动驾驶仪。

上述两种激光制导各有优缺点。半主动寻的方式技术上较成熟,容易实现,用得比较普遍。几乎各种武器都可采用半主动寻的制导方案即口激光制导航弹、炮弹、地一空导弹、空一地导弹和反坦克导弹等。而驾束制导方案则在地一空导弹和反坦克导弹中用得较多。

驾束制导对激光功率的要求不高,但空间编码的要求使激光照射系统变得复杂。驾束制导还要求初始弹道能保证弹进入极窄的激光束,这就给发射系统提出了高的要求。此外,为了不丢失目标,对目标视线运动角速度需有一定的限制。

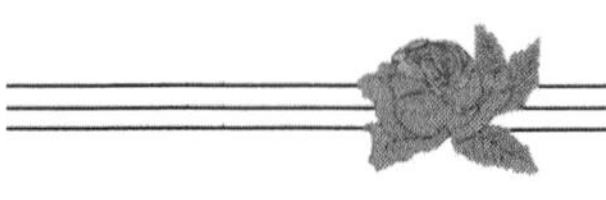

半主动寻的制导是利用目标反射的激光能量进行制导的，因此需要较大的激光发射功率，若目标对激光具有一定的隐身功能，则要求更高的激光功率，所以半主动寻的制导常采用末端制导的方案。

(2) 激光制导武器

激光制导技术和各种激光制导武器已有近40年的发展历史。目前，世界各国的激光制导武器有激光制导炸弹、激光制导导弹和激光制导炮弹等。

① 激光制导炸弹。最早研制并使用激光制导炸弹的国家是美国。1966年，美国得克萨斯公司和北美航空公司根据与美空军签订的合同，分别完成了采用不同制导方案的激光制导航空炸弹原理样机，并在埃格林空军基地进行了空投试验，两种样机都达到了原定10m以内的制导精度。得克萨斯仪器公司采用的速度跟踪制导方案由于结构简单，成本低，并且不改变飞机原有武器投掷系统和作战方式，因此被空军选用。因空军将这种激光制导航空炸弹列入改善轰炸精度的"宝石路计划"，故这种炸弹被称为"宝石路"激光制导炸弹。这种武器1968年在东南亚作了战场鉴定，1972年公开在越南战场使用。据1972年1～3月统计，在美国空军投下的2 721枚激光制导炸弹中，直接命中目标的有1 675枚，命中率达60%，后期提高到75%。这个结果说明，激光制导炸弹命中率比手控投放无制导的普通航空炸弹提高约200倍，比计算机投放无制导炸弹命中率提高50倍，把航空炸弹的命中精度从原来的90～100m，一下子提高到3～4m。实践证明，激光制导炸弹对那些防守严密，用普通炸弹难以摧毁的桥梁等目标特别有效。美空军在越南战场共投下25 000枚激光制导炸弹，摧毁目标18 000个，其中桥梁就有106座。

宝石路激光制导炸弹目前已发展了Ⅰ型、Ⅱ型和Ⅲ型三种类型，命中精度已提高到1.5m。宝石路Ⅰ型激光制导炸弹除了在美国服役外，还在世界许多国家和地区服役(如英国、沙特阿拉伯、以色列等)。为了适应低空投放的要求，美国得克萨斯仪器公司在20世纪70年代末研制成功宝石路Ⅱ型激光制导炸弹。与Ⅰ型相比，Ⅱ型的改进之处主要在尾翼，Ⅱ型采用折叠翼。在挂机状态时，Ⅱ型的四片弹翼收缩在尾部

组件中，投弹后翼面被弹簧机构弹开，从而可为炸弹提供足够的气动稳定性和升力。Ⅱ型还采用了激光编码技术和塑料透镜、塑料环形翼等新工艺。Ⅱ型激光制导炸弹除可采用俯冲投放方式外，还适用于低空水平投弹及低空上仰轰炸的战术。1982年英阿马岛战争期间，英国空军曾用费伦蒂公司的激光目标标志器指示目标，从6～7km远处投掷宝石路Ⅱ型激光制导炸弹，炸弹准确命中目标。

为避免飞机投弹时被防空火力击落，美空军在1980～1981年间，开始研制可低空远距离投放的第三代激光制导炸弹——宝石路Ⅲ型激光制导炸弹，并于1982年底通过了飞行试验。与Ⅰ型、Ⅱ型均采用“速度追踪法”制导规律不同，Ⅲ型采用的制导规律是比例制导方案，Ⅲ型采用了高升力的折叠尾翼，改进了扫描寻的器，并利用了先进的微处理机技术，具有超低空寻的能力。与宝石路Ⅰ型、Ⅱ型相比，Ⅲ型的视场角增大，灵敏度有所改进，达到了在低空可见度下降的条件下对激光能量的有效捕获。

宝石路Ⅰ型、Ⅱ型和Ⅲ型三种类型的激光制导炸弹的导引头，是一套通用的激光制导控制装置，采用风标式，是一个带有稳定环的圆柱体，装在弹的最前面，用万向接头与弹体相连接。平时导引头处于锁定状态，炸弹投下后解锁。炸弹命中目标以前，导引头始终对着目标。

导引头的最前面是有机玻璃制成的护罩，护罩后面是滤光片，目标反射的激光能量透过护罩而进入滤光片。滤光片的频带很窄，仅允许波长为0.6μm的激光通过，能将无用的杂波滤掉。滤光片后面是聚焦透镜，其作用是把接收到的激光聚焦到后面的探测器上。探测器由四象限硅雪崩光电二极管构成，各象限交接处是盲区。探测器的一个或几个象限内接收到光信号后，便对光信号进行光电转换，输出相应的电信号。电信号经放大再传入导引头后面的微计算机，由计算机操纵控制舵翼，控制炸弹飞向目标。图4.55是宝石路型激光制导炸弹的外观结构。

除美国率先研制出了宝石路型激光制导炸弹外，世界上其他一些拥有先进技术的国家也研制出了激光制导炸弹，如法国就研制出了“马特拉”激光制导炸弹。

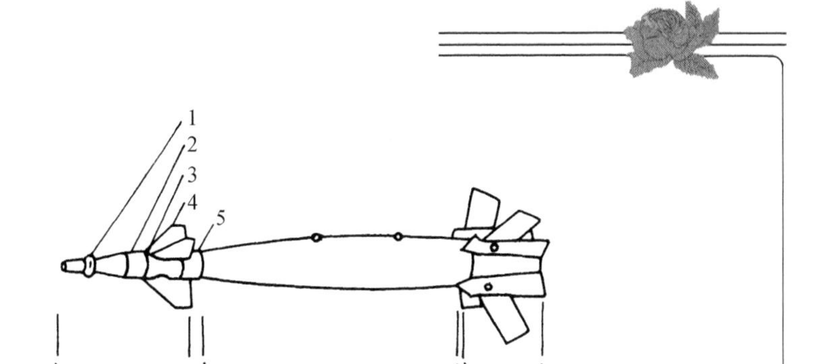

图 4.55 宝石路型激光制导炸弹的外观结构
1-探测器 2-计算机 3-控制段 4-舵面 5-结合部
6-计算机控制组合件(CCG) 7-弹体 8-翼组合件(AFG)

② 激光制导导弹。继激光制导炸弹出现之后,美国于 20 世纪 70 年代初开始研制激光制导导弹,1976 年交付试验。为了适应激光制导的需要,导弹也向着标准化的方向发展。美国现在已有十多个型号的激光制导导弹。英国、瑞典和法国等也相继研制成功了激光制导导弹。激光制导导弹主要用作反坦克武器,也用作空一地导弹、空一舰导弹、舰一舰导弹和地一地战术武器等。下面我们介绍美国 AGM-114A“海尔法”激光制导导弹。

AGM-114A“海尔法”激光制导导弹是美国陆军 20 世纪 70 年代重点发展的一种空—地反坦克导弹,主要装备是美国休斯公司研制的 AH-64“阿伯奇”先进武装直升机。该机可挂载 16 枚海尔法导弹,并于 1984 年与海尔法导弹同时列装。海尔法导弹于 1971 年开始研制,1978 年定型,1980～1981 年作了一系列飞行试验,1982 年开始正式生产。

AGM-114A“海尔法”激光制导导弹采用激光半主动末制导,有多种编码。如果采用编码不同的多个激光目标指示器(地面或机载均可)照射多个目标,则可采用快速射击法,在间隔零点几秒的时间内,连续发射多个“海尔法”导弹,攻击各自的目标。如果采用一个目标指示器照射目标,则用波浪式射击法,即指示器对各个目标依次照射,每隔几秒钟发射一个导弹,依次攻击各自的目标。“海尔法”导弹的攻击能力

在夜间不比白天差，它能在比较恶劣的天气条件下工作。

“海尔法”激光制导导弹重43kg，弹长1779mm，弹径177.8mm，有效射程5km。图4.56是“海尔法”激光制导导弹的外形。

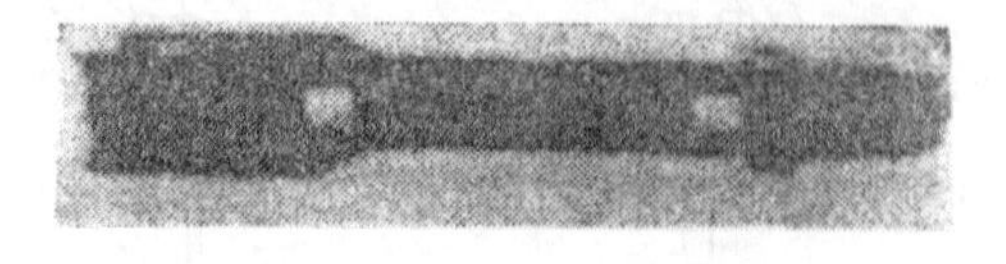

图4.56 “海尔法”激光制导导弹

目前激光制导导弹正朝着这样一个方向发展：即对于不同气候、环境，不同的距离和不同的攻击目标，只要在临战前更换一下导弹上的导引头(电视制导、红外制导或激光制导等不同方式)就可以了。这就要求在设计导弹时要同时考虑不同制导方式的导引头系统的归一化和通用性。国外主要是考虑在现有的电视制导导弹、红外制导导弹上换装激光制导的导引头系统，这样既可节省军费开支，又可改造利用旧式装备。另一种趋势是向着复合制导的方向发展。所谓复合制导就是在导弹的不同飞行段落上采用不同的制导方式(亦称分段制导)。这种制导方式抗干扰能力强，但造价昂贵。

③ 激光制导炮弹。在美国空军激光制导炸弹获得了较高的精度启示下，美国陆军在1972年正式将激光制导炮弹列入重点发展项目，开始研制“铜斑蛇”激光制导炮弹。陆军选择了马丁·玛丽埃塔公司与得克萨斯公司作为合作伙伴，先由这两家公司竞争研制，与他们签订了为期三年的合同。合同要求155mm“铜斑蛇”激光制导炮弹能用任何155mm火炮(如M109自行高炮或M198塔式火炮)发射，并能接受激光目标指示器照射目标的反射光而导向目标，对M48一类坦克的射击精度要求首发命中率达50%以上。1974年8月至1975年3月，进行了样弹试验，马丁·玛丽埃塔公司获胜。1975年开始，陆军与马丁·玛丽埃塔公司对炮弹的研制进入全面工程发展阶段，1979年10月工程研制结束，1980年3月开始批量生产。后经几次改进，炮弹命中率可达80%以上。

155mm“铜斑蛇”激光制导炮弹长1.37m、重61kg、射程4～20km，依靠半主动激光制导、比例导引。其导引头前端为窗口，与探测器组件

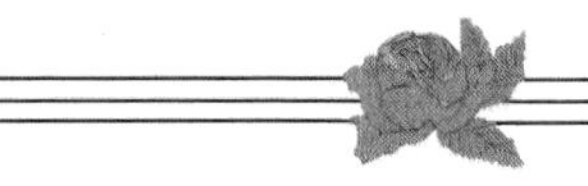

相连接。探测器为四象限雪崩光电二极管,并与前置放大器连成一体。后面是滤光片、陀螺组件、旋转和进动线圈、陀螺启动弹簧等。采用了哥特卡负载支撑套筒,在发射时能为陀螺承受很大负载,从而保护陀螺转子免受损坏。发射后哥特卡套筒即与陀螺转子解脱,而使陀螺自由活动。陀螺装有反射镜,它将接收到的激光能量反射到探测器。陀螺上还装有一个磁环,当力矩线圈或旋转线圈被激活时,磁环就使陀螺进动或旋转。图 4.57 是"铜斑蛇"型激光制导炮弹和外形图和结构图。

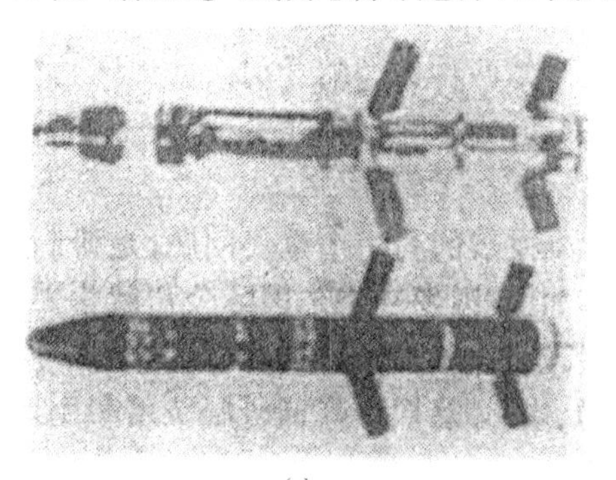

(a)

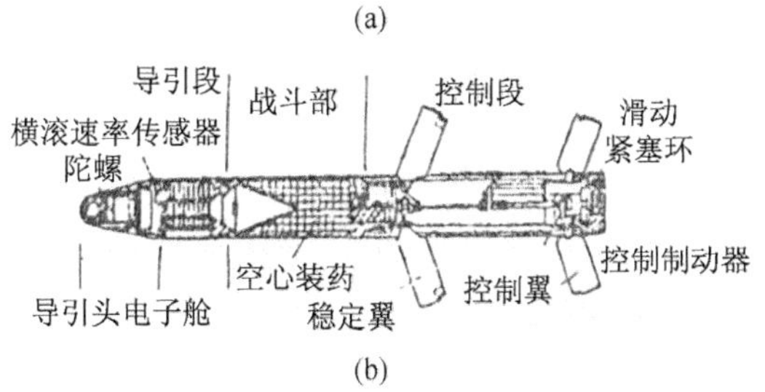

(b)

图 4.57 "铜斑蛇"型激光制导炮弹
(a) 外形图 (b) 结构图

激光制导炮弹的造价较高,是普通炮弹造价的 4 倍左右。但由于前者命中率高,为摧毁同一目标,使用激光制导炮弹的成本反而会比普通炮弹的要大大下降。目前,除美国能制造激光制导炮弹外,俄罗斯、德国等国家也能制造。

④ 激光制导武器发展趋势。

• 发展高性能的目标识别捕获和跟踪激光指示系统。20 世纪 70

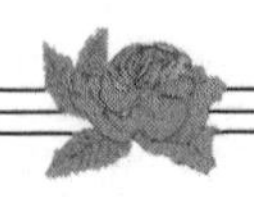

年代，激光制导武器的发展重点是提高命中精度，如今激光武器的制导精度已达到0.3～2m。激光制导武器现在及今后要重点发展的是，能在低空（雷达盲区）、远距离、夜晚及能见度差的恶劣天气准确攻击单个点目标的激光制导技术。为此，必须研制高性能的目标识别捕获和跟踪激光指示系统。在这方面，美国和法国已做了许多工作，如美国陆军委托诺思罗普公司为YAH-64武装直升机“海尔法”导弹研制的目标捕获识别和指示系统，就是一种可昼夜使用的高性能激光目标指示系统。

• 研制复合式导引头和发展标准化的激光导引头。研制复合式导引头是精密制导武器的一个重要发展方向。如美国研制的“马伐瑞克”空-地导弹就配备有三种不同类型的导引头：电视导引头、激光导引头和红外成像导引头。“海尔法”导弹也具有激光和红外成像两种类型的导引头。美国为激光制导的“铜斑蛇”炮弹研制的毫米波导引头，可视气候条件或作战环境随时更换。

激光制导武器发展的另一个重要问题，是研制标准化的通用激光导引头。例如，美国罗克韦尔国际公司就为美三军研制了通用的激光导引头，这种导引头通过稍加修改即能适用于不同的弹种，如导弹、炮弹、炸弹，这样可降低研制费用和生产成本，便于掌握使用和维修。

• 采用新技术来发展激光制导武器。激光制导武器的发展涉及现代科技领域的多个方面，随着科学技术的发展，激光制导技术也将不断采用新的技术。目前，微计算机和微处理机已在激光制导弹丸上得到了应用。激光全息技术的发展，将出现全新的光学元件，如全息透镜。美国和西欧国家都在为全息透镜在激光制导武器上的应用，开展研究和试验。

4. 激光通信在军事中的应用

激光通信，就是利用激光作为通信载体的通信。在人类历史上，用光作为通信载体的通信，古已有之。如用烟火报警、发射信号弹指挥作战等，就是用光波来传递信息的简单光通信。但这些光通信的信息容量很有限，传递距离近，速度也慢。第二次世界大战前后出现的以弧光灯、钨丝灯泡等为光源的光通信，则由于光源所发的光单色性、方向性

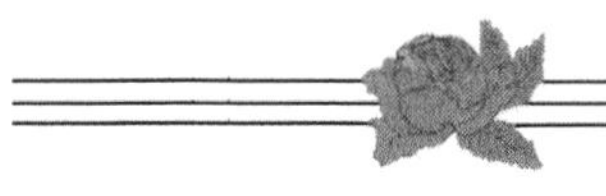

和相干性都很差及检验器件的灵敏度和响应度等性能也差等因素的影响，通信距离仍较近，容量仍不大，可靠性也低。

激光器的出现和迅速发展，为光通信提供了一个理想的光源。激光器所发的光由于亮度高，并且方向性、单色性和相干性好，因而传输距离远，也易于调制和接收，是一种较理想的信息载体。激光器的发明及后来低损耗光纤的产生，使长期停滞不前的光通信得到了飞速的发展，开始了激光通信的新时代。

与电通信相似，激光通信也可分为有线通信和无线通信两种形式。有线激光通信也称光纤通信或光缆通信，无线激光通信包括大气激光通信、水下激光通信和空间激光通信。

激光通信的一般原理和过程与电通信相似。其原理方框图如图4.58所示。激光通信系统主要由光源、调制器、光发射机、传输介质、光接收机以及附加的电信发送和接收设备等组成。系统工作时，首先将所要传输的信号送入电信发送设备，变成适于对光束进行调制的电信号。然后将这个电信号加到光调制器上以输出相应的光信号。该信号经光波发射天线(如大气光通信中的发射望远镜和光纤通信中的耦合器)发射后，进入传输介质(如光纤、大气、水和外层空间等)。经过一定距离的传输后，光信号到达接收端，被光接收机里的检测器接收，并转换成电信号。该信号经有关电信设备处理后，最终还原为原来传输时的信息信号。如果通信距离较远，光信号经过一定距离传输后会因衰减而变弱，故应在传输距离中加入多个中继器，以保证光信号到达接收端时有足够的强度。

激光通信的优点是信息容量大、通信距离远、保密性能好、设备可以做到体积小、重量轻。其中信息容量大，是各种激光通信都具有的一个突出优点。信息容量与信道频带宽度成正比，频带愈宽，信息容量就愈大。微波通信由于受通信频率的限制，基频不可能很宽。而激光是用光频作为信道频率，激光的频率约1013～1015Hz。激光通信的基频比微波通信基频高103倍。理论上，激光通信可以同时传输一千万套电视节目或一百亿路电话。

通信距离远，则是利用了激光亮度高、定向性强的特点；对于光纤

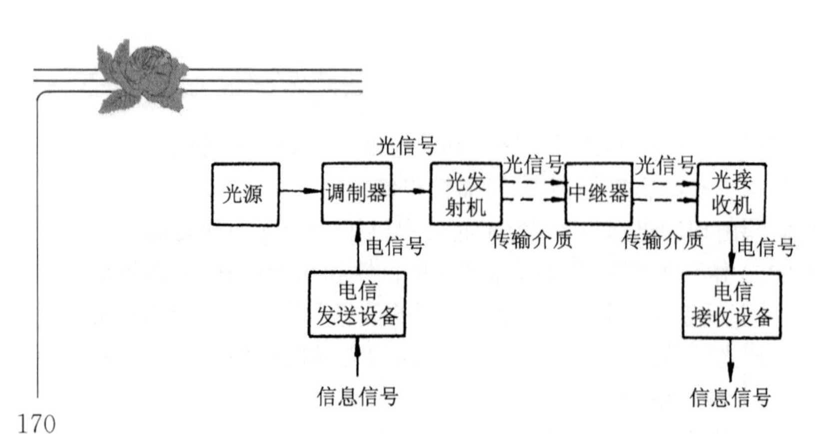

图 4.58 激光通信系统组成及原理方框图

通信，则还利用了光纤损耗低的特点。保密性强是说激光传播方向性好、波束窄，信息在空间的发散很小，且一般人眼都看不见，因此不易被察觉或截获。另外，激光通信还具有良好的抗电磁干扰和抗辐射的能力。

激光通信也有它的弱点。例如，在大气通信中，由于光是直线传播的，天气、地形、地物对它的影响很大，这种通信难以全天候、超视距地进行。再有，激光束很窄，因此通信瞄准比较困难，天线必须有严格精确的方向性。

(1) 军用光纤通信

光纤通信，是以光导纤维(简称光纤)为传输介质的光通信，是现代通信发展的主要形式。

① 光纤通信原理。光纤通信的原理及过程，与光通信一般原理及过程相似，只不过其中的传输通道为光纤，光学发射天线和接收天线为光耦合器。图 4.59 是光纤通信系统原理方框图，这种系统主要由光源、调制器、耦合器、光纤(或作成光缆)、连接器、中继器、检测器等组成。其中光源、光纤和检测器是整个系统的关键部分。

图 4.59 光纤通信系统原理方框图

- 光纤。光纤是光纤通信系统中用来传输光信号的通道。

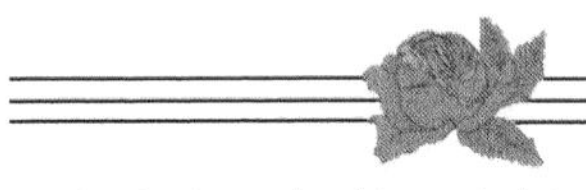

• 光源。光纤通信系统中应用的光源主要有发光二极管和半导体激光器。

▲ 发光二极管。这是一种非相干光源，发出的光不是激光，而是荧光，但它可应用于短距离、中小容量的光纤通信系统中。这种光源的优点是寿命长，可靠性高；制造容易、价格便宜；电流-光输出曲线的线性关系好，非线性失真小，适于模拟调制，调制的信息率高；受温度的影响小等。发光二极管的缺点是输出光的发散角较大，与光纤的耦合低，输出功率低等。

▲ 激光器。通信用激光光源主要是半导体激光器。与发光二极管相比，半导体激光器的优点是光输出功率大；光束发散角小，与光纤耦合率高；发射光谱窄，调制带宽较宽；调制速率快等。此外，还有Nd3＋：YAG激光器和 LiNdP4O10 激光器等，也可用于通信。其中Nd3＋：YAG激光器较有前途，它可发射 1.06μm 和 1.3μm 两种波长的激光，谱线较窄，模式较好，这两种波长的激光均对应于光纤的低损耗和低色散区，对长距离、高信息率光纤通信很有吸引力。

• 检测器。对短波长光的光电检测，以用硅光电二极管和硅雪崩光电二极管为好，因为它们比较成熟、价格便宜。对长波长光的光电检测，可用锗雪崩光电二极管。

② 光纤通信特点。与微波通信比较，光纤通信具有以下一些特点。

• 传输容量大。比微波通信高出1 000倍左右，可用于动态图像和大数据量传输。

• 中继距离远。同轴电缆在传送1 000路电话时，中继距离仅为1.5km。而若用光纤传送15 000路电话，中继距离可达 100km。

• 抗干扰、使用安全、保密性好。光纤不受电磁、射频及核电磁脉冲等的干扰，可在易爆、易炸环境中使用，光纤通信不存在同轴电缆通信中的接地和线路串音问题。

• 体积小、重量轻、结构简单。一根1 000m、直径 125μm 的光纤仅 30g 重。光纤柔软易弯，敷设方便。这一优点，可大大简化通信系统的后勤保障，提高部队的机动性。

• 成本较低。在相同传输容量下，使用光纤要比使用同轴电缆便宜 30%～50%或更多，中短距离的光纤线路成本也比电缆低。

③ 主要军事应用。军事通信依其作用地位及服务对象的不同，大体上可分为战略通信和战术通信两大类。光纤通信在这两大通信类型中都能发挥特定的作用，是军事通信实现一体化、自动化、综合化、数字化必不可少的通信手段。

战略通信是指处于国家级用于战略控制的通信，即为国家最高统帅部，各军兵种和战区指挥系统提供的长途的固定通信系统。外军早期的战略通信系统主要是利用高频无线电和人工交换的有线网。进入 20 世纪 90 年代，在军事领域开始出现军用 C3 Ⅰ 系统（指挥、控制、通信和情报系统），并采用数字式技术体制，逐步向综合业务数字网方向发展。尤其是军用 SDH 数字系列的问世，必将使军事通信向宽带化、综合化方向迈进一大步，开始向宽带综合业务数字网过渡作技术准备。到那时，光纤通信将在战略军事通信中起主导作用，因为将来的干线通信网是以光纤 SDH 系列设备为主体的，而战略军事通信又必须把以光纤为主体的干线通信网作为主要传输手段，才得以将包括高分辨图形、图像和电视等类型的信息，传送到战区各指定的作战部门。

战术通信也称野战通信或战场通信，是指一种地处战场，用于战术指挥的通信，即为军师以下指挥系统提供近程机动的通信。战术光纤通信可提供保密和幸存性强的战场通信链路，主要用在战术通信网或局域通信网中的移动交换机、终端或远程无线中继站之间的传输链路。由于光纤体积小、重量轻、可用带宽很宽，在军用通信环境中只需一种光缆，便可代替过去战场中所用的各种军用通信电缆。这样的通信体系不仅可降低成本，更重要的是增强了战术通信的机动性和灵活性。

下面简单介绍光纤通信技术在美三军中的一些典型应用。

• 光纤通信在陆军中的应用。

▲ 长距离光纤通信。光纤通信在军事中的应用最早是从战术通信开始的，其中最先应用的有美军的长距离战术光纤系统。这个系统是美三军战术通信网的一个组成部分，是美军开发光纤通信在军事上应用的重要工程项目。该项目计划用10 000km的光缆来替换早在 20

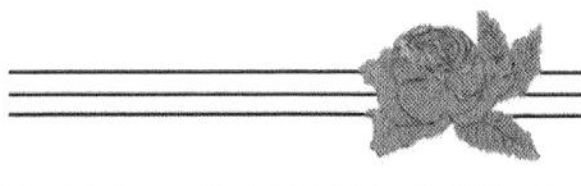

世纪 70 年代初就在美军师以上部队使用的 CX-11230G双同轴电缆系统，以改善 AN/TTC 型电路交换机之间的传输性能。美军之所以首先用光缆来更新 20 世纪 70 年代才装备部队的野战通信系统(CX11230G 同轴电缆)，是由于该系统的速度低、频带窄、中继距离短，很不适应现代化战争对通信的要求。

▲ 本地分配系统。本地分配系统是美三军战术通信网的一个组成部分，它与长距离光纤通信系统相配套，对美军战术通信网的性能起着更新的作用。长距离光纤通信系统是用来替换CX-11230同轴电缆干线系统的，而本地分配系统则是用来替换美军野战通信车之间的四根 26 扭绞对CX-4566型电缆的，该电缆用于AN/TYC-39 信息交换机与信息处理设备之间。AN/TTC-39 与AN/TYC-39 分别是大容量的电路交换和信息交换机，是三军战术通信系统的核心部分，用以处理大容量的模拟和数字话音及数据信号，为话音信息提供自动转换，为数据信息提供存储转发。如果不用光缆来沟通互联，它们之间的传输手段便成了美三军战术通信系统中的卡脖子段。因此，美军用光缆更新战术通信系统的性能时，首先是替换这两种交换机之间的传输线路CX-11230同轴电缆和CX-4566-26扭绞对电缆。

▲ 光纤制导。光纤可用来代替金属导线，用于多种武器(如反坦克导弹、鱼雷等)的制导，用以传递信息，称之为光纤制导。在光纤制导导弹头部，装有成像传感器，如红外、电视、毫米波等成像装置。导弹与发射控制设备间有一根双向传输的光纤线路，当导弹向目标发射后，弹头的成像装置可把获得的目标图像通过光纤线路传回发射控制装置，射手可根据图像状况，发射制导指令，再传至导弹的随动系统，引导导弹命中目标。

与金属导线制导相比，光纤制导有如下特点：

传输频带宽，不仅可传送指令信号，还可传送视频信号；抗干扰能力强，可靠性高；重量轻、体积小、抗拉强度高；成本低，这种导弹的信息处理装置放在发射控制设备中，不像红外成像制导导弹那样放在弹上，因而较为经济；可控制导弹从上方攻击坦克的顶部装甲，提高了杀伤力。

• 光纤通信在空军中的应用。

▲ 机载光纤数据总线。机载光纤数据总线的实用化，对于减轻和减小飞机内部通信系统的质量和体积无疑起到很大的作用。美国空军最早是在A-7飞机上做试验，对机载光纤通信系统的技术性能作了评价，对其寿命和造价作了全面考虑。后来分别在F-15、F-16、F-18战斗机上做过多次试验。在实验时，突出了机载通信的特点，如机载通信系统所需处理的信号种类多半性能复杂。线路上的传输损耗主要来自连接器和分叉器，因此大多选用大芯径和大数值孔径的光纤。在A-7飞机上，用13根光缆取代了原来传输八种115个系统信号的同轴和双绞线金属缆，缆的重量由14.5kg减少到1.2kg。试验网络采用星型结构，传输速率分别为1Mb/s和10Mb/s。发射机用发光二极管作光源，接收机用pIN作检测器。在F-15战斗机上试用了光纤传感器、高温光电开关和飞行光控系统后，使飞机重量减轻了57kg、运输重量减轻了680kg。美国罗姆航空发展中心在AN/GYQ-21(V)数据处理中采用的光纤数据总线，由信息处理器、外围设备、存储器和终端设备等组成，能以多种组合方式进行各种数据处理。该系统采用光纤数据总线后，外围设备的间距可达2 000m(原为15.25m)，速率达60Mb/s(原为50kb/s)。

▲ 空军C3I系统。空军C3I系统是美军开发应用光纤动手术的最大项目之一。美国空军于1979年与GTE公司签订了一项价值3.25亿美元的合同，用以更新MX导弹发射场的C3I系统，计划用光缆连接两个作战控制中心/四个地区支援中心/导弹掩蔽体和维护设施，线路总长约15 000km，连接4 800处有人和无人值守场所的5 000多台计算机。光缆子系统形成三个独立的光纤通信网，即光纤数据网、光纤雷达网和维护及保密话音通信网。该工程的第一阶段于1981年在范登堡空军基地建成，它能传输指令和状态数据、仪表遥测数据和飞机测控中心闭路电视的视频信息。整个系统选用全双工线路，抗核辐射光纤的工作波长为0.85～0.9μm，光缆用直埋式敷设。

▲ 巡航导弹发射场光纤数据传输系统。该系统属于巡航导弹武器控制系统中的信号传输系统的一个组成部分，它的主要作用是在巡

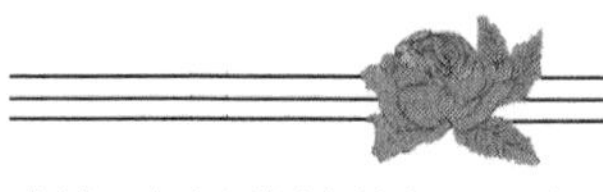

航导弹的两个发射控制中心和四个可移动的发射架之间传输数据和话音信号。

该系统对光缆的要求非常严格:要求它能在－46～710℃的环境中正常工作;不受风、雪、雨、冰雹、挂冰、砂、盐雾、太阳辐射以及1 200m高空环境的影响;能经受住伴随核爆炸而产生的热浪冲击。因此,对于系统所需的光纤和光缆,需进行特制加工。光缆由六根全石英玻璃耐辐射光纤组成,纤芯直径为 100μm,包层直径为 140μm。六根光纤周围绕着一束 Kevlar 细砂,在其外面挤压了一层聚氨基甲酸酯防燃塑料(即内套管)。充填的抗折材料按左右方向交替地缠绕在内套管上。这种防折材料的热膨胀系数与光纤的热膨胀系数一样,它能抗因冲击光缆而产生的径向力和轴向力,因而可减小光纤因微弯曲而引起的损耗。为使光缆的抗拉达到一定的强度,在抗折材料的外面又编织了大量的 Kevlar 细砂。在细砂外面则挤压了一层聚四氟乙烯塑料(即外套管)。

- 光纤通信在海军中的应用。

▲ 舰船用抗毁自适应嵌入式网(SAFENET)。SAFENET 是令牌环形网,目前已有两代问世。该网络适用于严酷的军事恶劣环境,可满足抗毁和重新组网的要求,称为双连接。

令牌环形网由光缆串联起来,信息可从一个站传到另一个站,每个站均能再生输入信号,然后发送出去。原来传输信息的站将信息清除后,可再发送新的自由令牌。第一代 SAFENET 的基本拓扑是一双向的逆环路,环路节点上设有彼此分隔开的逆旋环的双连站。第二代 SAFENET 是高速率的光纤网。

▲ 舰载高速率光纤网络。典型的舰载高速率光纤网是美国海军 Aegis 巡洋舰上的光纤网络系统。它采用 FDDI 网络中的双光纤环网,可把舰上的传感、武器、电子设备和计算机等数据综合到本网中进行传输和处理。

Aegis 巡洋舰上的作战指挥系统由雷达、计算机、图像显示、武器(包括导弹)及其控制系统等组成。系统可同时跟踪 250 个机载、海面或水下目标,作战指挥范围超过 480km。舰上的通信控制系统由相控阵多功能雷达 AN/SPY-1、指令和判决系统、武器控制系统等三部分

组成,其中 AN/SPY-1 用于检测目标,指令和判决系统用于实施、控制和通信,武器控制系统则用来对战斗情况作出评估并提供和执行火力控制。

Aegis 巡洋舰上的光纤通信网是一个符合实战要求的现代比通信网,可承担多达 100 个有源传输站相互间的业务传输。该网的显著特点是带宽按各业务站的实际需要来划分。例如,考虑到 AN/SPY-1 雷达、图像终端和话音终端等占用带宽较大,就将该站设计成占用带宽大、造价也昂贵的站,而其他大多数站可设计成比较简单、业务量小的站。

▲ 高级水下战斗系统(SubACS)。SubACS 是美国海军最大的舰载水下光纤通信计划项目。按照该计划,美国海军打算在所有的洛杉矶 68 级攻击型潜艇和新型"三叉戟"弹道导弹潜艇中装备光纤数据总线,将传感器与火控系统接入分布式计算机网,从而大大提高潜艇的数据处理能力。

舰载光纤声纳系统是 SubACS 中的主要项目之一,该系统不仅可提高潜艇通信的传输质量,增加带宽,减轻重量,而且还能减少空间的占用。这个系统包括六个水听器阵列,每个阵列由 400 个水听器组成。每个水听器有一光纤通道,总共有2 400个光纤通道。

▲ 光纤反潜战系统。该系统是美国国防部高级研究计划局主持并负责实施的一项重要研究项目,属导弹防御计划的一个组成部分。计划在海底组建一个海底光纤网,以采集潜艇进入公海及其防务区域的情报信息。反潜战的情报采集主要依靠水下声音传感器(水听器)网,这些水听器通过光缆与控制中心相连接。控制中心可设置在岸上,也可设在舰船上。水听器的检测距离可达 100km 以上,为电缆系统的 6 倍。

(2) 大气激光通信

大气激光通信是以大气为激光传输介质的光通信。人类研究将激光应用于通信,最早就是从大气激光通信开始的。1961 年,美国贝尔实验室和休斯公司分别用红宝石激光器和氦氖激光器作了大气通信试验。20 世纪 60 年代中期,CO_2 激光器和 Nd:YAG 激光器的发明,使

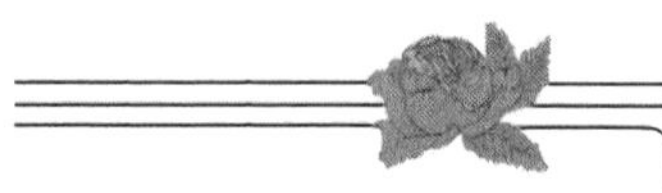

大气激光通信又向前迈出了一步。尤其 CO_2 激光器，由于它发射的波长为 10.6μm 的激光的传输性能好，逐渐成为大气激光通信的主要候选光源。

① 特点：大气激光通信，除了具有传输容量大这一各种形式的激光通信都具有的优点外，还具有保密性强的优点。这是由于激光传播方向性好、波束窄、信息在空间的发散很小且一般人眼都看不见，因此不易被察觉或截获的缘故。但大气激光通信的缺点也是显而易见的。由于大气的吸收、散射、湍流等的影响，激光束在传播过程中会发生衰减、抖动、偏移、强度和相位起伏等现象，通信质量因此而变得不稳定。尤其在恶劣天气里，可能会发生通信无法进行的情况。

② 工作原理及系统组成。大气激光通信的原理及过程，与光通信的一般原理及过程相似，只是大气激光通信的光发射机或光学发射天线是一个望远镜系统。它有两种作用：用来对准接收端；将截面较小而发散角较大的发射光束变成截面较大而发散角很小的光束。接收光学

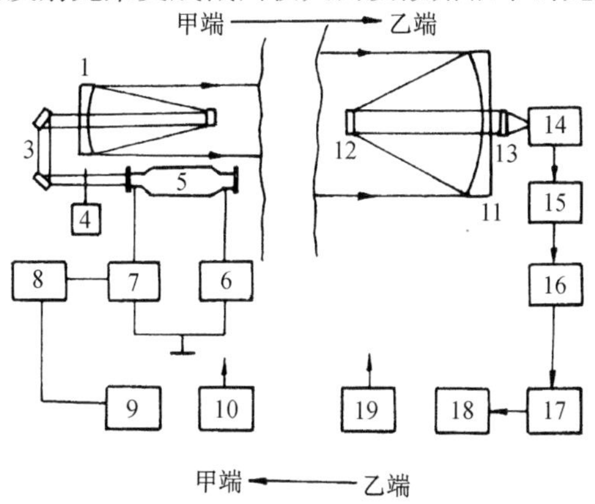

图 4.60　大气激光通信系统方框图

1-发射天线主镜　2-发射天线副镜　3-折叠镜　4-机械斩波器　5-激光器　6-激光电源　7-调制器　8-载波机　9-接续机　10-发端控制系统和电源　11-接收天线主镜　12-接收天线副镜　13-透镜　14-探测器　15-前置放大器　16-自动增益控制　17-载波机　18-接续机　19-收端控制系统和电源

天线用的望远镜则是用来对准发射光束和尽可能多地接收能量，并使光束聚焦在光检测器上。图 4.60 是大气激光通信系统的方框图。

③ 主要军事应用。大气激光通信可用于在战斗打响前无线电静默期间的短距离通信或战斗打响后的保密通信，可用于在海岸与海岸之间、海岛之间、边防哨所之间、舰船之间、导弹发射现场与指挥中心之间以及城市高层设施之间的短距离通信等。大气激光通信系统可传送电话、数据、传真、电视和可视电话等，通信距离一般为几十千米。

(3) 水下激光通信

水下激光通信的研究重点是对潜艇，特别是对战略核潜艇的通信。

① 分类与工作原理。激光对潜通信主要有三类：星载系统、机载系统和陆基反射镜系统。

• 星载系统。激光发射器置于同步卫星上。地面站首先把待传信息转换成微波，并将其传送给卫星。卫星首先将微波转换成电信号，并以电信号控制激光发射器，使其产生调制的编码蓝绿或蓝色激光输出。在扫描反射镜控制下，激光束对一预定区域进行扫描，位于该地区的下潜潜艇收到激光信号，将其解调，得出真实传送信号。图 4.61 是星载系统的激光与接收机原理示意图。

• 机载系统。激光发射器放在飞机上，这种飞机以航空母舰为基地，并接收由地面站或航空母舰传来的微波信号。其工作原理和星载系统一样。

• 陆基反射镜系统。将激光发射器放在地面，由它发射的载有信息的蓝绿激光经空间反射镜反射到预定海域，实行对潜通信。

激光对潜通信研究中的一项首要任务，是研制长寿命、高效率的激光器，目前可供选择的激光器有倍频钇铝石榴石激光器、铜蒸气激光器、染料激光器和氯化氙准分子激光器等。激光对潜通信的另一项重要任务是研制性能良好的水下激光接收机，要求这种接收机能从日光、星光和海洋生物发出的光中识别并接收微弱的激光信号。

目前，比较引人注目的是星载和机载系统。星载系统是全球性的，特别适合对弹道导弹潜艇的通信，机载系统则对战术潜艇更有效。

② 特点。

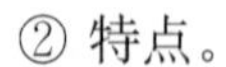

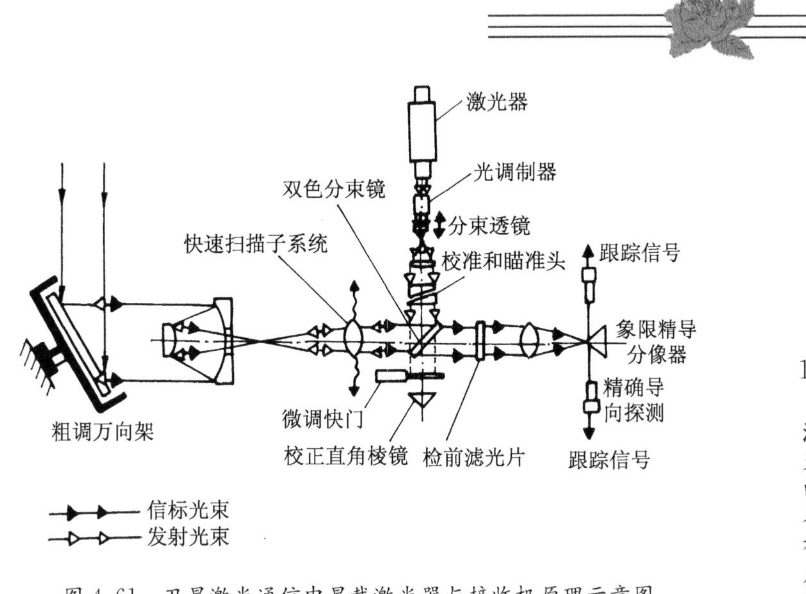

图 4.61　卫星激光通信中星载激光器与接收机原理示意图

• 传输数据率高达几千比特/分，可使潜艇处于最佳航行速度和作战深度时实时通信。这不仅增加了弹道导弹潜艇的隐蔽性，提高了生存能力，还由于通信的实时性而增加了攻击潜艇的作战能力。

• 海水对蓝绿光衰减最小（0.03dB/m）。对潜通信时，蓝绿光穿透深度达300m，此深度为潜艇发射导弹的最佳位置。

• 激光单色性好、方向性好，不易截获和受到干扰。

（4）空间激光通信

美国航天局在20世纪60年代初就开始研究空间激光通信系统。最早是发展砷化镓（GaAs）激光通信系统，但未获成功。后来休斯公司为其研制了氦氖（HeNe）激光通信系统。此后，航天局集中力量发展二氧化碳（CO_2）空间激光通信系统。此外，美国航天局还在研究二极管泵浦的Nd:YAG激光通信系统，数据率为200～400Mb/s。

美国空军从1971年开始研制高数据率的空间激光通信网，包括同步卫星和低轨道卫星甚至飞机之间的通信。空军航空电子学实验室发展的1gb/s的Nd:YAG激光通信系统有两个方案：一个由麦克唐纳·道格拉斯公司研制，拟装到低轨卫星上。发射机采用锁模倍频的掺钕钇铝石榴石（Nd:YAG）激光器，激光脉宽200Ps，重复频率为

300Hz，用250W的钾铷灯泵浦。空军拟用这种系统，从低轨道侦察卫星到地球进行实时数据搜集和中继。这将有助于早期导弹预警。另一方案是由洛克希德导弹和空间公司研制的激光通信系统，拟装在同步卫星上，用太阳光泵滤Nd:YAG棒。

① 工作原理和系统组成。空间激光通信是指外层空间中利用激光束进行的通信，如卫星之间、卫星与飞船之间的通信等。空间激光通信的原理及过程，与前述的光通信一般原理及过程相似。图4.62是空间激光通信系统网示意图。

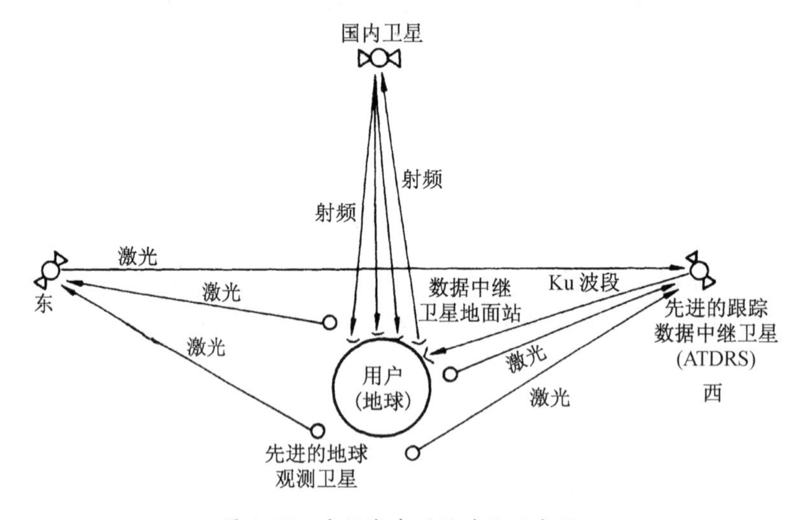

图4.62 空间激光通信系统示意图

空间激光通信系统主要由激光器、望远镜及光学部件、检测器和信息处理装备等组成。实用系统中使用的激光器主要是CO_2激光器和Nd:YAG激光器。发射和接收光束的望远镜及光学组件也是空间激光通信系统的重要组成部分。光学组件包括一系列透镜和反射镜，控制光束的反射镜反射率应大于99%，每一光学元件的透过率应低于1%。望远镜结构是卡塞格伦式。光束的瞄准和跟踪是通过四象限光电探测器、压电转换器或马达伺服机构、转动反射镜等来完成的。

我们现在简单介绍一下美国CO_2激光空间通信系统。该系统是由美国航空与航天局主持发展的一项长期空间激光通信研究计划中的

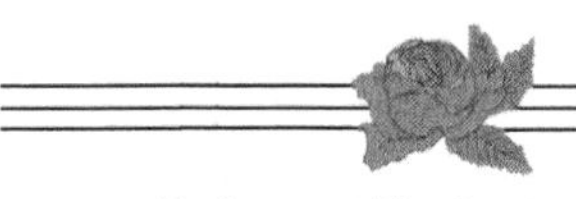

基本方案，目的是在低轨卫星（陆地卫星、预警卫星和侦察卫星等）与地球同步轨道卫星之间建立一条高数据率的传输线（如传送侦察或遥感数据等）。

该系统采用外差检测技术。其初步设计方案包含四个主要子系统，即激光器、混频器-冷却器、信号处理器和光学-机械装置。激光器子系统包括两个激光发射器（一个备用）、两个激光本机振荡器（一个备用）、一个光学天线共用器（可将发射光束和接收光束分开）、一个偏振装置（可在不使用可移动反射镜或类似器件情况下低损耗地引入备用激光器）。发射机采用内腔耦合调制，混频器是制冷的 HgCdTe 的光电二极管，信号处理器包括搜索多普勒频率跟踪、接收信号的检测和解调、瞄准误差信号的取出（包括章动、迎头瞄准、高速振动）、激光器的稳定、误差计算及调制器的激励等部分，光学-机械部分包括瞄准跟踪系统、伺服系统、搜索发生器和跟踪电子系统。

这种通信系统的性能情况如表 4.7 所示。

表 4.7　美国 CO_2 激光空间通信系统有关性能指标

总体性能		收发机	
数据传输率	100～300Mbit/s 比特误差率＝10^{-5}	激光器	CO_2 激光器
模拟带宽	6MHz 与 30MHz 载波噪声比＝27dB 和 55dB	光波长	10.6μm
		检测方式	外差检测
		发射机功率	700mW
		本机振荡功率	50mW
		天线直径	25cm
		跟踪视场	25°×25°
		天线 3 分贝束宽	40μard
		多普勒频移	±700MHz
		重量	56.7kg
		功率	150W
		尺寸	762mm×343mm×381mm

② 特点：与微波通信相比，空间激光通信有如下特点。

- 传输容量大，可达 gb/s。
- 难以截获窃听，抗射频与核电磁脉冲干扰。
- 利用单个地面站，就可实现全球的实时通信。
- 发射天线（望远镜系统）可比具有同样性能的微波通信系统所需的发射天线小一个数量级。

5. 激光侦察与警戒

（1）激光侦察

激光侦察是激光技术的重要军事应用之一。实际上我们前面讨论过的诸如激光测距、激光雷达等就可用来侦察敌军武器装备的配备情况。

大家知道，海水对蓝绿光的衰减最小，因而蓝绿激光可作水下通信的载体，可用作水下照明、摄影、电视的光源，可用来探测水雷、潜艇、水下障碍物及敌军海军基地和海港的水下地形。这种水下侦察任务常用空间的卫星和空中的飞机来完成。飞机和卫星可自身发射蓝绿色激光，也可将海岸或海岛上发射的蓝绿色激光反射到海面，这种激光可以穿透 300m 深的海水。利用这种手段可以大范围地搜捕敌方的潜艇和其他的水下设施。

也可用不可见激光照射敌方军事机关的办公室、会议室的玻璃，若室内在开会或打电话等，就有声波使玻璃窗随之振动，并调制照射到玻璃上的激光。接收载有声波的反射激光，利用外差技术分离出语言信号，就能在较远的距离上达到窃听的目的。

下面我们介绍机载激光海深勘测系统（ABS）。这种系统也称海深勘测激光雷达，可用来快速而便宜地探测海洋深度、绘制沿海海图和探测潜艇，经美国、加拿大、瑞典和澳大利亚等国 20 余年的潜心研制，目前已达实用阶段，一些样品已经或即将交付使用。

机载激光海深勘测系统工作时，装在飞机下部的激光发射器经扫描反射镜向海面发射激光束，这些激光束由海面和海底反射回来，又经扫描反射镜和光学系统后被光电探测器接收。光电探测器将所接收的激光信号转换成脉冲电信号，这些信号又经数字转换器和回波提取器，

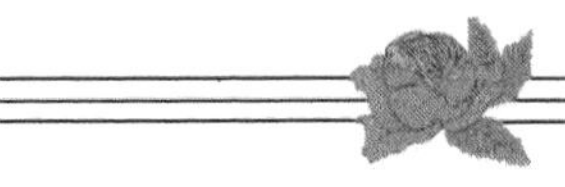

转换为反映各光束传播时间的数字波形，并转换为深度值。该值与飞机的地理经纬度值(由全球定位系统即GPS系统测出)一并显示在显示器上或记录在磁带上。然后，地面站可根据磁带记录的数据，制成三维海图、海图模型或编制数据库。

各种激光海深勘测系统，均利用穿透海水能力最强的蓝光或蓝绿光来测量海底的深度。扫描反射镜是这些系统的重要组成部分，它在计算机控制下，以一定的速度绕某点转动，从而使脉冲激光束在海面沿与飞机前飞的垂直方向进行扫描，该横向扫描与飞机的前飞相结合，即可完成对某个区域的激光扫描。另外，扫描反射镜的扫描角和扫描速率经控制也可改变大小，从而可根据要求，改变对某一区域的扫描密度。

我们在这里列举美国海军的机载海深勘测系统。这个系统主要由激光发射接收机、并行处理计算机和导航子系统三部分组成。激光发射接收机则由发射机、接收机和扫描器三部分组成。激光发射机采用发射蓝光和红外光的倒腔Nd:YAG固体激光器，它的激光脉冲发射频率为400Hz，脉宽5～6ns，所含能量为1mJ。发射器中装有扩展器，扩展器在计算机控制下可改变光束的发散角，以保证对人眼的安全。

激光接收器通光口径较大，其内有两个光学通道，分别处理蓝光和红外光折返信号。蓝光折返信号经光电倍增管转换为电信号。这些信号又经两台频率为400Hz的数字波形转换器交错采样，计算出蓝光行进时间，红外光信号经硅光电二极管转换为电信号，然后又经时间-数字转换器计算出红外光行进时间。由此就可得出海面和海深的距离信息。

扫描器为直径达0.5m的旋转反射镜，它的扫描角为15°，扫描速率为7.5Hz，旋转方向为顺时针。当飞机高度为500m时，可计算出上述扫描镜在海面上的扫描宽度为268m，扫描图案类似于椭圆的卵形。

并行计算机用来采集、组织和编排采样波形和大量数据，并计算系统的定时标志。它主要包括数据采集/控制和实时处理两部分。数据采集/控制系统用来控制波形数字转换器和时间-数字转换器，采集全部相关的系统数据，产生系统显示参数等。实时处理系统用来产生数

据，显示并计算出系统性能的品质因素。ABS 利用了并行/分布处理 VME 计算机，可完成上述两部分的计算任务。由于 ABS 系统每次任务可产生高达 1.5gb 以上的数据量，因此需采用高密度数字记录仪。记录在记录仪上的数据又转储到体积较小、容量较大的磁带上，供分析用。

导航子系统作为激光测深系统的配套设备，必须按要求给出测深点的经纬度值和飞机姿态角。目前，ABS 系统根据 GPS 接收器和惯导系统采集有关的飞机位置和姿态数据。系统中还装有时间编码时钟，以给出有关测量的同步信息和时间特征信息。

ABS 系统的性能是：勘测速度为每小时 100km^2，日勘测量可达 400km^2；勘测深度 30m；勘测精度，在深度方向为 0.54m，水平方向为 10m。

(2) 激光警戒

激光装备在军事部门的广泛应用，一方面大大提高了部队的作战能力，另一方面也促进了激光对抗技术的发展。激光告警装置就是一种已开始装备部队的基本的激光对抗器件，装在坦克、飞机等可能被攻击的目标上，其作用是在这些目标被敌方激光测距机、激光指示器等军用激光装备的激光束照明时，探测和识别激光辐射，发出音响和(或)视频警报，指示出激光源的方位、波长和使用方法等，以便及时采取适当的对抗措施。

① 工作原理及组成。激光告警装置一般由接收器和显示器两部分组成。接收器装在坦克或飞机的外部，接收激光能量。显示器则装在炮塔或座舱内，向乘员报警，并提供敌方激光源位置、工作方式等信息。

目前研制和装备的激光警戒装置，大体上可分为两种类型，即光谱识别型和相干识别型。

• 光谱识别型激光警戒原理。目前军用激光装备的工作波长，仅有 0.85μm、1.06μm、10.6μm 等有限几个。若探测装置探测到其中某个波长的激光能量，那就意味着可能存在激光威胁。这就是光谱识别型激光警戒装置的设计依据。

光谱识别型激光警戒装置接收激光能量的方式大致有两种，即接收大气气溶胶散射的激光能量或直接拦截激光束。图4.63表示一种通过接收大气气溶胶散射的激光能量而进行警戒、用于装甲车辆的探测器的工作原理。这种探测器装在车顶，视场向外、向下展开，好像一个锥形的罩子，将车辆完全罩住。它在垂直平面上的视场宽度为6°，范围是－7～13°；在水平方向上的视场为360°。来自任何方向、射到车辆任何部位的激光辐射，都必然要穿过这“罩子”。当激光束穿越罩子时，大气气溶胶散射的激光能量就能被探测器接收到。这种散射探测方式可以有效地警戒敌方激光束的照明，但不能确定激光源的方位。图4.64是这种散射探测器的光学系统的结构示意图。

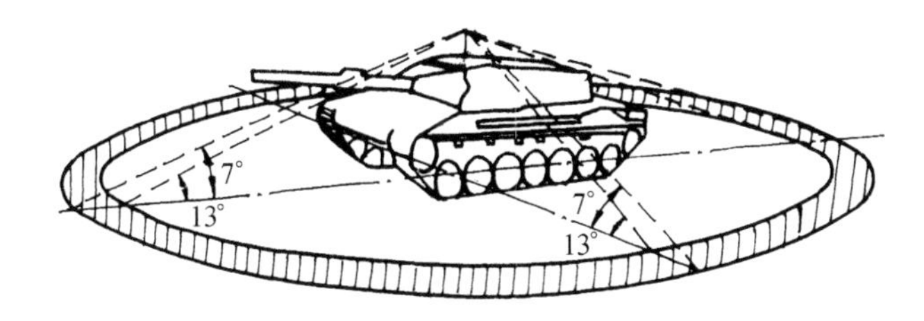

图4.63 散射探测器工作原理示意图

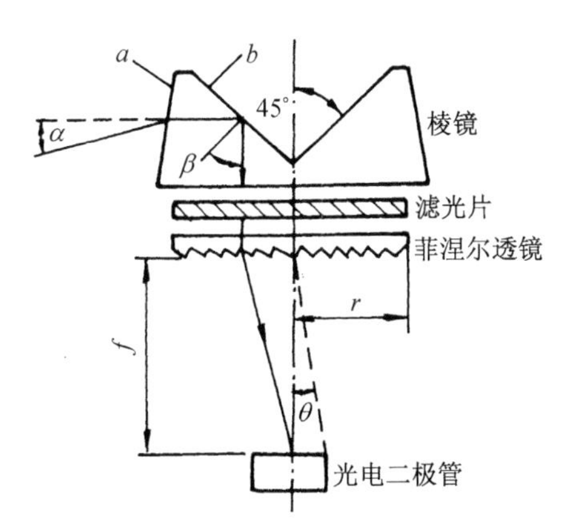

图4.64 散射探测器光学系统结构示意图

为实现对激光源的定位，可采用拦截探测方式。多探测器拦截警戒就是一种比较简单的、可实现对激光源定位的拦截探测方式。例如，

挪威的 RL1 型激光警戒装置，其接收机的探测装置采用五个硅光电二极管探测器，分别接收来自不同方向的激光辐射，每个探测器的视场均为 135°，其中四个探测器均匀地布设在水平方向上，可以探测到水平方向 360°范围的激光辐射。相邻探测器的视场有一定的重叠，它们的相互位置关系，将整个水平视场均匀地分成八个象限。于是，根据某个或某两个探测器接收到的激光辐射，就可确定激光源所在的象限。第五个探测器是垂直方向探测器，探测末自上方的激光辐射。这样，就可大致确定激光源的方位。

要想比较精确地确定激光源的方位，可综合采用广角鱼眼透镜与 CCD(红外电荷耦合器件)面阵。广角鱼眼透镜的视场覆盖整个上半球，可接收来自任何方向的激光辐射。接收的激光辐射通过光学系统成像在 CCD 面阵上。CCD 面阵产生的整帧视频信号，用快速模-数转换器变换成数字形式，存储在单帧数字存储器中。当包含背景信号和激光信号的一帧写入存储器时，即与仅包含背景信号的老的一帧用数字方法相减。帧减的结果作为一个表示位置(方位角和信仰角)的亮点，在显示器上显示出来。利用这种数字背景减去法，可以在显示器上清晰地把每个激光脉冲的位置都显示出来，并可以跟踪激光源的位置。而且，由于 CCD 面阵的单个光点的定位精度接近 0.2μm，因此可以实现对激光源的精确定位。

此外，利用全息光学元件也可完成对激光源的定位。

• 相干识别型激光警戒原理。采用相干识别型激光警戒装置，不仅可以区分激光和非相干光，而且可以测出入射激光的参数，如波长、入射方向等。利用法布里-珀罗干涉仪和麦克尔逊干涉仪原理的激光警戒装置，是目前比较实用的相干识别型激光警戒装置。

图 4.65 是采用法布里-珀罗干涉仪(也称标准具)的相干识别型激光警戒装置的基本结构图。标准具的厚度一般为相干辐射波长的 100～2 000倍，其上、下表面的反射率在 40%～60%，标准具还可绕平行于表面的轴旋转，以调制相干辐射。在相干辐射的情况下，标准具旋转时，即激光入射角 θ 改变时，标准具的透射率 $T(\theta)$ 亦随之改变。θ 为某些特定值时入射的激光辐射产生相长干涉，即 $T(\theta)$ 最大；而当 θ 为

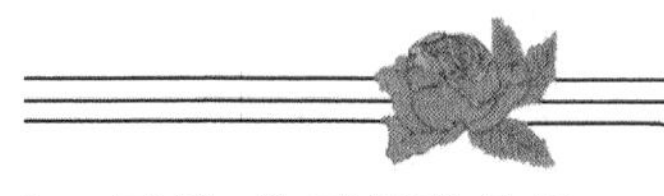

另一些特定值时，则产生相消干涉，即 $T(\theta)$ 最小。于是，位于标准具后面的光电探测器的光电输出也随之作相应的变化。而非相干辐射则不能被标准具调制，其透射强度没有变化，因而光电流也没有变化。据此，就可区分相干辐射和非相干辐射。至于激光源的方位，可由此时光电探测器的输出相对于激光垂直（于标准具）入射时探测器输出的偏差而得出。而激光的波长则可直接用一个波长已知的相干光源标定的标准具测出。

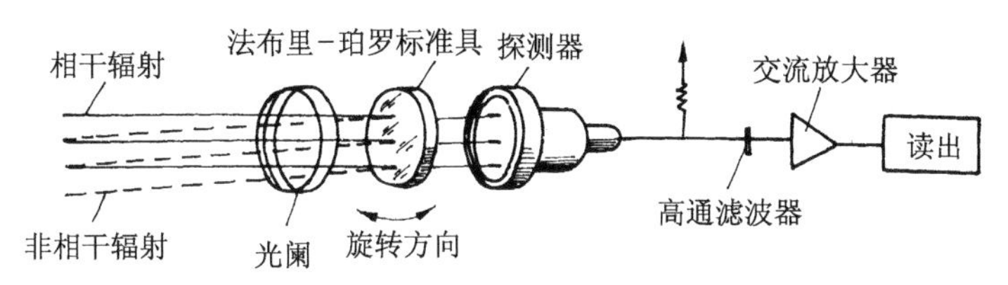

图 4.65　法布里-珀罗干涉仪型激光警戒装置结构示意图

图 4.66 是麦克尔逊干涉仪型激光警戒装置的结构原理图。这种干涉仪装置能以比较简单的方式确定入射激光的参数，而无需像法布里-珀罗干涉仪型装置那样，需使干涉仪作旋转运动，并进行机械扫描，然后根据光电探测器的输出推导出激光的入射方向和波长。

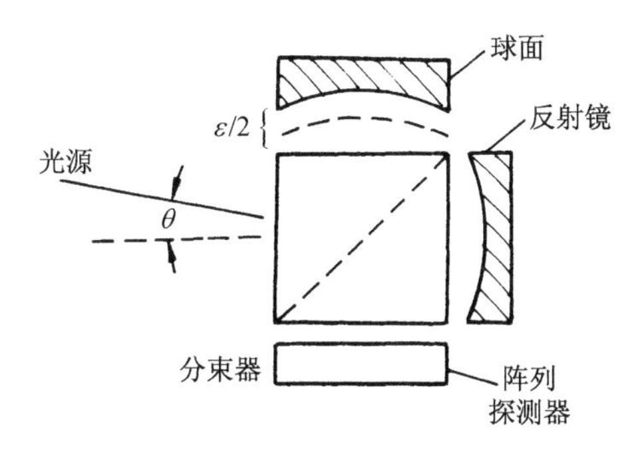

图 4.66　麦克尔逊干涉仪型激光警戒装置的结构原理图

麦克尔逊干涉仪型激光警戒装置由分束器、两个球面反射镜及阵列探测器等部分组成。一面反射镜与另一面反射镜共轭像之间的间距为 $\varepsilon/2$。相干的激光辐射入射到其上时，在观测面上形成同心圆形干涉条纹。干涉条纹圆心的位置与入射角有关系（$uc=-f\theta$，uc 是圆心

位置，θ 是入射角，f 是系统焦距）。每条干涉条纹的位置和间距则由波长 λ 和 ε 决定。利用阵列探测器检测干涉条纹，并用微处理机解算测得的数据，就可以得到激光的入射方向和波长。

② 战术、技术要求。理想的激光告警装置应达到以下几个要求：视场宽；光谱带宽足以覆盖敌方可能使用的各种激光波长；探测激光辐射的几率接近100%；虚警率接近零；不仅能确定是否存在激光威胁，还能确定激光波长、入射方向、时间特性等。

③ 典型的激光警戒装置。

• 光谱识别型激光警戒装置。光谱识别型激光警戒接收机有成像型和非成像型两类装置。例如，挪威 RL1 型激光告警装置是典型的非成像型装置，而美国陆军武器对抗办公室和仙童公司共同研制的激光寻的和警戒系统(LAHAWS)则是成像型装置的代表。

▲ 挪威 RL1 型激光告警装置。它采用多探测器告警这一比较简单的拦截探测方式，主要安装在坦克和装甲车辆上。它由装在车顶的探测器和装在车内的显示器两个部件组成。探测器含有五个硅光电二极管，分别接收来自不同方向的激光辐射。每个二极管的视场均为135°。其中四个探测器均匀地布设在水平方向上，可以探测到水平360°方向上的激光辐射，相邻探测器的视场有一定的重叠。它们的相互位置关系，将各个水平视场均分成八个象限。根据某个或某两个探测器接收到的激光照射，就可以研究激光源所在的象限。第五个探测器是垂直方向探测器，探测来自上方的激光照射。显示器含有九个发光二极管，可以显示出激光源的大致方位。其中八个发光二极管排成一圈，分别代表水平方向上八个45°的扇形区，中央发光二极管指示接收到来自上方空中的激光辐射，这九个发光二极管将半球空间分成17个不同的概略方向来指示。每接收到一个激光脉冲时，显示器还同时发出持续2s的音响和持续8s的闪光告警；接收到多脉冲时，音响报警一直持续到脉冲结束为止。该警戒装置可警戒红宝石激光、GaAs激光和钕激光。图4.67表示 RL1 型激光告警装置的探测装置(上)和指示器(下)。

▲ 美国激光寻的与警戒系统(LAHAWS)。该系统由探测和显示

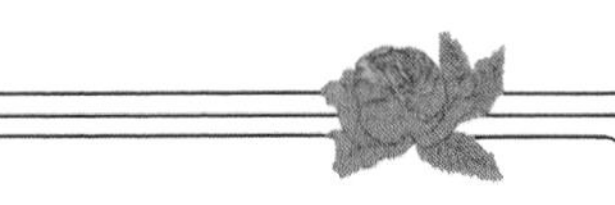

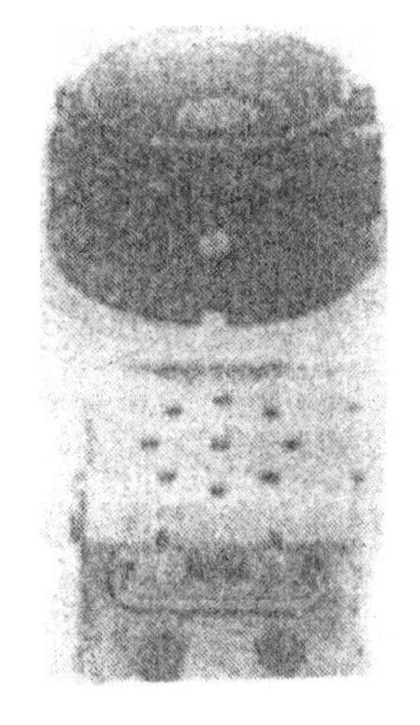

图 4.67 RL1 型激光告警装置探测装置和指示器

两个部件组成，探测部件用广角远心鱼眼透镜作物镜，采用双光通道消背景及 CCD 成像探测器件探测，光学系统配置如图 4.68 所示。鱼眼透镜接收的激光辐射，由分束器分成两路，然后再由两个中性分束器进一步分开，使 80%的能量入射到 CCD 面阵（摄像机的靶面）上，其余 20%再经两块分束镜，各自进入一个 PIN 硅光电二极管探测器中。两个 PIN 硅光电三极管的输出，经过低噪声差分放大器、高速阈值比较器的处理，区分出背景照明和激光辐射，产生音响和视频报警信号。当光电二极管有输出信号时，对 CCD 面阵输出的视频信号，进行模数变换和数字帧减处理，消去背景，突出激光光斑图像。这样就可确定激光源的位置，并在显示器上以亮点的形式显示出来。

• 相干识别型激光警戒装置。它利用干涉仪技术分析入射的激光辐射，不仅可以区分激光和非相干光，而且可以测出发射激光的参数，如波长、入射方向等。这类告警装置主要有两种：一是采用法布里-珀罗干涉仪原理；一是采用麦克尔逊干涉仪原理。

▲ 美国多传感器警戒接收机的激光装置。这种警戒接收机可以感知 I 波段射频辐射、毫米波辐射和激光辐射，装在飞机上，向乘务员提供报警。其激光接收装置是相干型，采用法布里-珀罗标准具调制激光辐射，可以识别激光和非相干光，测量入射激光的波长、脉宽、脉冲重

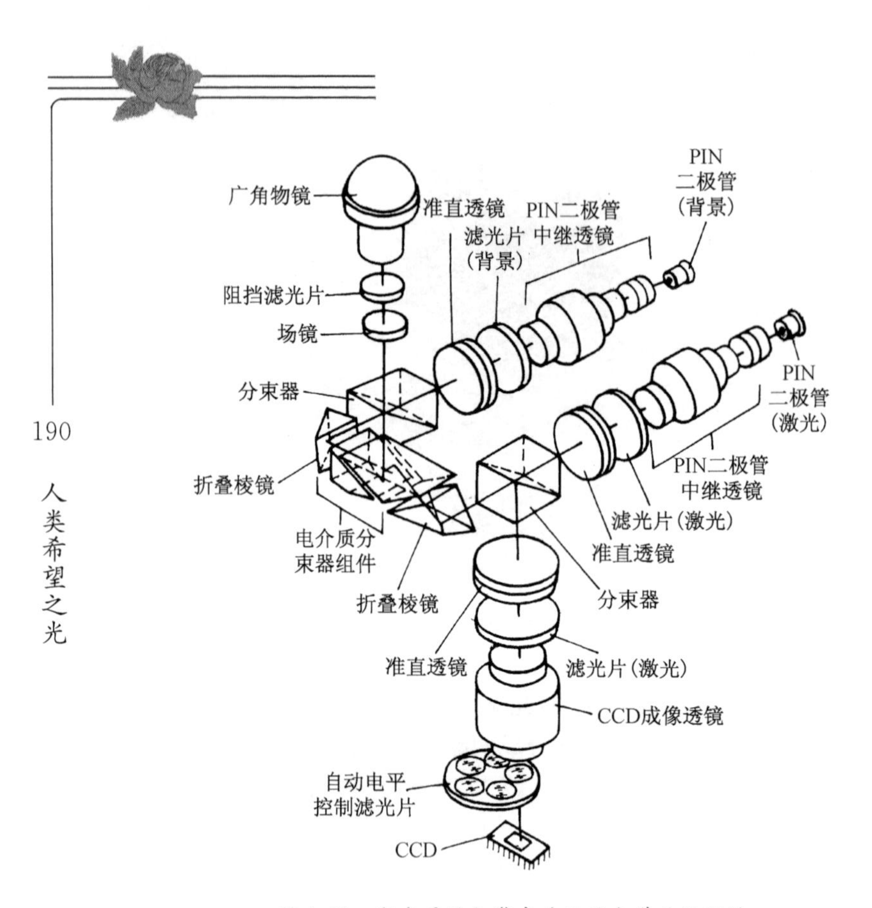

图 4.68 激光寻的与警戒系统的光学系统设计

复率、强度和入射方向等参数。激光警戒装置共有四个激光传感器。每个激光传感器壳体中均装有法布里-珀罗标准具调制器、探测器和数字化线路。激光传感器输出的数字信号,馈送给中心处理器进行处理,然后在显示器上显示出来。处理器和显示器是用雷达警戒接收机、处理器和显示器改装而成的,可以处理和显示激光威胁信息。显示器是用不同的符号以象限方位方式分别显示激光、射频和毫米波威胁。当接收到连续激光辐射时,符号会按预定程序闪烁,同时发出音响告警信号。

▲ 美国激光接收器-分析器。它是一种相干识别型激光告警装置,利用迈麦克耳逊干涉仪原理工作。当它接收到激光辐射时,就在观测面上形成特有的牛眼型干涉图。利用阵列探测器检测干涉条纹,用

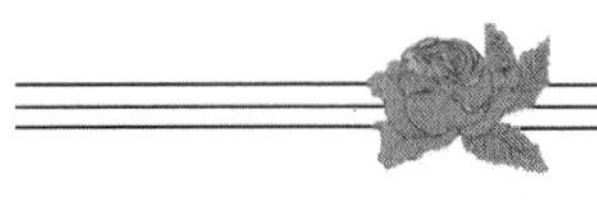

微机对检测数据进行处理，就可以根据有无干涉条纹来确定是否受到激光的照射，根据干涉条纹间距，计算激光波长，根据干涉图的位置，确定激光发射方向。

6. 激光武器

(1) 什么是激光武器

激光武器是一种利用激光束来直接毁伤目标或使之失效的定向能武器。它可分为高能激光武器、低功率干扰与致盲武器。本节重点介绍高能激光武器。

高能激光武器是一种利用激光束摧毁飞机、导弹、卫星等目标或使之失效的定向能武器。它主要由高能激光器(又称强激光器)、精密瞄准跟踪系统和光束控制发射系统(光束定向器)组成。考虑到一般将精密瞄准跟踪系统和光束控制发射系统安装在同一跟踪架上，常将精密瞄准跟踪系统和光束控制发射系统统称为光束定向发射器，这时，高能激光武器就由两部分即高能激光器和光束定向器组成。

我们以高能激光武器拦截来袭导弹的过程为例来看一看激光武器的使用过程(见图 4.69)。首先，由远程预警雷达捕获跟踪目标，将来袭目标的信息传给指挥控制系统。通过目标分配与坐标变换，指挥控制系统就可引导精密瞄准跟踪系统捕获并锁定目标。精密瞄准跟踪系统则引导光束控制发射系统，使发射望远镜准确对准目标。当来袭目标飞到适当位置时，指挥控制系统会发出攻击命令，启动激光器。最后，由激光器发出的光束经发射望远镜射向目标，并在其上停留一定时间，直至将目标摧毁或使其失效。精密瞄准跟踪系统和光束控制发射系统常安装在同一跟踪架上，被统称为光束定向器。

激光由于具有许多优异的特性，使得激光武器拥有的特点也十分突出。

① 速度快。激光束以物质运动的极限速度光速(约 30×10^4 km/s)射向目标，一般不需要提前量，指哪打哪，即发即中，适于拦击低空或超低空飞行的快速运动目标。

② 机动灵活。发射激光束时，由于光没有(静)质量，故能迅速地变换射击方向，并且射击频度高，能够在短时间内拦击多个来袭目标。

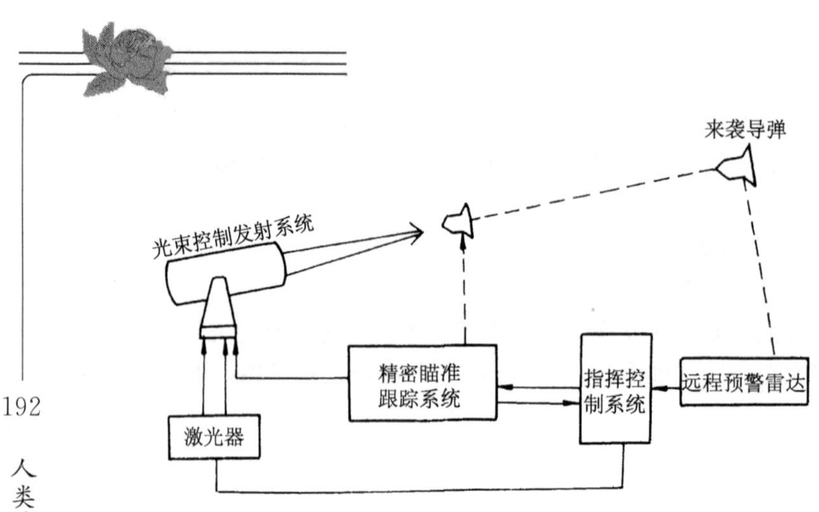

图 4.69 防空激光武器方框图

而且,能灵活地选择交战的损伤程度,选择不同等级的发射功率和辐照时间,可以对目标造成从失能到摧毁等不同程度的破坏。

③ 精度高。由于高能激光武器是用一种特殊的光即激光来打击目标,激光有一个突出的特点,那就是方向性好,经高能激光武器中的光束定向器处理后的激光更是锦上添花,可将很细的激光束精确地对准某一方向,跟踪和瞄准的精度目前可达 0.1μrad,这相当于激光光斑在传输 10km 后的定位和锁定误差不大于 1mm。因此,可选择攻击目标群中的某一目标,或目标上的某一脆弱部位,命中概率可达 100%。

④ 无污染。激光武器属于非核杀伤,不像核武器那样,除有冲击波、光辐射等严重破坏外,还存在着长期的放射性污染,造成大规模污染区域。激光武器无论对地面或空间都无放射性污染。

⑤ 费用高。百万瓦级氟化氘激光武器每发射一次燃料费用约为 1~2千美元,而"爱国者"防空导弹每发为 30~50 万美元,"毒刺"短程防空导弹每发为 2 万美元。

⑥ 不受电磁干扰。激光传输不受外界电磁波的干扰,因而目标难以利用电磁干扰手段避开激光武器的攻击。

激光武器也有它的局限性。随着射程的增大,照射到目标上的激光束功率密度也随之降低,毁伤力减弱,故有效作用距离受到限制。此外,使用时还会受到环境影响,如在稠密的大气层中使用时,大气会耗

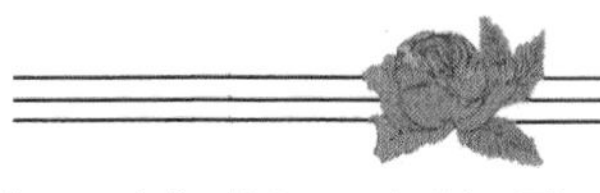

散激光束的能量，并使其发生抖动、扩展和偏移。恶劣天气(雨、雪、雾等)和战场烟尘、人造烟幕对其影响更大。

鉴于高能激光武器的上述特点，它在拦截低空快速飞机和战术导弹，在反战略导弹、反卫星以及光电对抗等方面，均能发挥独特的作用。但是，目前它不能取代现有的各种武器，而是与它们配合使用。

(2) 高能激光武器研制的关键技术或问题

激光武器的各种优异特性确实引人注目，但是，它的研制也是不容易的。要想研制出实用有效的高能激光武器，需掌握两项关键技术，搞清楚激光破坏机理。这两项关键技术就是:研制出具有足够能量和光束质量优异的高能激光器;研制出光束定向器，这包括要研制出精密瞄准跟踪系统，研制出重量轻、抗辐射的光束控制发射系统，搞清楚激光大气传输效应并研制出对其补偿的系统。

① 高能激光器。它是激光武器的核心，打击目标用的高能激光束就由它产生。衡量一台高能激光器性能好坏的指标有很多，如输出功率或能量、光束质量、激光器重量等，其中输出功率或能量是一项最为重要的指标。对于它的要求，根据不同的作战目的和激光武器本身的其他技术性能，差别很大，可以是几万瓦，也有要求几百万瓦甚至更大的。例如，飞机用来自卫作战、摧毁近程重型武器，其配备的红外制导或雷达制导导弹的激光束能量，只要求几万瓦;而在区域防御作战中用来摧毁中程重型武器的红外或雷达制导导弹的激光束能量则需达几百万瓦。目前有些种类如化学激光器的输出功率就可达几百万瓦。

对于光束质量，则是激光束发散越小，光束质量就越好，这时，光束打到目标上的光斑就越小，能量就更集中，更有利于打击目标。

对于高能激光武器重量的要求，除置于地上的激光武器要求不高外，其他如星载、机载、车载和舰载等激光武器，则是越轻越好。一些历史上研制出来的激光器，如氧碘化学激光器，虽然其输出功率可达百万瓦级，但由于其体积庞大，重达 50t，难以用做置于除地面以外的其他平台上的激光武器的光源。现在，只有几吨重的这种激光器已研制出来，可置于飞机等平台上。

总之，用作高能激光武器激光源的激光器，须具有适当的输出功率

或能量、良好的输出激光质量、便于装配的体积和重量等多种良好性能。目前,正在研究的高能激光器种类很多,有化学、二氧化碳、准分子、自由电子、二极管泵浦固体激光器等,其中化学激光器的性能已达实战要求水平。

② 光束定向器。光束定向器一般由精密瞄准跟踪系统、光速控制和发射系统和对大气传输效应进行补偿的光学系统组成。

• 精密瞄准跟踪系统。该系统用来捕获、跟踪目标,引导光束瞄准射击并判断毁伤效果。由于高能激光武器是靠激光束直接击中目标并在其上停留一定时间而造成破坏的,对瞄准跟踪的速度和精度要求很高,目前正在研制红外、电视和激光雷达等高精度的光学瞄准跟踪设备。

• 光束控制和发射系统。光束控制与发射系统也称发射望远镜,它的作用是将激光器产生的激光束定向发射出去,并通过自适应补偿矫正(或消除)大气效应对激光束的影响,以保证将高质量的激光束聚焦到目标上,达到最佳的破坏效果。其主要部件是反射率很高、耐高能激光辐射的大型反射镜。目前正在研制直径达 4m 甚至更大的反射镜,并积极发展用于克服大气影响的自适应光学系统。图 4.70 是美休斯公司的"海石"光束控制系统。

• 大气传输效应。大气对激光会产生吸收、散射和湍流效应,对于强激光还会有热晕和大气击穿效应。这些都会严重影响激光的性能,降低激光武器的威力。

对于湍流和热晕效应所造成的有害影响,可采用自适应光学技术和相位共轭技术予以抵消。所谓自适应光学技术是通过将低功率激光光束(叫做信称光束)射向目标,并探测大气对其反(散)射的光束,这样就可测出因大气湍流而导致的光学畸变,然后利用设置在激光光路中的变形镜校正大气畸变。

所谓相位共轭技术是用一个弱照明器对目标区域进行弱光照明,再用一个光学系统收集目标散射的一小部分辐射,并送入激光放大器。接收到的光束可能有严重的像差,而且在通过放大器链接时可能有附加畸变。光束通过放大器时辐照度增强,然后射入一个相位共轭镜。

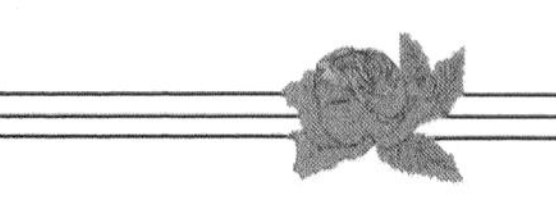

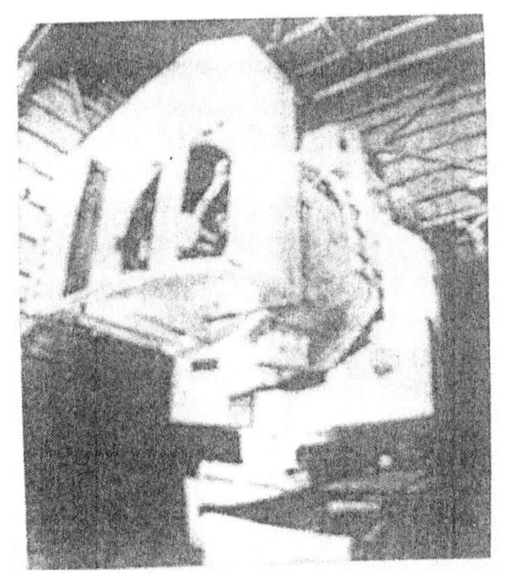

图 4.70 美休斯公司的“海石”光束控制系统

由该镜返回的斯托克斯反射光束反向传输通过放大器，并在此有效地提取储存的能量。假设已知斯托克斯光束的波前反转特性，就能补偿第一次通过时光束中出现的所有像差，并确保其返回初始位置，即目标位置。因此，弱照明器光束能控制强共轭光束的瞄准方向，确保强目标照明。

对于大气击穿，美国人提出用低强度高重复频率的先行光脉冲驱除光路上的气溶胶质点，可将击穿阈值大大提高。

• 破坏机理。不同功率密度、不同输出波形、不同波长的激光与不同的目标材料（简称靶材）相互作用时，会产生不同的杀伤破坏效应。概括起来，这些效应主要有如下几种。

烧蚀效应：激光打到靶材后，部分能量被靶材吸收而转化为热能，激光能量密度足够大时，可使靶材表面汽化，其蒸气高速向外膨胀而将一部分液滴甚至固态颗粒带出，从而使靶材表面形成凹坑或穿孔。

热软化：若打到靶材的激光能量密度不够大，则难以形成穿孔。但能引起靶材结构强度不对称，这是由于激光照射处因升温引起该处弹性屈服限下降而造成的。于是，对于高速运动目标，其表面就会在气流

压力作用下产生弯曲或扭曲，引起目标失控。

力学(激波)效应：靶材蒸气向外喷射时，按照动量守恒定律，靶材会获得一个反冲作用。这相当一个脉冲载荷作用到靶材表面，于是在固态材料中形成激波。激波传播到靶材表面后被反射时，可能将靶材拉断而发生层裂破坏。

辐射效应：靶材表面因汽化而形成等离子体云。等离子体一方面对激光起屏蔽作用，另一方面又能够辐射紫外线甚至X射线，可损伤内部电子元件。

上述四种杀伤破坏效应中，烧蚀和热软化效应主要是连续波激光或高重复率脉冲激光所具有，而力学和辐射效应则主要是脉冲激光所具有。

激光的上述杀伤破坏机理称为硬破坏。实际上，软破坏也能有效地对抗武器装备和人员上的薄弱环节。所谓软破坏，是指利用激光照射人员的眼睛或光电制导系统等的薄弱环节(如传感器)，使眼睛或传感器等永久失去视觉功能；或通过激光照射，使眼睛和传感器等处于饱和状态而暂时失去视觉功能；或以编码的激光信号干扰制导武器的光电编码信号，使制导武器失灵等。

下面，我们针对一些典型的作战对象，来看一看激光是怎样对目标进行打击的。

导弹：为摧毁弹道导弹，激光打在导弹上的最佳位置是导弹的高压储箱。用激光将高压储箱的某个区域加热到一定的温度，就可使该区域无法承受此温度下的压力负载而导致储箱断裂、引起燃料爆炸而将导弹摧毁。

反飞机导弹主要有雷达制导反飞机导弹和红外制导反飞机导弹，它们都不像弹道导弹那样储箱采用增压式的，因此，不能像打击弹道导弹那样，通过局部加热来使目标受到毁灭性打击。为了杀伤反飞机导弹，激光束必须穿过表面，进入导弹内部去损坏成损伤某些关键部件如传感器、制导与控制电子学系统、引信、推进器等，其中尤其是传感器和控制电子学系统，通常是激光打击的重点对象。通过损坏它们，就可使导弹丧失辨别方向的能力。

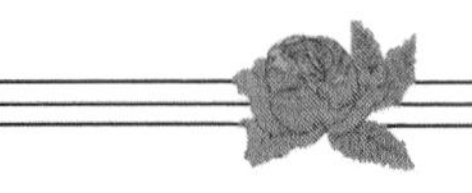

飞机：飞机上的飞行员和飞机翼根，通常是激光打击的重点对象。若激光波长足够短，能透过挡风玻璃而照射到飞行员身上，则很容易就能使飞行员受到打击甚至死亡，因为人员皮肤只须受到几十焦/平方厘米的激光辐照，就能迅速导致人员失能。

用激光攻击翼根的目的，是通过激光照射翼根，削弱机翼的力学性能，从而使机翼在气动动力的作用下发生折叠或撕裂。

飞机上其他的攻击位置包括位于前部的雷达和电子部件，以及位于尾部的发动机舱。发动机本身是很耐热的，但激光能破坏周围的燃料、润滑剂和控制馈电系统。

卫星：按照目前卫星的结构设计，卫星是特别易受激光攻击的。通过攻击卫星的热管理系统就很容易达到攻击卫星的目的。热管理系统是卫星设计中的一个关键因素，常通过对卫星表面材料吸收率和辐射率的合理控制来使卫星内部温度保持在一个很窄的范围内，以保护卫星内的固体电子系统。用激光对卫星进行照射，可对热管理表面造成足以改变其吸收率与辐射率的损伤，因而使卫星发生破坏性的温度偏差，使卫星发生故障。造成这种损伤所需的能量密度为百焦/平方厘米级。造成更严重更迅速破坏所需的能量密度约为1 000J/cm^2，这可使太阳能电池板遭到摧毁，使高压容器破裂，使天线遭到破坏，或使热控制材料遭到彻底破坏。由于低地球轨道卫星暴露给地面站或机载武器的时间达 100s 以上，因此，只需几瓦/平方厘米至 10 瓦/平方厘米的目标辐照度就足以使卫星遭到致命打击。此外，还可通过攻击卫星上的传感器来打击卫星。

地面目标：地面上的某些值得用激光武器攻击的关键目标，如地基雷达、指挥车、通信线路，甚至关键的单兵，都可能成为未来空中或空间激光武器的攻击目标。地面上的飞机虽然不像飞行时那样易受攻击，但可被激光破坏得不能起飞。还有水面上的舰船，虽然很难想像能用激光击沉它们，但其甲板上安装的传感器和辅助通信设备，可能成为激光攻击的目标。最后，地面上的各种大型激光武器，尤其地基反卫星激光武器，可能成为未来天基激光武器最感兴趣的目标。这种激光武器与激光武器间的对抗，并不是平衡的。地基的优势是重量和能源不受

限制，能用重型装甲加以保护。天基的优势则在于其非常有利的激光传输路径，这是由于(虽然两种激光武器的激光都必须通过同样的大气才能打击对方)大气离地基激光武器近，会严重影响地基激光束的传输，但离天基激光武器远，对天基激光束的传输则影响不大。地基激光武器为了有效地通过地面附近的大气湍流，必须测量湍流导致的畸变，并加以补偿。这种补偿所需的传感器极易被致眩、致盲或破坏。

(3) 高能激光武器发展现状

高能激光武器既可用作战术激光武器，也可用作战略激光武器。战术激光武器主要用于近程战斗，其打击距离在几千米至 20 千米之间，可用来对付战术导弹、低空飞机、坦克等战术目标，在地面防空、舰载防空、反导弹系统和大型轰炸机自卫等方面均能发挥作用。战略激光武器主要用于远程战斗，其打击距离近则数百千米，远则可达数千千米。它的主要任务，一是破坏在空间轨道上运行的卫星，二是反洲际弹道导弹。此外，还可用于引发中子弹或导弹。

① 战术高能激光武器在技术上已基本成熟，进行过样机打靶试验，可能不久就能投入使用。战术高能激光武器主要用于攻击战术目标，拦截入侵的精确制导武器或非制导武器。其射程一般不超过 10km，可完成对空中来袭目标的软、硬破坏。在战术高能激光武器的发展过程中，美国所拥有的技术最为成熟，也最具代表性。近年来，战术激光武器的研制已引起美国等主要发达国家尤其是以色列的高度重视，并有在近期内部署的可能。

• “鹦鹉螺”战术高能激光武器系统(Nautilus)。美国研制该系统最早始于 1991 年，目的是用来打击或摧毁近程火箭弹、战术弹道导弹、巡航导弹、反辐射导弹、有人或无人驾驶飞机和直升机。1995 年，为了对付周边国家的战术导弹和火箭弹等武器的威胁，以色列又参与了进来。该系统已进行过打靶试验，在试验过程中该系统曾击落过靶机、“陶”式反坦克导弹和巡航导弹，并于 1996 年 2 月，在美国白沙导弹靶场的试验中，成功地击毁了两枚俄制 BM-21“喀秋莎”火箭弹。该系统可以捕获到目标，并可使激光束在目标上保持足够长的时间，以穿透钢制外壳，引爆战斗部。摧毁战斗部仅用几秒钟的时间，然后在不到 1s

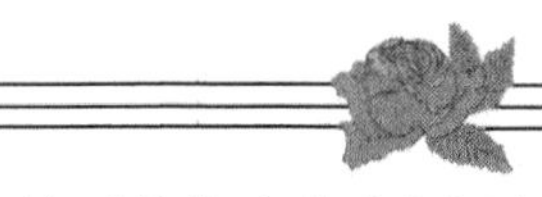

钟的时间内重新对准新的目标。按照设计要求，该系统将安装在“布雷德利”战车或重型卡车上，采用氟化氘化学激光器，每辆车的燃料箱一次装料，可供激光器进行 50 次发射，激光束的能量可损伤 20km 远处目标的传感器，烧坏或引爆 5km 远处的目标。建成一个由 4～6 辆战车组成的作战火力单元，能对数百枚火箭弹维持较长时间的交战。另外，该系统还可与战区高空区域防御系统、“爱国者”导弹、“扩大的中程防空系统”等配合使用，一起构成多层防御系统。这种激光武器还可安装在舰艇上，成为一种舰载防御武器。图 4.71 是“鹦鹉螺”战术高能激光武器系统外形图。

图 4.71 “鹦鹉螺”战术高能激光武器系统

目前，这种武器的样机已从美国运抵以色列，正在进行试验。预计，这种武器很快即将部署。

• 美国海军舰载近程激光武器系统(HELWS)。美国海军舰载近程激光武器系统方案，即反舰导弹防御方案，是美国海军针对舰船防御而开展的一项计划，也是美国国防部重点发展的四种高能激光武器方案之一。

冷战结束后，非核反舰巡航导弹已成为军舰的主要威胁，为此海军希望发展一种可对付低于 3m 掠海飞行、并能以高过载作机动飞行的超音速导弹威胁的武器。HELWS 就具有这种潜力，它的发展已历时

20余年。它也采用氟化氘化学激光器，其模块化样机功率已达2.2MW，可连续进行100次射击，每次射击时间为1s钟，是一种可连续发射、高效迅速的舰载防御武器系统。该系统已针对横向和迎头飞行的各种亚音速和超音速目标进行了打靶试验。

• 区域防御综合反导激光武器系统(Gardian)。该系统是美国陆军为其前沿发展的机动防御系统，旨在弥补陆军中程和远程反导武器系统的不足。它采用车载的氟化氘激光器，样机功率为400kW，用于对付10km距离内的低空来袭隐身目标。试验证明，该武器系统可严重摧毁4km远的来袭导弹的雷达整流罩，并能严重破坏10km远处的光学系统，杀伤概率为100%。该系统目前已解决了适装问题，可根据需要进入工程制造阶段。

② 战术高能激光武器试验系统进一步小型化、紧凑化，兼具软、硬杀伤能力。战术高能激光武器实现武器化的关键是使系统充分小型化，能适装于载具，并能保持足够和有效的功率来杀伤目标。这些是制约激光武器走向战场的技术难关。进入20世纪90年代后，在研制的几种武器系统已经基本解决了上述问题。研究证实，HELWS可安装在Mk45型127mm舰炮所占的空间里，其重量比舰炮要降低15%。而Gadian和Nautilus均可安装在轮式或履带式装甲车辆上，有效重量只有几吨重。这些系统一般都具有软、硬杀伤能力，它们的激光输出功率在兆瓦或几十万瓦的数量级。对于10km左右的作战距离，针对导弹导引头、整流罩等部件的软破坏所需的激光功率为10×10^4W以上，针对导弹壳体的硬破坏所需的激光功率为兆瓦级。因此，它们完全有可能在几千米的距离上对目标实施硬杀伤，在更远的距离上实施软杀伤。

③ 机载激光武器进行了分系统的初步演示验证，可能在本世纪初开始部署。机载激光武器系统是美国空军目前正在积极研制的用于战区弹道导弹助推段拦截的激光武器，也是美国目前最大的定向能武器发展计划。海湾战争之后，战区弹道导弹的威胁引起了世界各国的不安。美国一方面大力宣扬其“爱国者”防空导弹的卓越性能，另一方面也深知发展性能更好的战区弹道导弹防御的必要性和紧迫性。以战区

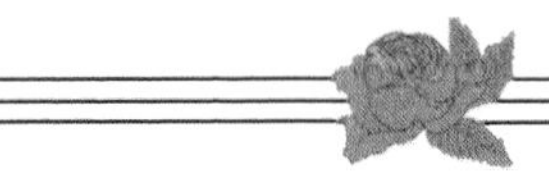

导弹防御为主要目的的美国空军机载激光武器计划就是在这一背景下提出来的。

1992年,战略防御计划局正式开始实施这一计划,由美空军菲利浦实验室负责。1993年,该计划转交美空军负责,当时空军提供了5亿美元的经费支持。同年8月,由波音公司负责的小组与罗克韦尔公司负责的小组向空军提出该计划的投标方案。1994年5月,美空军分别授予这两个小组2 100万美元的竞争方案设计合同,开始了第一阶段的工作。到1996年底,该计划的方案设计工作就告完成。目前正由波音公司为首的小组进行第二阶段(即计划确定与风险降低阶段)的工作。

按计划,机载激光武器主要由飞机平台、传感器系统、高能激光武器装置(氧碘化学激光器)、瞄准与跟踪系统(光束控制)组成。整个系统将采用14个激光器模块,每个模块的输出功率达数十万瓦,从而可满足200～300万瓦的作战要求。整套武器系统将安装在"波音747-400F"飞机上(见图4.72),作战使用时,飞机将在战区上空己方一侧飞行,飞行高度为12km。激光武器的射程为300～580km。预计2002年部署第一架演示型激光飞机,2006年和2008年分别部署三架和七架作战攻击型激光飞机,组成一个完整的机群,具有对单个战区提供弹道导弹防御的能力。

图4.72　美国战区防御机载激光武器系统

④ 战略激光武器走向实用化。

• 天基化学激光武器系统:该系统是美国弹道导弹防御局支持发

展的战略防御激光武器，它主要用于摧毁战略弹道导弹及其他各种弹道导弹。部署在空间的、以24个绕轨道运行的高功率激光器平台构成的星座，可提供全天24小时使用的、连续覆盖全球的服务。即系统具有对全球包括战略洲际导弹、中程和近程战术弹道导弹等所有弹道导弹，在助推段进行连续拦截的独特能力，无论这些导弹是突发发射的，还是在冲突期间发射的。

这种天基化学激光武器系统由连续波氟化氢化学激光器、发射望远镜和光束控制系统三部分组成。目前，正进行一系列模拟空间环境的地基试验，演示高能激光器、光学系统、扩束镜和光束控制系统的综合性能。此后，将该系统的三部分组件按所需比例放大，以求达到作战平台所需的功率水平。预计供作战使用、携带激光武器的卫星将在1 300km的高空运行，激光有效射程达4 000～5 000km，可摧毁9～11km高空的弹道导弹，单个卫星可覆盖10%的地球表面。如图4.73所示为美国天基激光武器系统。

图4.73　美国天基激光武器系统作战原理图

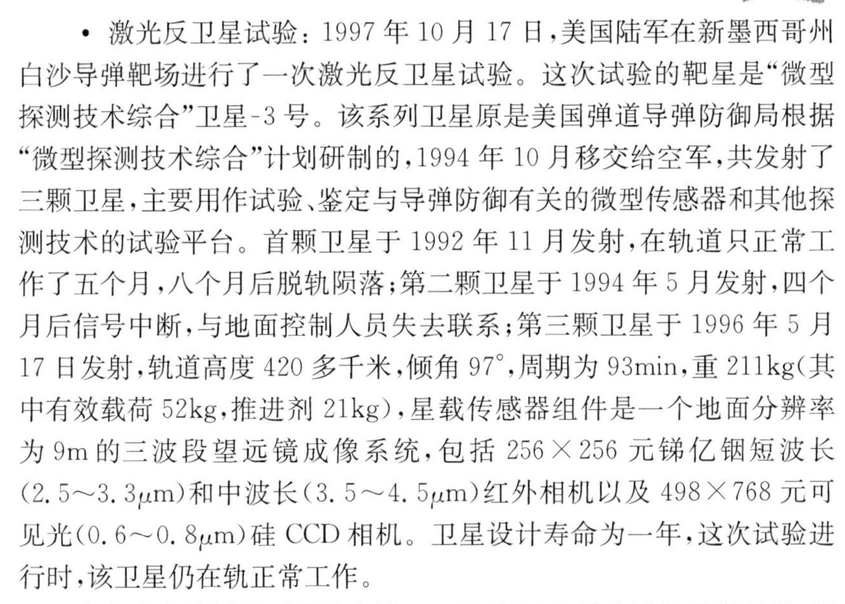

• 激光反卫星试验：1997 年 10 月 17 日，美国陆军在新墨西哥州白沙导弹靶场进行了一次激光反卫星试验。这次试验的靶星是“微型探测技术综合”卫星-3 号。该系列卫星原是美国弹道导弹防御局根据“微型探测技术综合”计划研制的，1994 年 10 月移交给空军，共发射了三颗卫星，主要用作试验、鉴定与导弹防御有关的微型传感器和其他探测技术的试验平台。首颗卫星于 1992 年 11 月发射，在轨道只正常工作了五个月，八个月后脱轨陨落；第二颗卫星于 1994 年 5 月发射，四个月后信号中断，与地面控制人员失去联系；第三颗卫星于 1996 年 5 月 17 日发射，轨道高度 420 多千米，倾角 97°，周期为 93min，重 211kg(其中有效载荷 52kg，推进剂 21kg)，星载传感器组件是一个地面分辨率为 9m 的三波段望远镜成像系统，包括 256×256 元锑亿铟短波长(2.5～3.3μm)和中波长(3.5～4.5μm)红外相机以及 498×768 元可见光(0.6～0.8μm)硅 CCD 相机。卫星设计寿命为一年，这次试验进行时，该卫星仍在轨正常工作。

本次试验使用了两种激光器。一种是“中红外先进化学激光器，即氟化氘化学激光器，功率是 220×10^4 W，波长为 3.6～4.8μm。另一种是“低功率化学激光器”，其波长与中红外先进化学激光器的相同，对其功率值有两种说法：一种说法是中红外先进化学激光器的万分之一即 200W，另一种说法是 30W。

试验由美国陆军空间与导弹防御司令部负责。试验前，美军声明不会对卫星造成破坏，并对使卫星上的红外传感器达到饱和(即暂时失效)和使传感器遭到破坏两种情况下的激光功率阈值进行了预估。在 1997 年 10 月 17 日的试验中，将中红外先进化学激光器的功率限制在两者之间。

试验是在白沙导弹靶场的高能激光系统试验设施上进行的。1997 年 10 月 4 日和 6 日曾进行过试验尝试，但因软件故障和天气等原因未进行发射。8 日，用低功率化学激光器进行了一次发射，对卫星进行了跟踪、定位。17 日，用中红外先进化学激光器进行了三次发射。第一次发射功率较低，持续时间不到 1s，目的是收集数据，观察卫星如何受激光的影响；第二次发光功率较高，持续时间小于 10s，目的是收集卫

星在受到激光武器攻击时的信息，地面传感器显示结果表明，激光准确地击中卫星，但激光腔被局部损坏，并由于下行数据传输线路故障，未接收到卫星传下来的数据。为了验明情况，又分别于17日和21日利用低功率化学激光器进行了二次发射，这二次发射均使星上传感器达到饱和，并收到了卫星返回的数据。

这次试验表明，不仅可用高能激光器来打击卫星，而且低功率激光器也可使星上传感器暂时失效，对卫星进行干扰打击。美国《华盛顿时报》1998年1月2日的一篇署名文章说，"小型激光器造成的破坏已经引起五角大楼和军方许多官员的警觉，因为它表明，低功率激光器仅需短暂照射，就可毁坏空间传感器"。

这次试验标志着激光反卫星武器开始走向实用化，因而将出现一些全新的作战样式，例如，空间控制与反控制。未来战争是高度信息化的战争，卫星可全天时、全天候、近实时地获取战场信息，在战争中将起着举足轻重的作用。美军随着其作战行动和武器装备对空间系统依赖程度的提高，近年来提出了空间控制的思想：空间控制包括对太空环境的监视、威胁预警，对己方航天系统的保护和对敌方航天系统的干扰、破坏等。美军进行激光武器反卫星试验，旨在试验高能激光照射卫星的效果，可为美军采取措施提高其航天器的生存能力以及发展实用的激光反卫星武器提供试验数据。美军在1997年不仅进行了激光武器反卫星试验，还在同年8月12日首次进行了动能反卫星武器样机的悬浮试验，这些试验表明，美军已开始实际发展空间控制能力。

(4) 低功率激光干扰与致盲武器

这类武器一般地由激光器和光束定向器组成，但激光器的输出平均功率一般在万瓦以下，采用重复频率，可有限地调频，用以对付一些简单的对抗措施；对光束定向器性能的要求也远没有高能激光武器中的高。在战场上，它们主要用来迷惑、欺骗、扰乱、致眩或致盲敌方的光电传感器和敌方士兵的眼睛，可起到干扰、压制和攻击等作用，能给敌方造成强烈的心理威慑。这类武器在技术上已基本成熟，并有样机装备部队，已成为一种有效的光电对抗手段。目前世界上有能力制造这类武器的国家有近10个。这类武器主要有以下几种：

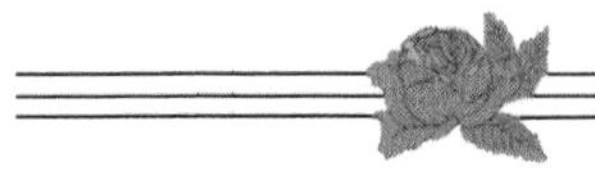

①“闪光”激光干扰系统。该系统于1988年开始研制，采用小功率化学激光器作为红外干扰光源，安装在飞机上。飞机尾部还装有由被动红外探测器构成的威胁告警器，当飞机受到红外寻的导弹攻击时，驾驶员可立即获知，然后跟踪与瞄准来袭导弹，在适当距离上发射红外激光束用于干扰导弹的寻的功能，使其偏离攻击方向。目前，该系统已普遍装备于美空军的各种作战飞机上，在美军参与的近几场局部战争中发挥了重要的作用。

② PLQ-5激光对抗武器系统。该系统重约19kg，采用电池供电。它能暂时致盲人眼，并能探测与破坏光电传感器。美陆军于1995年在每个连队装备九台这种武器，并装备到少量侦察车上，还可安装在M-16自动步枪上。目前，激光对抗系统已进入全面生产阶段，它将成为美陆军最先大批装备的一种激光干扰和致盲武器。

③“虹鱼”激光致盲武器系统。该系统于1982年开始研制，可破坏8km远处的光电传感器和伤害更远处的人眼(尤其是当人们通过潜望镜或望远镜观察时)，安装在“布雷德利”战车上，系统核心部分重约157.5kg。该武器系统备有宽视场的搜索扫描装置，因而炮手能同时对几辆坦克或装甲车定位，并发射激光致盲它们的光电传感器，使之失去机动能力，然后向它们发射反坦克导弹，从而大大提高命中率。该系统已于1991年7月进入全面工程研制阶段，海湾战争时，美陆军就曾将两台“虹鱼”车载激光致盲武器样机运往战场并参加“沙漠风暴”行动，但由于地面战斗过早结束未派上用场。

④“军刀203”激光照明器。美海军陆战队在1995年从索马里撤退时，使用了“军刀203”激光照明器装置来驱散索马里人群。这种装置采用镍镉电池供电，全重仅为0.68kg，工作波长670nm，功率400mW，可直接安装在步枪上使用。该装置能照明整个目标，并可采取传统的瞄准方法，简便快捷，有效作用距离为300m，持续工作时间达30min，能使人产生强烈的不适感而迅速逃开，是特种部队的理想武器。

全息照相

全息照相与普通照相都采用乳胶作为记录材料。普通照相只记录物体的光强,是平面记录,不产生立体(三维)效果。全息照相不但记录物体的光强,而且也同时记录物体的位相,即物光的全部信息。全息照相术通常分两步:第一步是拍摄(记录)全息图,第二步是再现全息图。

全息照片的拍摄如图 4.74(a)所示,相干光源(通常为激光器)发出的光分成两部分:一部分照射到物体上,经物体漫反射后到达全息底片。这束带有物体各方面特征(振幅和位相)的光叫物光;而另一部分经反射镜反射后直接到达底片,这部分是为了和物光发生干涉所必需的,叫做参考光。物光和参考光同时在底片上叠加,而这束光来自同一相干光源。所以,底片拍摄的是物光与参考光的干涉条纹,它直接记录了物光与参考光的振幅和位相。经冲洗后的全息底片就是具有复杂干涉条纹的全息照片,通常称之为全息图。在全息图上是不能直接观察到物体的,其上只有干涉条纹。这是它与普通照相底片的明显区别。

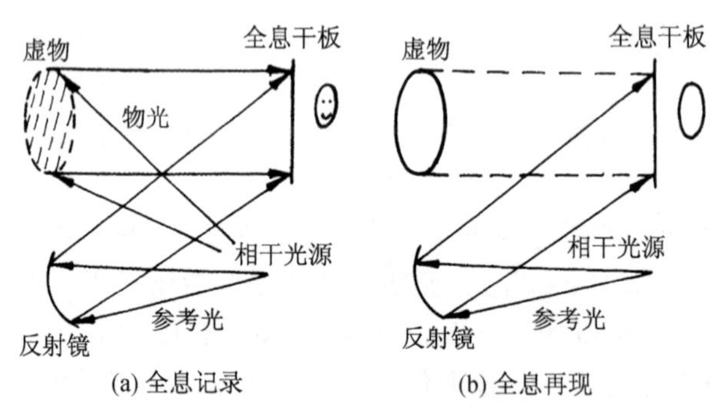

图 4.74　全息照片拍摄

由全息底片观察物体必须采取第一个步骤,即所谓的再现过程。再现过程如图 4.74(b)所示,将全息图放在原来的位置上,并用与参考光相同的再现光照射全息图,此时透过全息图观察时,可以明显地看到

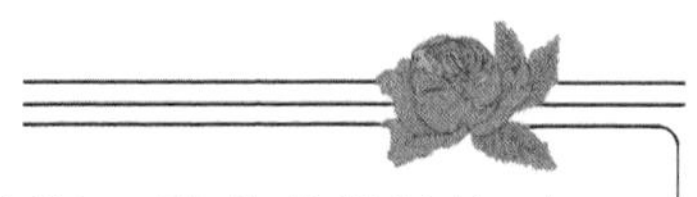

在原物的位置有一个与原物一样的三维像(虚像)。除此虚像以外,在全息照片的另一侧,还可以看到一个三维的实像及透过的再现像。

1. 同轴全息

如图 4.75(a)所示,激光束经透镜 L_1 和 L_2 后,使之扩束与准直,照在一块具有一个不透明的小图案的透过板上。这时,直接通过透明板的光成为参考光,在不透明物体边缘衍射的光即为物光。这两束光在照相底片上干涉,形成全息图。由于物光与参考光的平均方向相同,故称同轴全息照相。盖伯 1948 年摄到的全息图就是用的这种方法。再现时,移去物,把冲洗好的全息底片放在原来位置。由于全息照片对再现光产生衍射,得到一个物光波(产生虚像)、一个孪生物光波(产生实像)及再现光的直接透过光。如图 4.75(b)所示。

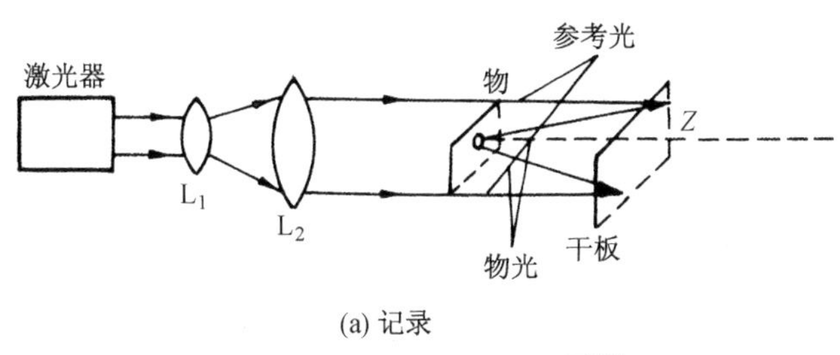

(a) 记录

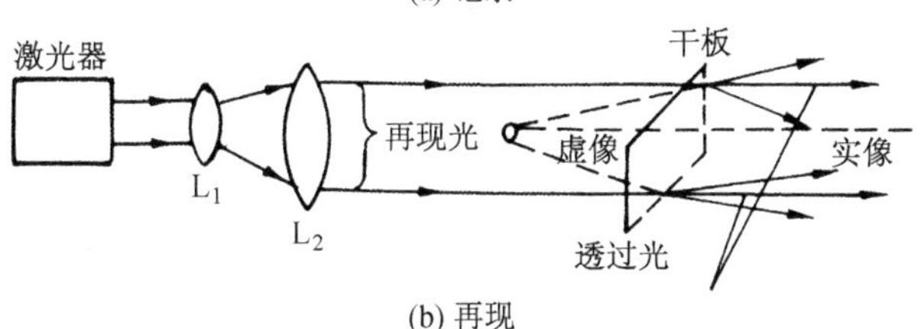

(b) 再现

图 4.75　同轴全息记录和再现

同轴全息照相的再现像一般不易观察,因为虚像、实像都在同一轴上,而透过光也沿轴向,很强的透过光将会掩盖掉位于轴上的两个像。此外,虚像与实像也彼此干扰。这是因为当聚焦在虚像处观察时,实像不在聚焦位置,它将成为观察的背景光。反之,聚焦在实像处观察,虚像则成为背景干扰光。同轴全息照相的成像质量较差,存在着很大的局限性,虽然它能实现全息照相,但不实用,所以人们很少用这种

方法拍摄全息图。

2. 离轴全息

为了克服同轴全息再现时的缺点，人们一般采用利奇和厄帕特尼克斯于1962年发明的离轴全息照相法。离轴全息照相装置如图4.76(a)所示。

激光束经透镜 L_1、L_2 扩束准直后，分成二束光，一束通过透光片(物)，另一束由棱镜 P 折射在 XY 平面内与 Z 轴成夹角。此二束光分别成为物光和参考光在底片上形成干涉条纹。由于物光与参考光的传播方向之间有一定夹角，它们不再同轴传播，所以获得的全息照片常称离轴全息照片。当用与参考光相同的再现光照射全息片时，则在全息片两侧分别形成一个虚像和一个实像，如图4.76(b)所示。

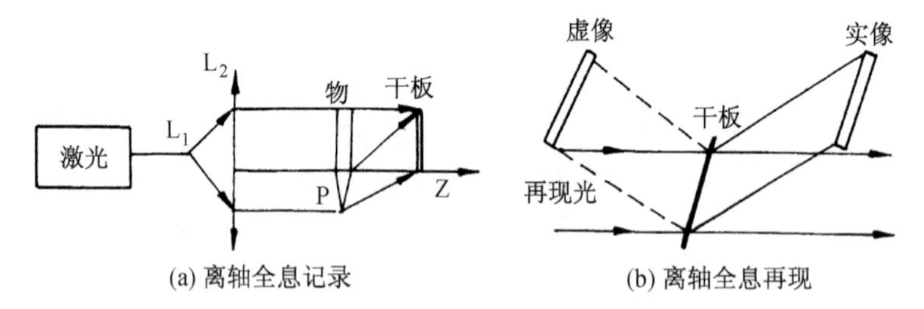

图4.76　离轴全息记录和再现

3. 光源

全息照相术对光源的相干性和光强要求较高，目前采用的光源有He-Ne激光器和Ar+激光器。在瞬态测量中常用脉冲激光器拍摄，而用连续激光器再现。

全息照相首先要求激光器具有良好的空间相干性。而高阶横模光强分布不均匀，且不稳定，容易形成几个横模同时出现，不同横模之间的光彼此是不相干的。全息照相术中，原则上不用高阶模，而选用基模。

我们知道短管激光器可以获得单纵模基横模的输出，单纵模激光器的空间相干性极好，它的相干长度可以用下式估算：

$$\Delta L_{\max} = \frac{C}{\Delta v}$$

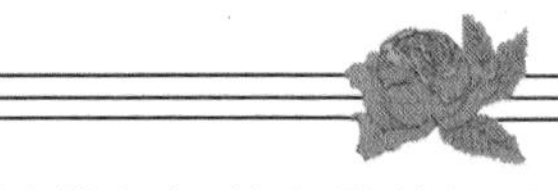

这里，Δv 为光谱宽度。对于 $\lambda=632.8\text{nm}$ 的单纵模氦氖激光器其相干长度可达百米数量级。在多数全息技术的应用中能遇到的相干长度远小于这个数量级，所以从相干性看来完全能满足要求的。在实际工作中常采用多纵模激光器，1m 长的 He-Ne 激光器，可能有 10 个纵模频率输出。由于有多个分离的振荡频率，所以它具有较单模宽得多谱线宽度，相干长度会明显下降，大约只有几十厘米，对一般全息照相也基本够用了。而多纵模输出，其输出光强有所增强，为了保证足够的光强和相干长度，通常还是采用多纵模激光器。

激光在印刷工业中的应用

1. 激光在胶印制版中的应用

激光以其特有的高亮度，高单色性，高方向性和高相干性，被广泛应用于电子、通讯、国防建设等方面，同时对印刷工艺的发展也产生了重要的影响，对印刷技术现代化的进程起着不可替代的作用。激光与印刷特别是印刷制版的关系愈来愈密切。

（1）激光在电子分色机方面的应用

激光在印刷中的应用是从电子分色机开始的，电子分色机利用激光的高亮度、高聚光性特征，产生了其他光源不可能产生的结实的、光滑的网点，从而使网点印刷的质量大幅度提高。

① 激光光源的选择：电子分色机有输入和输出两个扫描系统，前者以非相干光（例如氙灯、溴钨灯等）作光源；后者曾经以辉光管和氙灯作光源，现在绝大多数都改用激光作光源，其主要原因如下：

• 虽然辉光管发射的光谱是紫蓝光，适用于一般的感光胶片，本身也能随图像信号的大小改变记录光信号的强弱，适合记录曝光的要求。但是，光的强度比较弱（当阴极电流为 30mA 时，发光的强度才等效为 0.28cd），对于感光胶片的要求比较高。同时，辉光管容易衰老，使用寿命短，不如激光器优越。

• 虽然氙灯含有的光谱成分比较丰富，色温也比较高，可以达到

6 000K，适用于一般的感光胶片，但因光的稳定性差 J 强度和激光相比很小，仅为激光强度的 37 亿分之一，同时容易衰老，使用寿命也比较短。

• 电子分色机的输出扫描系统是数字式记录系统。前面讲的激光是惟一能够满足数字式系统要求的光源。因此，电子分色机输出扫描系统采用激光作光源以后，网点光洁度和图像清晰度均比较好，产品的质量、产量和生产效率均有明显的提高，社会效益和经济效益均有较大的提高。

早期的电子分色机的记录曝光光源，用的是氦氖激光器。现在多采用风冷式氩离子激光器。

② 激光光束的选择：电子分色机的激光输出记录装置（又称激光记录头或激光扫描器）有两种。一种是线性调制型，另一种是开关调制型。

早期的激光电子分色机采用接触加网（用一束激光扫描），记录装置是线性调制型，1976 年出现了电子网点发生器代替接触网屏。用电子网点发生器的电子分色机中有用一束激光记录曝光的（例如美国 ECRM 公司生产的 Autokon8000 系列平台式电子分色机），有用四个不同频率的激光记录曝光的（例如美国爱索墨特公司生产的 PDI-455 电子分色机），但多数采用 6 束激光记录曝光（例如赫尔和克劳斯菲尔德公司生产的电子分色机），另外也有用 10 束激光记录曝光（例如日本网屏公司生产的电子分色机）。它们的记录装置都是开关调制型。它是网点计算机（又称电子网点发生器）的终端执行系统，将一束激光分解为多束激光（或不分解），用网点计算机控制调制器作有规律的“开”和“关”，在记录软片上形成一个个大小随图像密度变化的网点。由于激光能量高，开关速度快，使网点曝光充足，边缘明显，光点黑而小，能清晰地反映图像的细微层次，因而在感光胶片上记录的图像质量比采用激光接触网屏的好。又由于网点计算机产生的控制信号又能使激光“开”和“关”，在感光胶片也只有“曝光”和“不曝光”两种状态。因此，记录胶片不像接触加网那样需要较好的线性，可以降低对感光胶片和显影等条件的要求。所以，近年来电子分色机都采用电子网点发生器，而

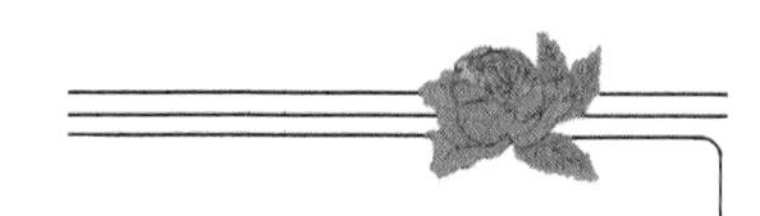

不用接触网屏。

电子网点发生器形成网点的方法是将一个网格分解成若干个微小的"子网格"。例如，赫尔和克劳斯菲尔德公司生产的电子分色机是6束激光，一个网格就分解为144个"子网格"(如图4.77所示)，日本网屏公司生产的电子分色机是10束激光，一个网格就分解为529个"子网格"。电子网点发生器控制激光束，使这些"子网格"瞬时曝光或者不曝光，以形成一定的网点。网点的形状是预先向电子网点发生器输送的。它根据图像信号决定哪些"子网格"曝光，哪些"子网格"不曝光，以形成具有不同特点的各种网点。如图4.78所示为50%的方形网点，中间黑色区域的"子网格"为曝光区域。很显然，网点是由中间的"子网格"曝光而成，这些"子网格"所占面积基本上是方形面积。网点的边缘就是曝光的"子网格"的边缘。这种网点是一种带角的网点。

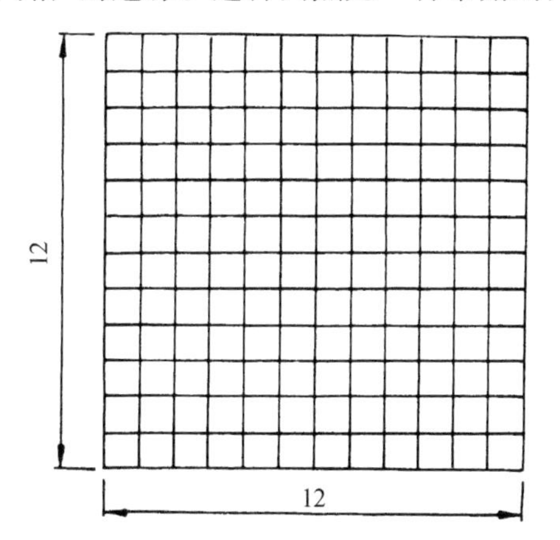

图4.77　激光网格示意图

根据制版和印刷的要求，网点层次等级为64级就能满足一般印刷品的要求。所以，由144个"子网格"组成一个网格的电子加网(即12×12光束面积记录一个网点)就完全可以了。故不少电子分色机的输出扫描系统都是采用6束激光进行记录曝光。

而日本网屏公司生产的电子分色机，为了使记录分辨力进一步提高，采用10束激光束，由529个"子网格"组成一个网格(即23×23光

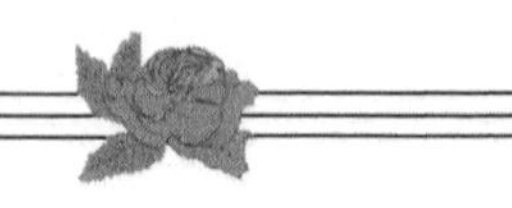

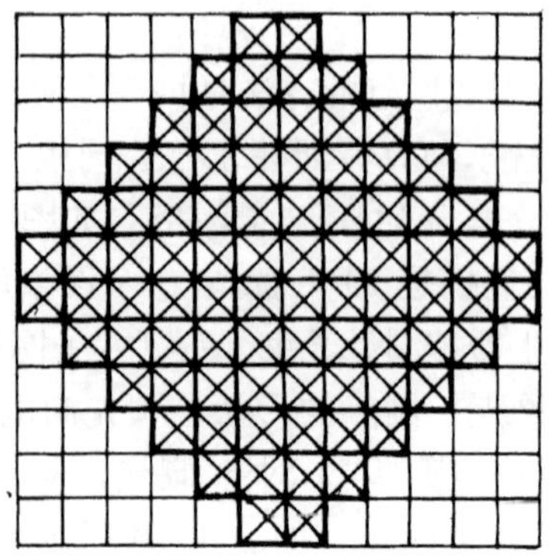

图 4.78　激光束形成的 50%网点示意图

束面积记录一个网点)。这种方式记录的网点边缘更光洁,层次等级更高,网点形状接近常规网点,网点角度也可按常规。但由此而带来的设备结构就复杂,特别是电子线路比采用 6 束激光的要复杂得多。

(2) 激光照排系统

电子分色机对于单个图像来说具有层次感好,套准精度高,生产成本低等特点,但由于其不具备页面拼版功能,因此对多个图像和文字组成的页面,必须采取手工拼版植字的工艺,特别是对页面效果要求比较复杂的版面更是力不从心,而且加入手工拼版后,其打印质量大打折扣。

随着计算机技术的发展,特别是图形操作系统平台的推广和普及应用,使计算机处理图形、图像的能力大大增强,将计算机技术引入彩色印刷制版中成为可能。传统的电子分色机是将扫描技术、图像调整与处理技术、网点曝光技术融为一体。激光照排系统是由扫描、计算机图像、文字处理、激光照排组合在一起的复杂系统,与传统的电子分色机相比由于引入了计算机处理技术使得复杂版面的处理和整页拼版成为可能,从而大大提高了彩色印版的质量。激光照排系统中最主要的设备之一是激光照排机。激光照排机生产厂家大部分为原先生产电子分色机的厂家,因而其控制原理、光学系统等制造技术基本承袭了电子分色机。由于其省去了网点发生器和图像调整部分,因此其结构更简

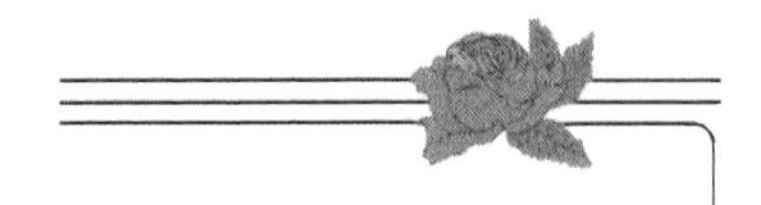

单，生产成本更低。

目前，常用的激光照排机按其结构分为绞盘式激光照排机、内鼓式激光照排机、外鼓式激光照排机三种。

绞盘式激光照排机是通过滚轴对滚将感光胶片装入并固定于照排机内，胶片在照排机内处于平展状态。其结构及光路示意图如图 4.79 所示。

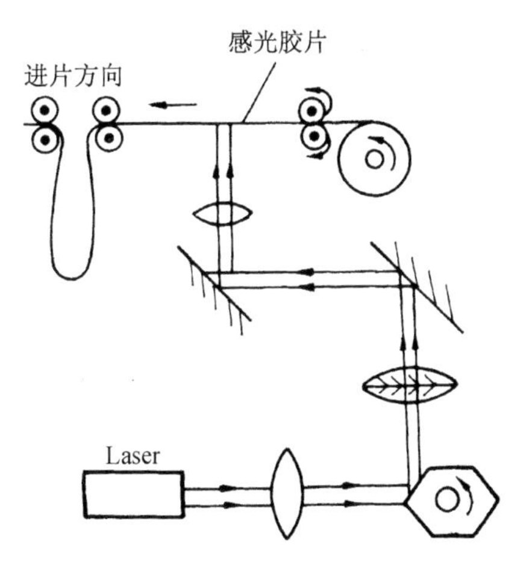

图 4.79　绞盘式激光照排机的结构及光路示意

这种照排机由于结构简单，维护方便，价格便宜，深受使用者欢迎。但是由于这种照排机胶片定位是依靠机械齿轮传动带动滚轴定位，因而其定位精度不高，而且感光胶片在机内处于滚轴的牵引力作用，会有一定程度的变形，这些机器本身所固有系统误差造成了印版重复定位精度不高，一般为 0.05mm。

有些绞盘式激光照排机为了减少滚轴牵引力造成感光胶片的变形，采用感光胶片双缓冲结构(Screen3050)，如图 4.80 所示。

绞盘式激光照排机除重复定位精度低外，由于在感光胶片宽度方向不同位置存在一定的光误差，因而对网点产生一定的影响。

在激光照排机中，重复定位槽度最高的是内鼓式激光照排机，如图 4.81 所示。目前，内鼓式激光照排机是最高档的激光照排机。内鼓式激光照排机感光胶片装上后感光胶片进入鼓的内部，鼓内刻有均匀分

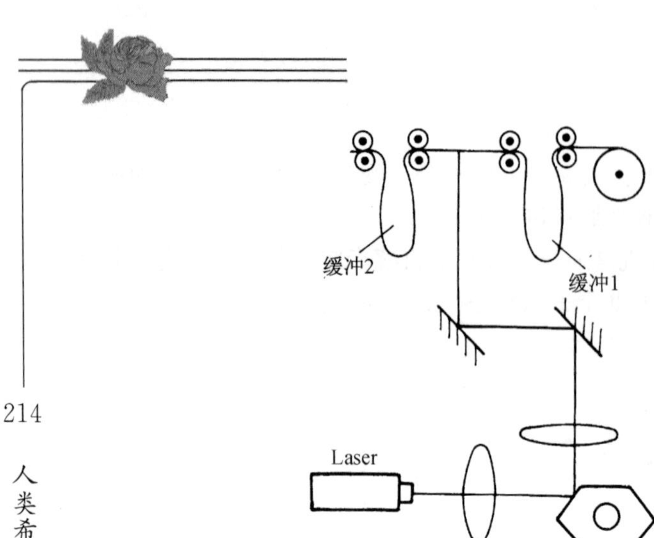

图 4.80　双缓冲结构

布的抽真空槽，进入鼓中的感光胶片抽真空后，紧贴在鼓的内壁上，如图 4.82 所示。激光器装在鼓中心由一个沿鼓的轴线方向的驱动马达带动沿鼓的轴线方向移动，一个绕轴线旋转的反射镜将光束从轴中传送到内壁的感光胶片上。这种组合的螺旋线运动轨迹，将鼓内感光胶片曝光完毕。

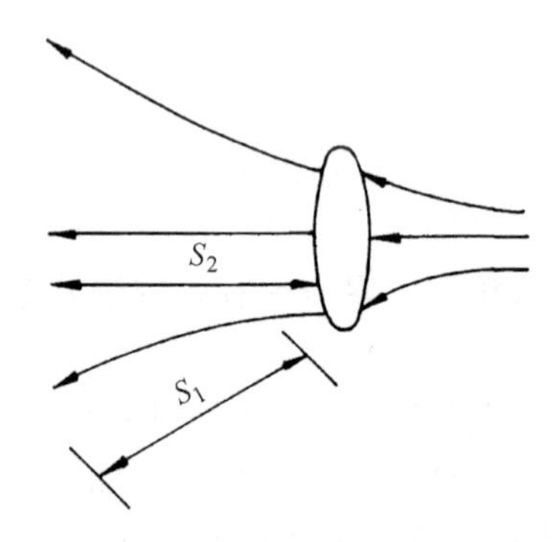

图 4.81　重复定位槽度

由于内鼓式激光照排机，内鼓制造精度非常高且其重复定位精度完全由精确的驱动马达来决定，且感光胶片无拉力紧贴在鼓的内壁上，无绞盘式激光照排机的拉力变形，因而其重复定位精度可以达到很高，

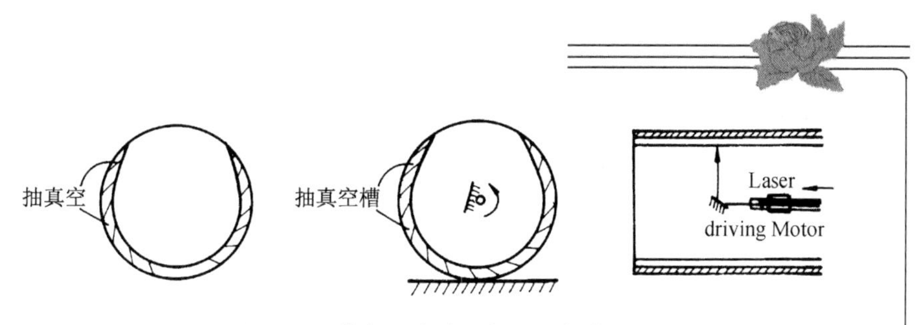

图 4.82　感光胶片紧贴在鼓的内壁上

一般为 0.005mm。

外鼓式激光照排机是介于绞盘式激光照排机与内鼓式激光照排机之间的一种较高档次的激光照排机，其激光系统结构如图 4.83 所示。感光胶片被吸附在滚筒的外面，激光束经过 5、6、7、8、9、10 聚焦后在感光胶片上曝光成像，随着滚筒的高速旋转和激光头的横向平移，将整个感光胶片曝光完毕。

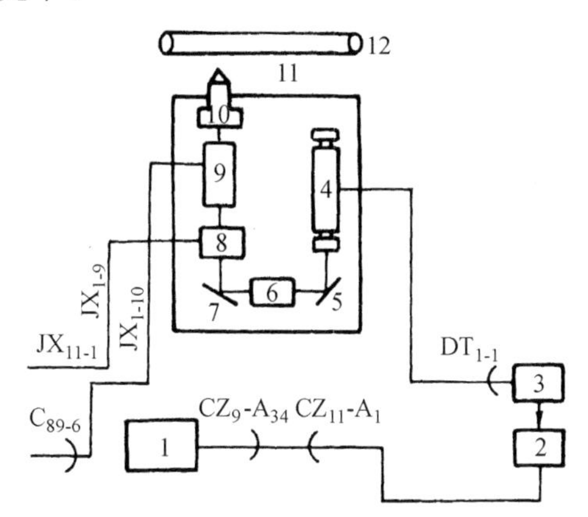

图 4.83　外鼓式激光系统结构方框图

1-开关　2-变压　3-低压整流　4-激光器　5-反射镜　6-光栅
8-声光调制器　9-光强监测　10-聚焦透镜　11-胶片面　12-滚筒

外鼓式激光照排机的重复精度较内鼓式的略低，而其生产成本较高，故较新的激光照排机较少采用此结构。

(3) 激光直接制版的 PS 版

利用计算机技术和激光技术直接在能上胶印机印刷的 PS 版材上直接将图像曝光制版，这就是激光直接制版技术。在激光直接制版中

所采用的PS版与普通传统胶印机用的PS版有所不同。

直接制版，顾名思义就是省略制作软片工序，把原稿（或拼贴稿）直接制成上机的印版。直接制版有三种类型：

① 缩微直接制版，就是用缩微软片原稿，在印版上放大，投影曝光制版。

② 放大直接制版，就是用里斯软片原稿，通过制版照相机，在印版上进行放大曝光制版。

③ 激光直接制版，就是用电子计算机把文字图像进行数字化和排版编辑，用激光直接在印版上进行曝光制版。

激光直接制版的优点：因为激光直接制版，省去了从原稿（拼版稿）到印版之间的中间工序，所以可缩短制版时间，减少制版费用，很适合快速、简易和小批量生产的轻印刷和报纸印刷。目前，正在这两种印刷中推广，今后可能会被引入到正式的商业印刷之中。在国外，激光直接制版技术发展非常迅速，对实现印刷工业的现代化有较大的推动作用。

激光直接制版常用的激光器有氦氖激光器（波长633nm），氩离子激光器（波长488nm与514.5nm），氮分子激光器（波长337nm）和氦镉激光器（波长325nm，442nm）。其中，用得最多的是风冷式氮离子激光器。其次是氦氖激光器和掺钕钇铝石榴石激光器，少数制版机使用氟化氙准分子激光器和半导体激光器。

继日本富士软片公司生产的FNH型超感度PS版之后，1984年日本三菱造纸公司又生产出一种新型银盐PS版，适合激光扫描方式直接制作印版之用。这种PS版与日常照相摄影用的感光材料相比，大小相同。它是采用超薄涂布和高解像力的银膜析出方法制造出来的。

2. 激光在轻印系统的应用

轻印系统是指小型印刷系统。它包括激光印字机、小型印刷机、静电复印机、誊印机等。轻印系统主要用于对时间较紧，印刷质量要求不高的印品。由于轻印系统在社会上已经较为普及，本小节不作详细介绍。

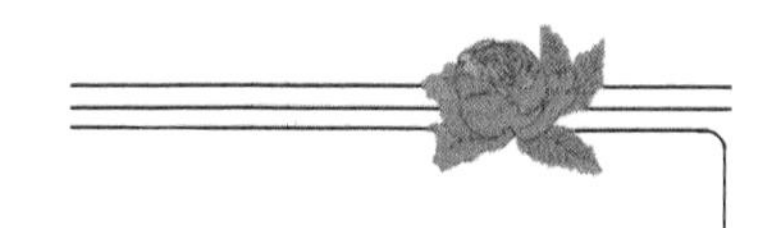

3. 激光在全息图像印刷方面的应用

随着光学技术的发展，20 世纪 80 年代在印刷工业上出现了一项新的技术工艺，能够在二维载体上清晰地复制出三维图像。因能大批地复制，故称为全息图像印刷。

全息图像印刷的方法较多，其中主要的是模压复制。生产模压彩虹全息图片的印刷品一般要经过六道工序（见图 4.84）：

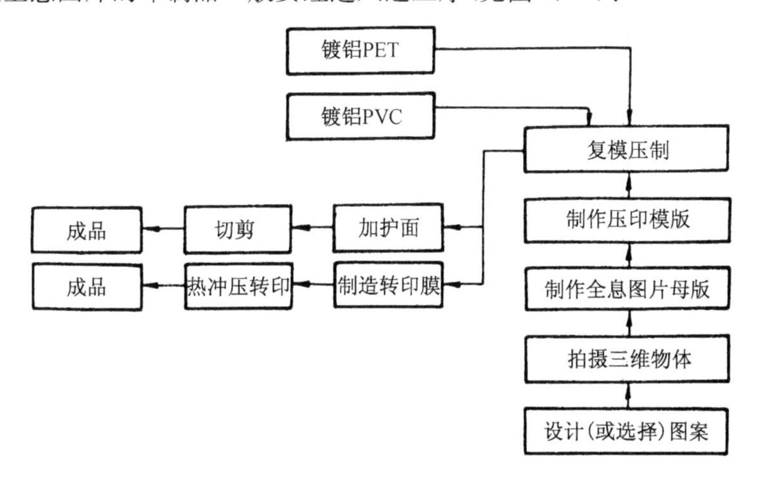

图 4.84　生产模压彩虹全息图片印刷品的工艺流程

（1）设计（或选择）图案

在模压彩虹全息图片之前，首先要设计（或选择）好图案，要根据拍摄物体的情况和印刷品的用途来设计。

（2）拍摄三维物体的照片

拍摄三维物体全息照片的步骤和方法请见“全息照相”节。

（3）制作全息图片母版式

所拍摄的全息照片上的干涉条纹，是一些黑白相间、深浅不一的条纹，其表面并无明显的凸凹变化，如果要用印刷方法复制成图片，必须先把它制成一种浮雕版。

（4）制作压印模板

一个理想的压印模应当达到下列主要质量指标：

① 厚度及其均匀性：用于平压的模版，厚度与全息图片的尺寸大

小有关。

② 外观：压印模版的正面应该是银白色、光亮，没有印迹，没有针孔，没有裂纹和任何瑕疵；背面应该平整、没有凸缘、没有结疤、没有渗漏、没有裂纹和变形。

③ 应力：压印模板不应有应力，既不应有中心凹陷边缘上的压应力，也不应有中心凸边缘卷曲的拉应力。模板应该柔韧和平整。

④ 图像的质量：压印模版实际上是一块反射再现的浮雕全息图，因此模版的图像应是清晰的再现像，衍射效率应不低于原版浮雕全息图。

(5) 模压复制方法

模压复制方法有平压和滚压两种：

① 平压：平压装置由供给辊、张紧轮、输片轮、卷取辊、全息图压模、热压装置、冷压装置和平面金屑模等组成。平压是间隙式生产，每次模压复制过程可以分为供片、加压、保压、剥离和收片等几个阶段。整个过程约需几秒钟。

② 滚压：滚压有两种方式。其一是圆压平，也属于间隙式生产，生产效率不高，但是可制造面积较大的彩虹全息图片。其二是圆压圆，属于连续式生产，不但生产效率高，而且可以制造很大面积的彩虹全息图片。

圆压平装置由输片轮、压辊、压印模版、移动平板和调温加热平台等组成。每一次模压复印过程可以分为供片、滚压、移动、冷却和剥离等几个阶段。

圆压圆装置由供给辊、输片轮、红外线灯\加热加压辊、全息图压模辊和卷取辊等组成。它是目前最先进的生产方式，具有四个特点。

- 和平压不同加压时不是整个压印模版表面同时受压，而是两个压辊之间保持一条线接触，因此对压印模版施加的压力可以减小，压印模版的使用寿命也就可以更长。

- 因对压印模版施加的压力小，压辊可以更长，直径可以更大(例如长 66cm，直径 10cm 或者更大)。可以制造幅面超过 30cm 的大尺寸彩虹全息图。

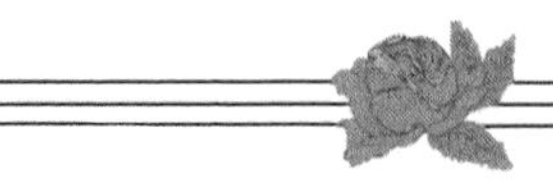

• 滚压的速度快，生产效率高，可以达到1 524cm/min。例如美国格罗果耳图片公司(Glogal Images Lnd.)制造的DC-3型槽模压机，可以模压PVC和pET热塑性材料，速度可达20耐uin，彩虹全息图片的幅面最大可达30cm。北京理工大学研制的EH-1型精密模压机，可以进行温度、压制和转速的调节，压制的彩虹全息图片的帽面最大可以为20cm。

③ 蒸镀反射层：为了获得清晰明亮的物体图像，在压印好的彩虹全息图片的热塑性材料上，可以再真空蒸镀一层铝膜反射层，以提高反射率。这种图片称为反射型全息图片。为了保护铝膜不受损伤，可以再蒸镀一层二氧化硅(SiO_2)膜或者甩涂一层塑料膜。

也有的不是真空蒸镀铝膜，而是蒸镀无机化合物(氧化物或硫化物)反射层，这种全息图片只能通过固定的角度观看全息图像，从其他位置可以透视到基底(印刷体或物体等)这种图片称为透明型全息图片。

至此，彩虹全息片就模压成了。

(6) 装配在载体材料上

载体材料可以是纸板、纸张、专门的塑料或者纺织品。把压印好的彩虹全息图片装配在载体材料上有两种方法。

① 用不干胶粘。

② 热压转印。转印是一种借助转印箔在物体上印出图形的方法，与普通印刷一样是对材料表面进行加工，转印的图像非常浅薄。转印方式可以分为感压式、湿式和感热式等三种。

激光技术的未来

19 世纪被誉为是“蒸气时代”,20 世纪被誉为是“电气时代”,21 世纪又被誉为是“光的时代”,有关激光技术的研究与应用早在 20 世纪就已经取得了令人瞩目的成绩,这些成绩也为光时代的到来和持续发展打下了坚实的基础。

探求无穷的绿色能源——激光核聚变

1. 激光和核聚变

利用核聚变反应获取能量的试验,早在 1950 年就已在欧洲及前苏联开始进行了。1958 年在日内瓦召开的第一次和平利用原子能的国际会议上,核聚变研究的全部内容被公开后,日本也开始了真正的研究。

核聚变所必须的等离子体温度即便是最低条件的氘-氚(D-T)的核聚变反应也要 1×10^8℃左右。此时粒子的平均功能达 10keV 以上,远远超过了氢原子的电离能 13.6eV。因此,核聚变反应物质是一种称做等离子体的离子和电子的混合体。利用核聚变提取能量的条件,一是保证充分的反应时间;二是约束高温等离子体由于等离子体温度下的反应速度与等离子体密度 n 成正比,因此等离子体的保持时间 τ 与 n 成反比,也就是说,获取核聚变能量的首要条件是 $n\tau$ 必须超过临界值。

这就是人们最为熟知的劳森条件,即如果是 D-T 的核聚变,n(≥1 014S/cm^3,劳森条件就是等离子体的热能与核聚变反应能相等,即要求“能量收支平衡”,满足于劳森条件的等离子体方法有两种,一种是利用磁场约束等离子体的磁约束核聚变法(magnetic confinement fusion,MCF),另一种是通过激光引燃产生离子体的惯性约束核聚变法(intertial confinement fusion,ICF)。如果采用 MCF 方法,在磁场强度可能的极限内,产生的等离子体密度大约为1 014cm^3,等离子体保持时间需要 1s 以上。如果采用 ICF 方法,等离子体密度可达1 025cm^{-3}以上,等离子体的寿命只要 10ps 就够了。

自20世纪60年代初梅曼成功地研制出激光不久，美国及前苏联就开始了激光核聚变-惯性核聚变的研究。1964年，前苏联的N. Basov利用玻璃激光器输出的高强度激光照射重氢化锂，成功地产生了中子。日本也于20世纪60年代后半叶开始了激光等离子体的研究。

1972年，美国的J. Nuckolls等人在《自然》上发表了激光压缩点燃的概念，公开了压缩点燃惯性核聚变的研究。针对压缩点燃核聚变的提案，为了证明该原理的可行性，从20世纪70年代后半叶到80年代，日本、美国、欧洲都建成了由多光束构成的大型激光装置。

与此同时，在激光输出技术方面，围绕玻璃激光器进行了高输出、高性能化的研究。预计到2003年，脉冲的激光能量能达到1.8MJ。最近还发明了一种线性调频脉冲放大(CPA)技术，使峰值功率从太瓦(PW)达到了拍瓦(PW)。其结果，使直接加热点燃等离子体成为可能，进而促使了一种新的核聚变点火方式-离速点火的研究。

2. 激光压缩点燃核聚变的原理

在塑料制的小球中装入核聚变燃料氘和氚，通过点燃固化的燃料颗粒使之产生核聚变燃烧等离子体。压缩点燃的方式有两种：一种是直接照射方式——多束激光以球对称方式直接照射在颗粒表面；一种是间接照射方式——将燃料颗粒放入由金等重金属制成的空腔中，通过激光照射空腔内表面产生的X射线再照射燃料颗粒。

图5.1表示了从压缩点燃到核聚变点火、燃烧的全过程。颗粒表面受到强度为$10^{14}\sim10^{15}$ W/cm^2 的激光或X射线的照射在颗粒表面产生高温高密度的等离子体。此时，如果是激光照射，表面产生的等离子体温度为3keV(约3 000×10^4℃)电子密度为10^{22} cm^{-3}；如果是X射线照射，表面产生的等离子体温度为300eV(约300×10^4℃)电子密度为10^{23} cm^{-3}。无论何种照射方式，颗粒表面产生的等离子体压力达到100×10^5 MPa(1亿大气压)，如图5.1(a)所示。在该压力作用下，颗粒球壳被压缩，同时向中心急剧加速，如图5.1(b)所示。如果控制激光或X射线的脉冲形状，使蒸气压力缓慢增加至100×10^5 MPa，以防发生强烈的冲击波，那么，加速时的球壳密度是固体密度的10倍左右。

如果球壳被加速到300～500km/s之前一值保持球状，由核聚变

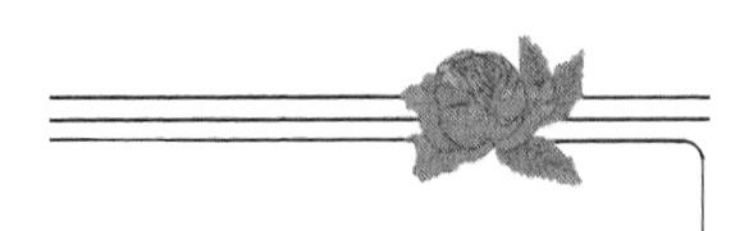

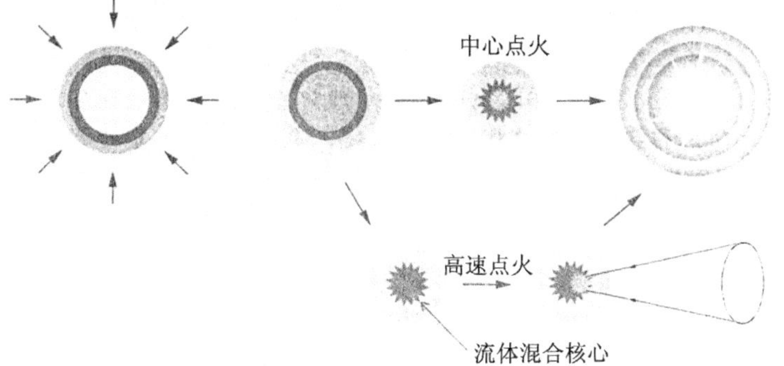

图 5.1　激光引爆的过程以及中心点火与高速点火的比较

燃料构成的球壳就会以迅猛之势向中心缩聚，从而产生超高温、高密度的等离子体(见图 5.1(c))。此时，等离子体的直径约为初期的颗粒直径的 1/30。压缩点燃的动能转换成等离子体的热能，结果在中心区产生 10keV(约 1×10^{8}℃)以上的高温等离子体(热电离火花)如图 5.1(c)所示。此时，热电离火花周围的温度比较低，处于被压缩的状态即形成超过固体密度1 000倍的超高密度的等离子体。热电离火花中，核聚变燃烧一开始，发生下列反应：

$$D+T\rightarrow N+\alpha+17.6\text{MeV}$$

释放出 α 粒子，引起等离子体的加热。结果，周围形成核聚变燃烧，并且扩展(见图 5.1(d))。此时如果等离子体密度与半径之积 ρR 超过 4g/cm^2，D 和 T 的燃料混合比为 1∶1，其燃烧率达 30%以上。因此，如果热电离火花周围的等离子体的能量是 1keV，那么，1 500倍的等离子体热能将以核聚变能的形式释放出去。

正如图 5.2 所示，如果从电能到激光能的转换率为 η_{L}(约 10%)，从激光能经压缩点燃等离子体的热能到发生核聚变能的颗粒增益为 Q(100)，从核聚变能到电能的转换率为 $\eta_{\varepsilon L}$(约 40%)，经过上述一个循环后，电能增长率约为 4 倍。核聚变产生的能量与入射激光能量之比

即颗粒增益 Q(此时为 100),意味着对于投入的激光能会产生多大功效,它是激光核聚变最重要的参量。

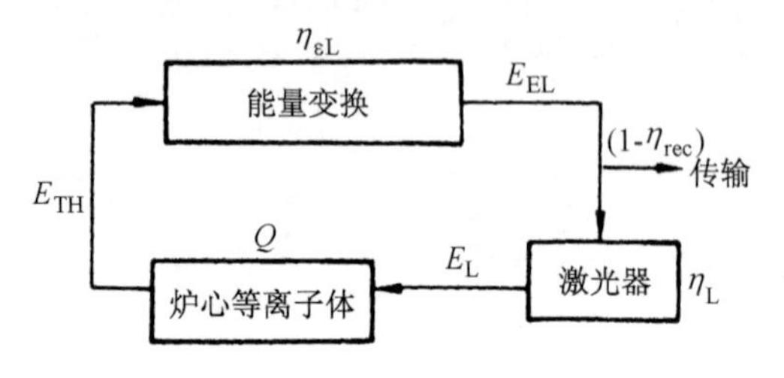

图 5.2 ICF 炉的能量平衡

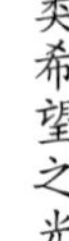

3. 激光核聚变研究的现状和今后的课题

日本和美国曾在 20 世纪 80 年代运用大型的 Nd 玻璃激光器装置成功地进行了一系列核聚变的试验。20 世纪 80 年代在日本大阪大学研制的激光Ⅶ号(30kJ,12 束光),美国劳伦斯·利弗莫尔研究所研制的 N0VA(120kJ,10 束光),美国洛切斯特大学激光能量研究所研制的 OMEGA(15kJ,24 束光)等激光设备上进行了激光压缩点燃试验,成功地产生了超高密度的等离子体,其密度达到固体密度的 200～600 倍。1987 年,洛切斯特大学利用 OMEGA 激光器成功地将固体氘燃料颗粒压缩至固体密度的 200～300 倍。1988 年,大阪大学通过激光Ⅶ号成功地利用气塑料小球实现了密度 $600g/cm^3$ 的 CDT 混合等离子体。

图 5.3 一组图片是用超高速的 X 射线摄像机拍摄的压缩点燃时的 X 射线图像。图中看出,被强烈的 X 射线照射的表面等离子体半径逐渐收缩。每幅照片的曝光时间是 80ps,两幅之间的时间间隔是 170ps。从激光开始照射到压缩至最大时(压缩相)所经过的时间约为 1 000ps,如果目标半径为 $250\mu m$,压缩点燃的加速度 a 将达到 $5\times 10^{16}cm/s^2$。如果塑料小球初期的球壳密度 ρ_0 为 $1g/cm^3$,厚度 d 为 $8\mu m$,那么造成加速度的表面等离子体的压力为:

$$p = \rho_0 da$$

计算结果为 40×10^5 Mpa。

为了更精确地了解最大压缩时的核聚变等离子体的内部结构,需要更高空间及时间分辨率的 X 射线分解图像,如图 5.3 所示。由图可

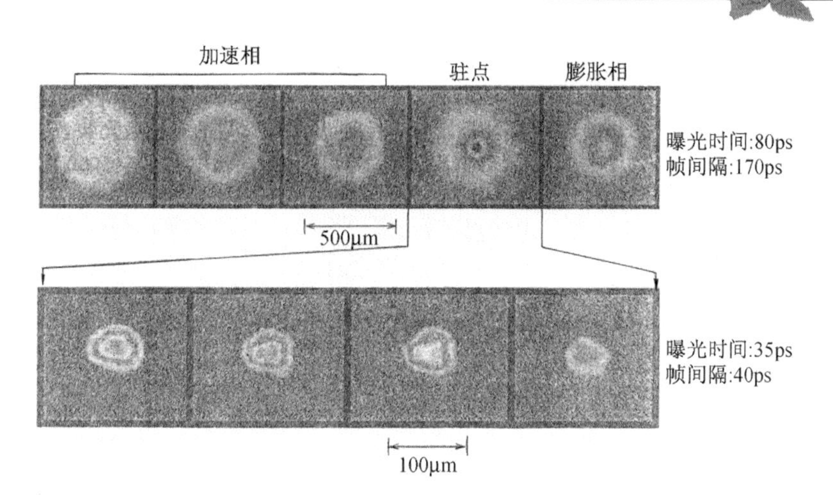

图 5.3　X射线摄像机拍摄的压缩点燃等离子体的X射线图像

见,等离子体并不是球对称的,说明它很不稳定。因此,我们可以下这样一个结论,若要控制激光核聚变等离子体,必须保证激光照射的均匀性、颗粒为球对称以及稳定的压缩点燃过程。也就是说,攻克压缩点燃的非一致性问题成为目前激光核聚变研究的一个最重要的课题。

确保激光照射一致性的最好方法是激光多束化。如洛切斯特大学在OMEGA 基础上做成了 60 束的系统。美国国家点火实验装置(national igoition facility,NIF)的 192 束激光束构成的系统。

(1) NIF

压缩点燃等离子体密度达到 I 相体密度 600 倍的成功实现,说明激光核聚变研究已经跨过了第三阶段。作为科学研究的最终目标,目前,人们又制定了以证实点火及高增益为目标的研究计划,并且正在进行实验设备的准备。其中之一就是以证实点火和燃烧为目的的美国 NIF 计划。目前,用于该计划的玻璃激光装置正在建设中,此装置的输出能量为 1.8MJ,最大输出功率为 500TW,由 192 束激光构成,总经费达 18 亿美元。

图 5.4 是预想的实验装置及模型。估计可以实现颗粒增益超过 10 的压缩点燃。预计 2003 年完成,2007 年前实现点火试验。图 5.4 是称做霍耳拉姆(hohlraum)的间接照射的 X 射线驱动压缩点燃模型。

通过评价照射的均匀性，以及综合了庞大的预备研究成果后进行的详细模型设计。

图 5.4 预想的 NIF 和模型

(2) 高速点火

为了回避压缩点燃产生的非一致性，近年来人们提出了一个新方案，不用 NIF 的超大型激光器，而是采用新的点火方式——高速点火进行点火实验。它是以超高强度激光从外部对已被高功率短脉冲激光压缩的超高密度等离子体进行再加热，因为是瞬间加热点火，所以称为高速点火。

如图 5.5 所示，通过激光通道(见图 5.5(b))，将超高强度脉冲激光照射(见图 5.5(c))，在已被高密度压缩的等离子体核(见图 5.5(a))上，从而加热、点燃高密度等离子体(见图 6.5(d))，采用这种方式，不需要像中心电离点火那样的主燃料/点火结构。因此，有关压缩点燃的稳定性方面的要求大大降低，不过，还期待得到科学实验的进一步证实。

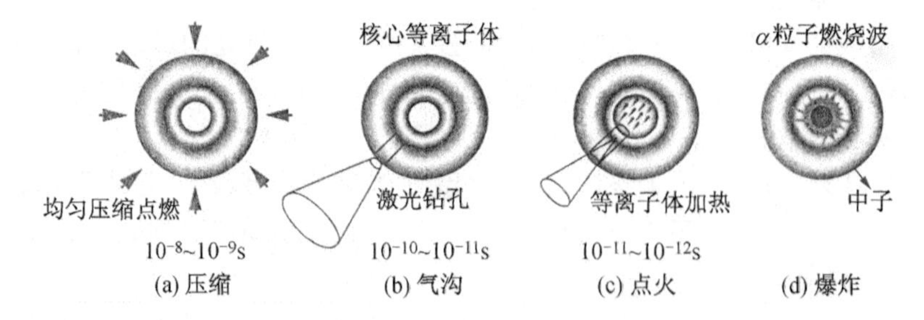

图 5.5 高速点火方式的再加热过程图解

高速点火时的激光加热强度为 10^{20} W/cm^2，等离子体在吸收激光

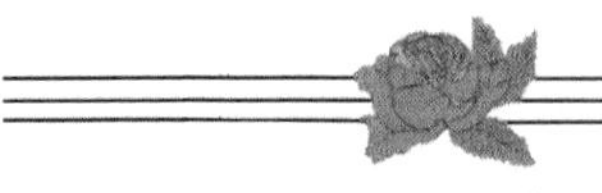

过程中产生的物理现象属于相对论范畴，这一新兴物理领域还留有许多未知的课题。因此，必将激起有关研究者的兴趣。

(3) 炉用激光的开发

同炉心等离子体的压缩点燃、点火的研究并开发出一种驱动激光核聚变动力反应堆的高效、高重复性、高输出功率的激光已成为迫切的课题。KrF 激光器及半导体激励式固体激光器(DPSSL)最有希望作为反应堆用激光器使用，有关开发研究目前正在进行。

过去，像钕玻璃等各种固体激光介质的激励均采用闪光灯泵浦的方式，现在，将泵浦源改为适合于激光介质吸收谱线波长的激光二极管，激光输出效率提高 10%以上，并且可以高重复率工作。正是由于半导体激励高功率输出的全固化激光器的开发，可以预测，激光核聚变驱动的实现指日可待。

4. 今后的展望

激光核聚变研究从此前的压缩点燃原理考证阶段进入到核聚变点火考证阶段。现在，美国、欧洲都在以核聚变点火为目标进行超大型激光器的开发制造。如果该计划能够顺利进行，预计核聚变研究的最初点火实验将有望在 2007 年前完成。

可以预测，随着新的激光技术的发展，不但可以实现高速点火，DPSSL 也将成为未来激光核聚变动力反应堆的驱动源。安全、丰富的核聚变能量的开发必将随着激光技术的进步不断前进。21 世纪，人类将生活在碧海、绿地、充满阳光的绿色地球上。

探求宇宙的起源

1. 开辟天文学新领域的重力波

根据电磁学理论，电磁场的变化是按照电荷的变化以电磁波的形式进行传播的。激光也是电磁波。同样，根据爱因斯坦的一般相对论，重力场的时间变化是按照质量的变化以重力波的形式进行传播的。

研究重力波的重要性之一就在于目前为止还没有观测到它，虽说

人们利用20世纪初期提出的物理学重要原理——一般相对论，预测了重力波的存在。实际上，更深远的意义还在于如果能够探测出重力波，这之前我们用光、电波、X射线等电磁波无法观测到的天文学现象——中性子星、黑洞等高密度星的中核（每立方厘米1亿吨的世界）、创立时期的宇宙结构（现在只能观测从大碰撞几十万年以后），都可以通过重力波观测到，从而开辟重力波天文学的新领域。

为此，谁都不会否认开发重力波天线的重要性。但是，从其探测的难度来看，能够做到真正的探测还需要很长一段时间。因为，如果从地球上观测，预想的重力波的强度非常弱，而且一年要观测几次，这需要很亮的灵敏度（空间变形的相对变化等于10^{-21}），相当于以一个氢原子大小的精度计量太阳与地球间的距离。

最近，激光干涉仪的技术发展迅速，已经开始了大规模的实验，期待不久人们就可以用上它。

依据现代理论预测的重力波源大致分为三种：

① 脉冲状的猝发波。

② 周期性的连续波。

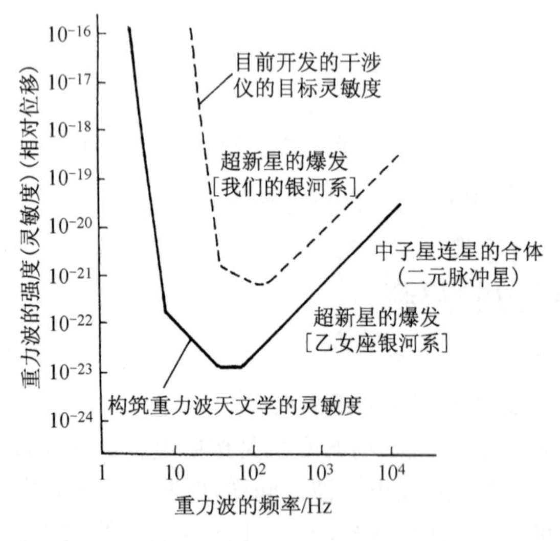

图5.6 预想的重力波的强度和激光干涉仪的灵敏度

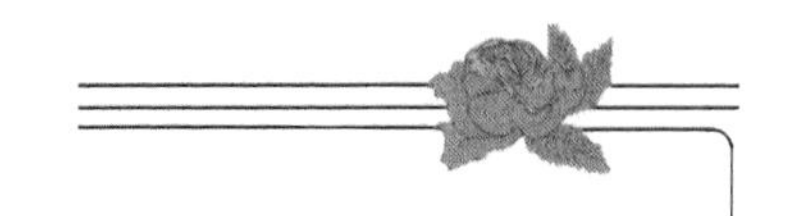

③ 宇宙的背景噪声(背景辐射)。

其中,因超新星的爆发而使两个高密度星(二元脉冲星)合并时的猝发波最容易探测。其预想强度如图 5.6 所示。

2. 重力波天线激光干涉仪

与电磁波一样,重力波也是横波,但比电磁波复杂,为四重极式。激光干涉仪的工作原理是:两束垂直正交的光的光程遇到四重极式的重力波时,一束伸长,一束缩短,探测由此产生的相对光程差。通常有迪勒-拉尹型和法布里-珀罗型两种干涉仪(见图 5.7)。近来几乎都使用法布里-珀罗型激光干涉仪。

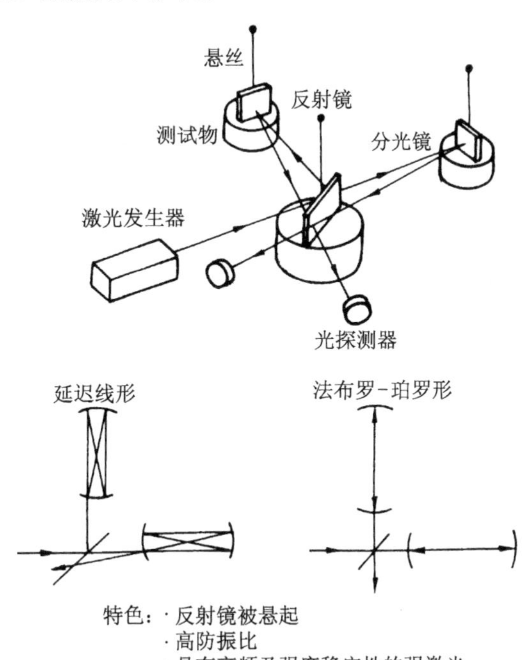

图 5.7 探测重力波的激光干涉仪

在地面上探测重力波时,由于地震等机械性噪声,实际上几十赫[兹]以下的振动根本无法探测。此外,由于几千赫[兹]的重力波的强度非常弱,所以,测定对象的频率通常在 50HZ～1kHz 范围内。因此,

关键问题还在于该系统能够去除这一区域的噪声。

按照图 5.6 所示的灵敏度图，影响激光干涉仪灵敏度的因素归纳如下：

① 低频区域：地面的地震、人为的机械噪声。

② 高频区域：激光探测统计上的偏差引起的发射噪声(高频区)。

③ 中间区域：由于反射镜、悬架的布朗运动形成的热偏差。

因此，如何抑制上述以及其他原因的噪声是有待开发的课题。

3. 激光干涉仪的结构和特点

如图 5.8 所示，重力波天线激光干涉仪由激光器、激光频率稳定系统、选模系统、干涉仪、干涉仪控制系统、干涉光探测系统、真空装置、数据采集、分析系统等几部分构成。

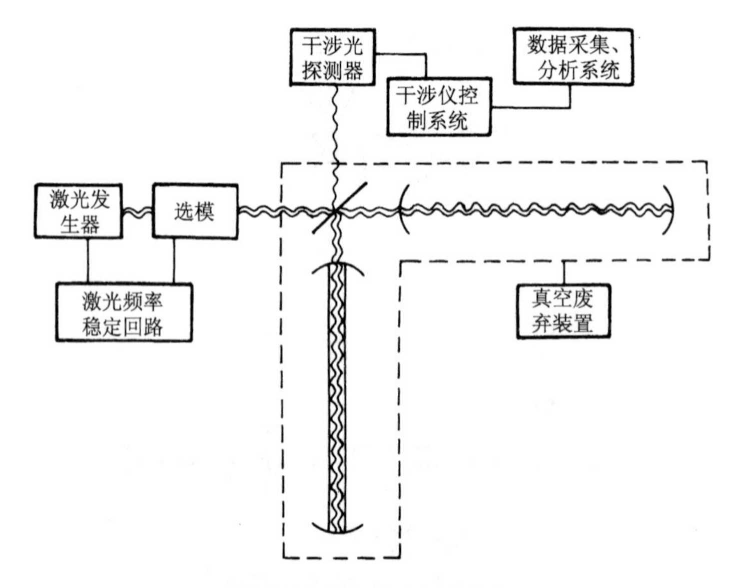

图 5.8 激光干涉仪的结构

干涉仪由一面半反射镜和四面反射镜构成，半反射镜将激光分成两路，每一路中两面平行的反射镜保证激光往复运动。迪勒-拉尹型干涉仪是在靠近半反射镜的转折镜面上有一个入射孔，激光由此入射，并沿镜面多次反射后，最后通过同一孔洞返回，并与其他两路的光合流，

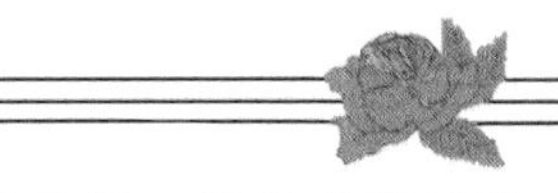

在半反射镜处形成干涉。法布里-珀罗型干涉仪是指一部分光通过转折镜,构成法布肇-珀罗型孔穴。

激光干涉仪的特点:

(1) 悬吊光学部件

使用非常细的丝线悬吊干涉仪的反射镜以及控制元件。其作用:

- 尽可能降低影响低频灵敏度的振动噪声。
- 重力波是空间变形量,因此响应器件——反射镜也必须悬浮于空间,并尽量做到状态接近。

(2) 极限范围内稳定化的激光

以前人们使用氩离子激光器,最近开始使用半导体激励式 YAG 激光器。影响干涉仪高频区域最终灵敏度的是激光受光的发射噪声。这是因为光子探测的量子力学统计性的偏差,如果增大激光输出功率 p,则会按 $p^{-1/2}$ 比例减少。因此,如何提高输出功率成为开发的新课题。此时,某横/纵模式下,单一频率如 100Hz 附近的稳定度为 10^{-4} Hz,强度稳定度为 10^{-5}。

4. 提高激光干涉仪的灵敏度

① 因为灵敏度与干涉仪的实际光程成线性关系,所以,应尽量使

图 5.9 臂长 4km 的 LIGO 计划(美国)

光程接近于重力波的波长。目前，美国正在实施的 LIGO 计划（见图 5.9），它具有两根 4km 的光路臂，预计 2003 年投入实际使用。另外，德国和英国合作的 GFO-600 计划和日本的 TAMA(300)计划正在进行前一阶段的研究。法国和意大利合作的 Virgo 计划(3km)也已经开始启动。

② 因为干涉仪高频侧的灵敏度是由光的发射噪声决定的，因此必须提高干涉仪内的实际光强。除了提高激光自身的强度外，还使用一种功率再循环的方法，它是将干涉仪中返回激光器的明亮干涉光再次返回给干涉仪。除此之外，还可以考虑循环信号成分的信号再循环以及超过量子界限的挤压技术等。

5. 探索宇宙的奥秘

以地球干涉仪为基础，制定了面向宇宙的计划（LJSA 计划）——制作臂长 500×10^4 km 的超大型干涉仪。地球干涉仪是以太阳的约几十倍的星体的爆炸、合并为观测对象，而宇宙干涉仪是以太阳质量的几

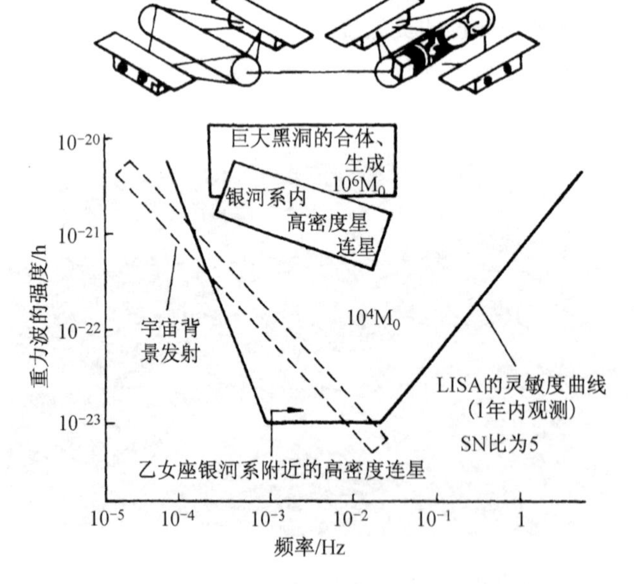

图 5.10　面向宇宙的激光干涉仪和预想的重力波强度

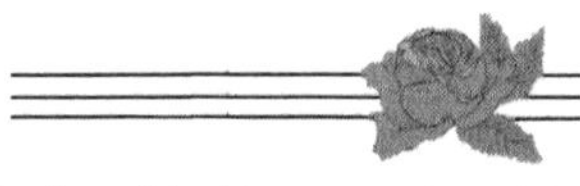

百万倍的巨大银河系的合并为观测对象。与地球一样，将4～6个卫星配置在太阳圆周轨道上，构成激光干涉仪（见图5.10）。因为距离很长，所以使用转发器方式代替反射镜，将入射光的频率放大后同期返送回去。

虽说宇宙上配置干涉仪还是一个梦想的计划，但由于该干涉仪的观测对象比地球干涉仪大得多，因此，作为奠定新天文学的工具，宇宙干涉仪很可能最先实用化。

激光带来的产业革命

1. 21世纪——光的时代

19世纪被誉为是“蒸气时代”。它是一个从农业为主体的社会改变为工业社会的时代。实际上，蒸气时代的先驱早在18世纪已见端倪。1765年，瓦特发明了蒸汽机，1787年，卡特莱特在考察了机械织布机后，首次将蒸汽机引入纺织工厂。从此，以水车、风车、马力为动力源的农牧式社会中出现了以蒸气为动力的火车（斯蒂芬森，1814年）、轮船（1807年），加之工厂动力的蒸气化，从而卷起了一场产业革命。

同样，20世纪被誉为是“电气时代”。环顾身边的物品无不与电气有关，我们的生活完全被电气所包围。从农业、渔业、商业到文化活动等等所有的领域，无不以电气、电为基础。而电的原料却是煤、石油、天然气以及原子能。比如汽车的确是以石油作为动力源，但离开了电气系统、电气控制却无法开动，今后还会出现电气作为动力源的电动汽车。

早在19世纪就已经出现了电气时代的先驱。最初的电动机、发电机实验，实际上就是法拉第的电磁回转实验（1821年）和电磁感应电流的发现（1831年），直至1866年，西门子发明的发电机问世，才推动了电气实用化的进展。1864年，麦克斯韦将法拉第1837年确立的电磁理论完美地公式化，推导出了电磁场的基本方程，随后又在1871年发表了光的电磁说。说明光具有粒子和波动二象性，将“光学”和“电子学”辩证地统一起来。

再看一下通信领域，远古时的通信是利用“烽火”进行远距离、高速的信号传递。当人们了解到电能够瞬时传递到电线的另一端时，立即开始了利用电进行通信的尝试。阿尔法贝特将数根电线捆扎起来，给送信端对应文字的电线通电，在收信端利用电分解产生的气泡来识别电传送过来的电线即文字。1835～1838 年，蒙尔斯发明了电报机和蒙尔斯符号，1858～1866 年，人们铺设了横跨大西洋的海底电线。此后，带给通信领域巨大冲击的马介尼无线通信在 1896 年研制成功。由此看来，20 世纪开花的电气与电气通信早在 19 世纪就已经粉墨登场了。

当前，21 世纪又被誉为是“光的时代”。正如蒸气时代、电气时代看到的，20 世纪已经为此奠定了坚实的基础，我们已经感受到了 21 世纪的步伐。那么，展现在我们面前的将是怎样的 21 世纪呢？正如本书前面所讲述的，有关激光的研究在 20 世纪就已经取得了令人瞩目的进步。可以说，这为光时代的发展打下了坚实的基础。

表 5.1 汇总了激光在各个领域正在研究或已经实际应用的例子。其中，光通信、信息处理拉开了光时代的序幕，大容量、高速率的光纤通信为计算机及图像显示装置的结合提供了技术基础，这必将引发一场信息通信的革命，甚至会对整个的社会系统带来巨大的冲击。

表 5.1　激光的产业应用

领域	应用
• 宇宙	激光推进、碎石去除、地球观测
• 艺术、消遣	激光显像、全息摄影
• 光通信、信息处理	光信息网、可视电话
• 印刷	激光印刷、激光排版
• 半导体	CVD、刻蚀、掺杂、印刷
• 加工机械	打孔、焊接
• 电机	切断、熔覆
• 重工业、造船	表面处理、划线
• 汽车、飞机	淬火、激光造型
• 土木、建筑	现场应用、建材制作、解体、去污
• 光化学	选择激励、非平衡化学、特氟隆改质
• 能量	原子能发电、核聚变发电、引雷、同位素分离
• 医学、生物	诊断、治疗、遗传因子、细胞工程
• 农业	光合作用、光农场

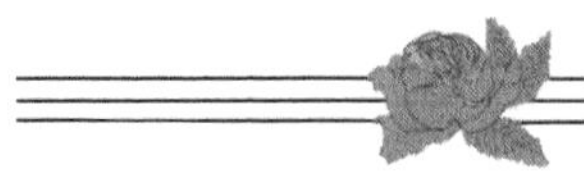

从半导体产业到加工机械、重工业，造船等制造业、激光的利用已经相当普及。正如表5.1看到的，制造工程中的基础加工部分几乎都能利用激光。在土木、建筑领域中也有其用武之地，虽然尚处于研究、试验阶段，但它极具魅力的应用实例已被多次报道。而实际上这些领域涉及到的激光应用的技术还正在开发阶段，并没有取得大的产业规模。我们相信，继19世纪的蒸气时代、20世纪的电气时代之后，21世纪必将成为光的时代。

2. 激光带来的产业革命

进入“光的时代”，激光必将带来一场产业革命。但前提条件是，除了已经实现的利用激光特征制作的激光装置外，还必须做到激光装置易操作、易维修、可靠性强、成本低等。例如，早在瓦特之前就有了蒸汽机。不过，此前的蒸汽机每马力小时的动力耗煤量是80kg，而瓦特蒸汽机的出现使耗煤量一下子降至4.3kg。

今后，人们期望通过半导体激光器以及半导体激励式固体激光器(DPSSL)来大幅度改善产业用激光器的性能。比如，用激光搭乘火箭，可以承受发射时的冲击力。现在人们已经开发并开始制作了易维修、可长时间工作的火箭搭乘激光器。紧接着的课题就是降低成本。

3. 激光和未来世界

现在许多的研究开发正在实施，可以想像它们将带给人类怎样一个未来社会。让我们联想表5.1中的例子，描绘一下未来的社会。

到那时，激光核聚变发电站成功，CO_2激光排除了地球的温室效应。汽车变为无排气的电动汽车，城市也由此变得一片绿色，成为人类生活的乐园。利用核聚变这一绿色能源半节省了电力，利用半导体激光建造光农场(五层建筑大厦，一年收割五次)耕种稻米，既提高粮食自给率，也节省了农用土地。

此外，现在的布满了庞大管线的化学工厂也将变成非平衡光化学式的紧凑型工厂，到那时，日本濑户内海沿岸的海边风景胜地将重新回到人类的手中。绿化剩余农田、海滨，扩大建筑用房，开发低成本、足够的住宅建设，使年轻人从“兔屋”中解脱出来，文化、体育活动与自然共存，营造一个自由自在的富饶的国土环境。

医疗方法是维持人类健康生活的重要条件,它可以随时掌握身体状况。不必用注射器采血,从体外通过激光照射和高灵敏度分析,便可检查胆固醇、中性脂肪以及其他健康指标的变化情况,还可初期诊断肿瘤等的原因、异常形态。

未来是光明的,经过人类的进一步改造将会变得更美丽。未来也是光的时代,更是各位年轻读者的世纪。